コチドリ

周辺まで宅地化が進む名古屋市守山区の安田池

ため池の水草の花：ヒツジグサ(左)とタチモ(右)

コバノヒルムシロは稀な水草
(果実の背にとさか状の突起がつく)

淡水海綿：カワカイメン

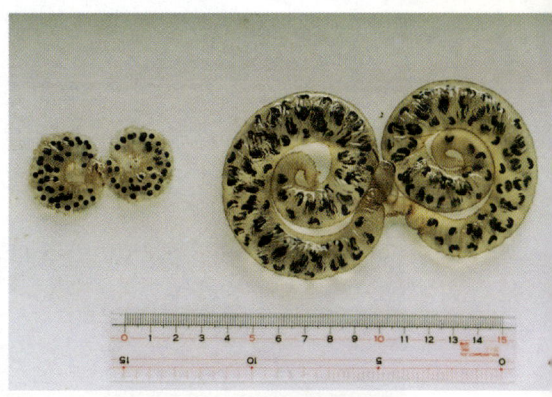
カスミサンショウウオ卵嚢(岡山県)(左)と
オオイタサンショウウオ卵嚢(大分県)(右)

ナカムラオニグモ
(琵琶湖東岸の湖岸にて)

ため池の女王マルタンヤンマの雌
(産卵後木陰で休息中、尾端に泥が付着している)

絶滅危惧II類のベニイトトンボ
(植物組織内に産卵する)

ヤハズハネコケムシ
(塩江町安原下北畑(ため池)産)

オオマリコケムシ
(満濃町吉野五毛「満濃池」産)

オオユスリカの雄

地引き網により採集された
タモロコ、メダカ、スジエビ、
カワヨシノボリ等

交尾中のイシガメ
(小さい方が雄)

地引き網により採集すると、魚類相がはっきりする

ため池の自然 — 生き物たちと風景

浜島繁隆・土山ふみ
近藤繁生・益田芳樹 編著

信山社
サイテック

まえがき

　都市化の波は今や農村域までおよび、人々の心に残る故郷の風景は次第に私達から遠うざかろうとしている。その風景を構成する要素は、静かにただずむ集落、そこに生活する人々を支える畑・水田・ため池と里山があり、これらは一体となって、現代の都会生活に疲弊した人々の心に安らぎを与える故郷の風景を創りだしている。ここでは、人々の生活は自然と共存し、多様な生き物を育んできた。しかし、近年、地域開発による農地の宅地化、農業経営の近代化にともなう圃場整備、乾田化、農薬の使用など様々な理由によりこれらの自然は大きく傷ついてしまった。その兆候は、今まで身近に見られた生き物が次々と姿を消すことで顕在化してきた。環境省が絶滅のおそれのある野生生物としてリストアップしているものの多くは、このような身近に生活をしている生き物たちである。最近、このような身近な自然の変化に多くの人達が気付き、里山やため池の自然に関心をもつようになってきた。また、このような自然を護る運動や観察会を開催して関心を高める活動などが各地で行なわれるようにもなってきた。

　本書は、このような身近な自然の一つであるため池とそれをとりまく水田、水路を生活の場とする多様な生き物とそれを育む環境について、専門家だけでなく多くの人達にも調査や観察に加わってもらうためのガイドブックとして編集したものである。

　1章ではため池の概観として、その歴史、人々の暮らしとの関わり、ため池の現状について述べ、2章ではため池の生き物の生活を支える水環境について記述した。3章はため池を主な生活の場としている生き物を16の分類群に分けて述べてあり、中でもこのようなガイドブックには詳しい記述の見られない分類群のシャジクモ類や淡水海綿・苔虫類などもとりあげ、ため池が如何に多様な生き物を擁しているか理解できるようにしてある。また、自然に親しみ、深く理解するためには動植物の名前を調べることが不可欠である。そこで、分類の基本やそれぞれの生態にもふれ、種類によっては採集・調査の方法についても解説をした。

　本書が理科教育や環境教育に携わる教育者、自然観察の指導員、環境アセスメントの関連業務に携わる人など、ため池の自然について学ぼうとする方々に活用してもらえれば望外の喜びである。ただ、至らない点もあるかと思われるので、ご叱正いただければ幸いである。

　最後に、信山社サイテックの四戸孝治氏には本書の出版に際して、いろいろと助言をいただき、この場を借りて感謝申し上げたい。

平成13年4月
編者代表　浜島　繁隆

執筆者一覧

(執筆順)

**浜島　繁隆	愛知県環境審議会専門調査委員・ため池の自然研究会
*土山　ふみ	名古屋市環境科学研究所
糟谷　真宏	愛知県農林水産部
須賀　瑛文	(株)環境科学研究所生態系研究室
*益田　芳樹	川崎医科大学生物学教室
松岡　敬二	豊橋市自然史博物館
緒方　清人	日本蜘蛛学会会員
高崎　保郎	ユニチカ(株)メディカル事業部
伴　　幸成	愛知県立一色高等学校
杉山　　章	名古屋女子大学公衆衛生学研究室
蟹江　　昇	日本鞘翅学会会員
長谷川道明	豊橋市自然史博物館
*近藤　繁生	愛知医科大学医学部寄生虫学教室
久米　　修	香川生物学会・水草研究会
梅村　錞二	環境省登録環境カウンセラー・愛知県内水面漁業管理委員
秋山　繁治	清心中学校・清心女子高等学校
栃本　武良	姫路市立水族館
小笠原昭夫	愛知県環境審議会専門委員・(財)日本野鳥の会

**編者代表
*編者

目　次

1章　ため池の概観 ……………………………（浜島繁隆）　1

❶ ため池の歴史 ……………………………………………………　3
❷ ため池の分類・分布 ……………………………………………　7
　2.1　ため池とは ……………………………………………………　7
　2.2　ため池の分類・形態・名称 …………………………………　7
　2.3　ため池の分布と灌漑 ………………………………………… 13
❸ ため池の風景と暮らし ………………………………………… 18
　3.1　ため池の風景 ………………………………………………… 18
　3.2　ため池の水利慣行 …………………………………………… 20
　3.3　都市化とため池 ……………………………………………… 21

2章　ため池の水環境 …………………………………………… 23

❶ ため池という水環境 …………………………（土山ふみ）25
　1.1　ため池をとりまく環境 ……………………………………… 25
　1.2　ため池という水域 …………………………………………… 27
❷ ため池の生態系と物質循環 …………………（土山ふみ）30
　2.1　ため池の生産者 ……………………………………………… 30
　　❶ 植物プランクトン (30)　　❷ 付着藻類(ペリフィトン) (33)
　　❸ 水　草 (33)
　2.2　ため池での食物連鎖 ………………………………………… 33
❸ ため池の水質 …………………………………（土山ふみ）37
　3.1　ため池の富栄養化 …………………………………………… 37
　　❶ 富栄養化と「酸欠・透明度の低下」(37)　　❷ 富栄養化と水生生物 (39)
　3.2　ため池の水質の変動 ………………………………………… 42
　　❶ 日変動 (42)　　❷ 季節変動 (44)

vii

目　次

3.3　ため池の水質と周辺環境 ……………………………………………… 47
❹　ため池の水質指標 ……………………………………………（糟谷真宏）49
　4.1　水のサンプリング ……………………………………………………… 50
　4.2　水　　温 ……………………………………………………………… 52
　4.3　濁　　り ……………………………………………………………… 53
　4.4　酸　　素 ……………………………………………………………… 56
　4.5　炭酸物質、pH, RpH …………………………………………………… 57
　4.6　イオン濃度と電気伝導率(EC) ………………………………………… 60
　4.7　窒素とリン …………………………………………………………… 61
　　　❶ 窒　素（*61*）　❷ リ　ン（*62*）
　4.8　クロロフィルa（Chl.a）………………………………………………… 63
　4.9　有　機　物 …………………………………………………………… 64
　4.10　そ　の　他 …………………………………………………………… 65

3章　ため池の生き物 ……………………………………………………… *67*

❶　ため池の植物 …………………………………………………………… *69*
　1.1　水　　草 ……………………………………………………（浜島繁隆）*69*
　　　❶ 水草の種類（*69*）　❷ 水草の生育と繁殖様式（*70*）
　1.2　輪藻類(シャジクモ類) ……………………………………（須賀瑛文）*81*
　　　❶ 輪藻類とは（*81*）　❷ 属の種類（*84*）　❸ 生　態（*86*）
　　　❹ 採集の方法と標本の作製（*88*）　❺ 同　定（*91*）
❷　ため池の動物 …………………………………………………………… *102*
　2.1　淡水海綿類 …………………………………………………（益田芳樹）*102*
　　　❶ 淡水海綿とは（*102*）　❷ 生活史（*103*）　❸ 淡水海綿の種類（*105*）
　　　❹ 日本に広く分布する淡水海綿（*107*）　❺ 生息記録の少ない淡水海綿（*107*）
　　　❻ 淡水海綿の分布の変化（*107*）
　2.2　淡水貝類 ……………………………………………………（松岡敬二）*109*
　　　❶ 淡水貝とは（*109*）　❷ 淡水貝の棲む場所（*111*）
　　　❸ 淡水貝の生活史と分布拡散（*111*）　❹ 貝類の採集法（*114*）
　　　❺ 巻　貝（*115*）　❻ 二枚貝（*116*）

2.3	真正蜘蛛類(クモ類) ·· (須賀瑛文・緒方清人)	118
	❶ クモ類の生息環境としてのため池 (118)	
	❷ ため池で見られるクモ類 (118)　❸ 標本の作り方 (122)	
	❹ クモ類の同定について (122)	
2.4	トンボ類 ·· (高崎保郎)	125
	❶ 既報告の要旨 (125)　❷ ため池を利用するトンボの種類 (126)	
	❸ 池と周囲の状態とトンボ相 (128)　❹ ため池に類似する人工水域 (132)	
	❺ ため池のトンボを調べる (133)	
2.5	半 翅 類(異翅類) ·· (伴 幸成)	141
	❶ 水生半翅類はカメムシの仲間 (141)　❷ アメンボ類 (141)	
	❸ カメムシ類 (146)　❹ 丁寧な野外での観察を！ (153)	
2.6	トビケラ類 ·· (杉山 章)	154
	❶ ホソバトビケラ (154)　❷ コバントビケラ (154)	
	❸ エグリトビケラ (155)　❹ アミメトビケラ (155)	
	❺ マルバネトビケラ (156)	
2.7	甲 虫 類—東海地方を例に— ························· (蟹江 昇・長谷川道明)	156
	❶ 水生甲虫類 (157)　❷ ため池の周辺部に見られる甲虫 (160)	
2.8	双翅類概説 ·· (杉山 章)	164
	❶ ガガンボ科 (165)　❷ チョウバエ科 (165)　❸ ホソカ科 (166)	
	❹ カ　科 (166)　❺ フサカ科 (167)　❻ ヌカカ科 (168)	
	❼ アブ科 (168)　❽ ミズアブ科 (168)　❾ ショクガクバエ科 (169)	
2.9	ユスリカ類 ·· (近藤繁生)	169
	❶ ユスリカの分類形態 (170)　❷ ユスリカの採集と飼育 (172)	
	❸ ため池のユスリカ (173)　❹ 水田のユスリカ (177)	
2.10	淡水苔虫類 ·· (久米 修)	178
	❶ 苔虫とは (178)　❷ 調査方法 (180)　❸ 色々な淡水苔虫 (181)	
2.11	淡水魚類 ·· (梅村錞二)	185
	❶ ため池の淡水魚類の調査方法 (186)　❷ ため池の淡水魚類 (188)	
	❸ ため池の貴重種の保護策 (197)	

目　次

2.12　両 生 類 ……………………………………………………（秋山繁治）**200**
　　❶ 両生類の特徴（*200*）　❷ 両生類の分類（*200*）　❸ 両生類の生態（*201*）
　　❹ ため池を利用する主な両生類（*202*）
2.13　カ　メ …………………………………………………………（栃本武良）**209**
　　❶ 種類について（*210*）　❷ ペットとしてのカメ（*216*）
2.14　鳥　類 ………………………………………………………（小笠原昭夫）**217**
　　❶ 鳥類にとってのため池（*217*）　❷ ため池に生息する鳥類（*218*）
　　❸ ため池の保全（*225*）

1章　ため池の概観

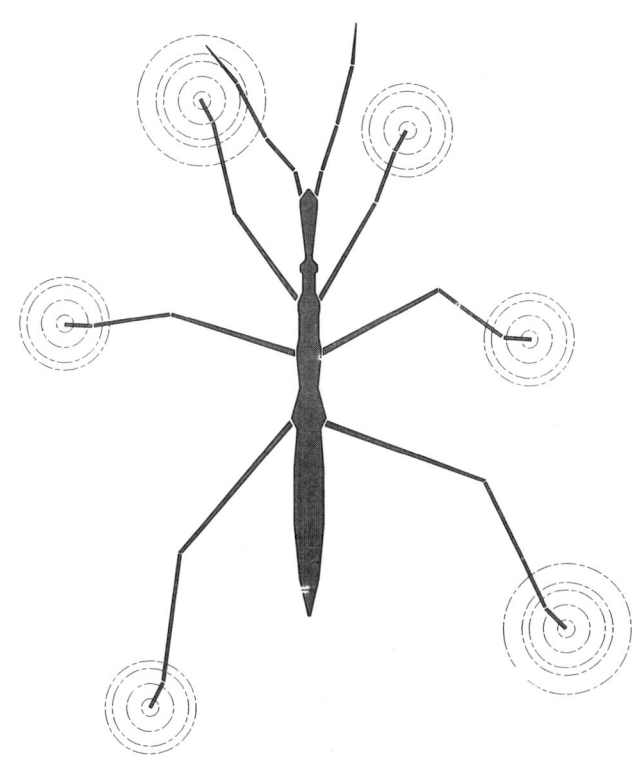

1 ため池の歴史

　わが国のため池の歴史を遡ることは、稲作伝来と水田の灌漑の歴史をたどることである。

　稲作は、紀元前3世紀の弥生時代前期の頃に中国や朝鮮半島から、北九州の唐津湾にひらけた平野に伝えられたと考えられている。その後、さらに瀬戸内海沿岸の沖積平野へ広まり、全国へと伝播していったと推定される。稲作が始められた頃の水田は、湧き水や雨水などの自然に得られる水を利用する「天水田」（雨水田とも言う）であったと考えられる。このような水田を造るための条件を備えたところは、湧き水の多い台地や扇状地の末端であった。その一つの例は奈良県田原本町唐古の唐古池（「日本書記」にみられる韓人池と考えられている（写真1.1.1））の池底から発掘された弥生時代の集落跡にみることができる。そこは大和川と寺川の間の扇状地で、標高50mの自然堤防にあり、そこに稲作が行なわれていた証拠がいくつも見つかっている。

写真1.1.1　奈良盆地の唐古池　池底から弥生時代の集落跡が発見された。

1章　ため池の概観

　弥生中期になると鉄器の普及で、稲作技術も飛躍的に進歩し、水路や畦を設けて水を引く人工灌漑の時代を迎えることになる。
　ため池の築造の記録は「日本書紀」に崇神天皇詔して「農業は国家の大きな基本であり、人民の生きるよりどころである。いま河内の狭山の田の水が少なく、その国の百姓が農業を怠っている。そこで沢山の池を掘って人民の農業を広めなければならない」と仰せられ、勅命で狭山池が造られたことが記録されている。狭山池がわが国で最古の池と言われる理由である。その他、依網池、苅坂池、反折池の築造についても記録されている。崇神天皇につぎ垂仁、景行、神功天皇からさらに推古天皇にわたる歴代の天皇も各地に水田の開発をすすめため池の築造に力を注いだ。
　3～4世紀頃の古墳時代には、古墳の構築技術が同時にため池の築造に使われたと考えられる。また、古墳の周濠は事実上ため池として水田灌漑に利用されたと推測されている。古代のため池の築造年代は遺蹟や遺構の外部形態のみで年代を特定することは極めて難しい。総合的に考えて5～6世紀にはため池による灌漑農業が定着しはじめたと考えられるが、明らかなため池は土木史上は7世紀以降とされている。
　諸国を行脚して社会事業をすすめた行基菩薩の年譜に、神亀3年(726年)から15年間にわたり12の池を摂津、泉の国に造ったことが記録されている。その中には現在も立派に灌漑の役目を果たしている池がいくつかみられる。
　早い時代から拓けた奈良盆地は、「古事記」、「日本書紀」などの記録から8世紀初頭には少なくとも16箇所のため池があり、水田灌漑の機能を果たしていた。記録に残る古い池がある一方で、小形の池では記録もなく、いつ頃造られたか明らかでないものがほとんどである。次におもな地域のため池の歴史をみてみよう。
　播磨平野はため池の分布密度の高い地域として知られているが、多くの池は江戸時代の新田開発にともなって造られたものである。古いものとして7世紀後半の飛鳥時代に造られた天満大池(稲美町)の記録がある。また、行基年譜には播磨に隣接する摂津に5箇所の池を741年に築造し、そのうち一つが現存する伊丹市の昆陽池ではないかと言われている。
　讃岐平野は河川利水の難しい地域で、古くからため池に依存する稲作地帯で「ため池農業」と呼ばれていた。この地域の過去数百年の農業の歴史は用水確保のため池築造の歴史といえる程である。古くは空海ゆかりの萬濃池(写真1.1.2)にはじまる。丘陵の麓に点在する小さいため池にも随分古いものもあるが時代は明らかではない。記録に残る大形の池を築造順にみると、701年の満濃池(満濃町)が古く、その後しばらく記録はな

写真1.1.2　わが国で最大のため池：満濃池（香川県）

く12世紀になり平池(高松市)、14世紀に八幡池(長尾町)、15世紀に大谷池(大野原町)、16世紀に岩鍋池(観音寺市)、楠見池(飯山町)と他に3箇所の池がある。江戸時代には数が増えて買田池(善通寺市)、瓢箪池(香川町)をはじめ幾つかの池が記録されている。その後、大正・昭和には土木技術の進歩により度重なる干害から守るために大形の池やダムが造られるようになった。

古い歴史のある奈良盆地では、8世紀初頭ため池による水田灌漑が行なわれていたことが「古事記」や「日本書紀」などの文献にみることができる。また、池底の発掘からの遺物で、この地方には、6世紀頃から造池事業が行なわれていた可能性があるという(石野、1975)。福島(1975)によれば年代の明らかな1,621箇所の池で平安時代以前が1.5％、中世4.7％、近世(江戸時代)81.9％、明治以降11.4％となり、江戸時代の池が占める割合が高いのは他の地方と同じである。

尾張地方で名古屋市東部丘陵から知多半島にかけて点在する100箇所の池が、市町村史から築造年代を特定することができた(図1.1.1)。それによると17・18世紀に造られた池が72％を占め

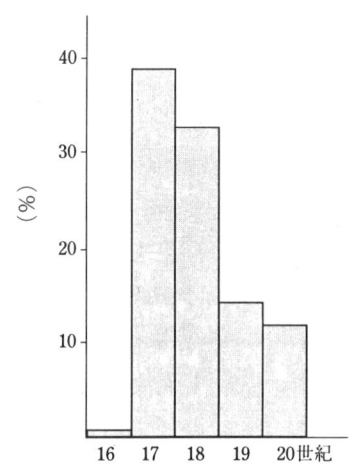

図1.1.1　愛知県のため池築造年代
（ため池100について）
(浜島、1981)

ていた(浜島、1981)。

　関東地方は谷津田が多く、この谷津の奥には池が造られ灌漑用水の役割を果していた。「常陸国風土記」から、7世紀頃にため池の築造が行なわれたことを知るが、現存する池の多くは近世のものである。

　以上のように各地のため池の歴史をながめると共通して水田開発が盛んに行なわれた江戸時代以降のものがほとんどであることが分かる。

(浜島　繁隆)

 ため池の分類・分布

2.1 ため池とは

　ため池は、水田を灌漑するための水を確保することを目的として造られた池で、必要に応じて貯水と取水のできる施設を備えたものと定義することができる。従って、火山活動、河食作用、地盤運動、地滑りなど自然現象を成因とする池とは区別される。しかし、自然を成因とした池も後に取水施設を設け、ため池としての機能を果たすことができれば、これもため池である。最近は都市の周辺で宅地開発により灌漑機能を失ったため、池が洪水調節池としての働きや都市公園に必要な水辺の役割を果たすなど、その機能も多様化してきた。

2.2 ため池の分類・形態・名称

　ため池の形態は立地により大きく左右されるが、水面の形状と人工堤のあり方で次のように分けることができる(図1.2.1)(北九州市、1974)。
　FO型：人工の堤のない池で、多くは成因を自然現象とする池や湖である(写真1.2.1)
　FA型：堤が一方にある池で、丘陵、山地の谷を堰き止めたものである。谷の数によ

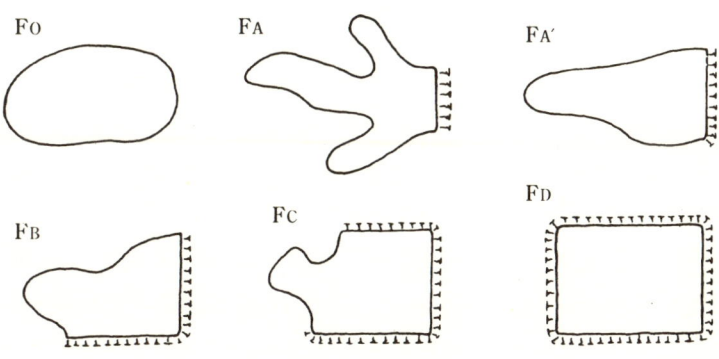

図1.2.1　池の形の類型 (北九州市、1974)

1章　ため池の概観

写真1.2.1　周囲に堤のないFO型のため池（三重県多度町福永：新池）

りY字形、V字形、樹枝状形などの形になる。この中で最も単純な形がFA′型である。

FB型：二方に堤を設け、土地の高低差を二方に利用した池である。

FC型：三方に堤を設け、残る一方に土地の高低差を利用した池である。

FD型：池の周囲すべてに堤を設けた池で、平野、台地など平坦な土地に造ったもので、その形態から皿池と呼ばれる。

　この分類はFO型 → FD型の池へ堤の割合が多くなり、人工的要素が強くなる順位を表している。

　ため池の水深は、灌漑のために取水用の樋菅を通す堤側が最も大きくなるように造られている。丘陵や山地の麓にあるFD～FC型の池では、水深は堤側から奥へと漸次浅くなっている。水深が変化して、さらに幾つかの入江をもつ複雑な形態の池は多様な環境をつくりだし、多様な生き物を育むことができる。それに対して、FD型の池は池底が平坦で、水深も一様で、しかも浅いものが多く生物相は単純である。

　一般に自然の湖沼と違い、水位が季節により大きく変動することが、ため池の一つの特徴である。稲作期間は放水で低下し、それが終われば貯水のため水位は再び上昇することが毎年繰り返されている。しかし、この変動の様子は、池の水源によって違っている。

8

2 ため池の分類・分布

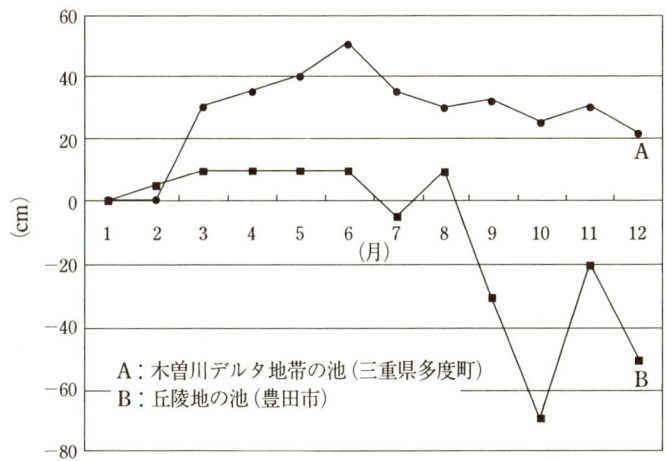

図1.2.2　ため池の年間水位変動（浜島、1979）

　丘陵の麓にあるFA型の池（豊田市の椀貸池）と木曾川のデルタ地帯にあるFO型の池（三重県多度町琵琶池）の水位変動を比較すると（図1.2.2）、湧き水と雨水で涵養されているFA型の池は、夏期の放水による水位低下がみられるのに対して、近くの河川の伏流水を水源とするFO型の池は年間を通して大きな変動は見られない。

　このようにため池の水深は、季節による変動で一概に決めがたいが、東海地方のため池で夏期の測定によると5〜1mで平均2.2m程である（浜島、1979）。奈良盆地は大和の皿池と言われるように浅い池が多く、最小0.9mで平均は2.6mであった（堀井、1961）。

　各地のため池の形態をFO〜FD型で分け、その割合を地域で比較すると、地域毎に違いがみられる（図1.2.3）。

　名古屋市守山区東谷山の周辺（地域名：瀬戸）（図1.2.4）は丘陵地で、その谷間を堰き止めたFA型の池が約90％を占めている。それに対して奈良県田原本町の唐古池周辺（地域名：桜井）（図1.2.5）はFD型の池が84％と圧倒的に多い。そしてその形状は方形、長方形の皿池である。この方形の皿池は過去の条理制の名残を留めているものである。香川県の讃岐富士（飯野山）周辺（地名：丸亀）（図1.2.6）は三方に堤をもつFC型が30％、四方堤で囲まれるFD型が52％、合わせて82％で奈良盆地に次いで皿池の多くみられる地域である。兵庫県加古郡（地域名：高砂）の播磨平野は、FC型とFB型の池が56％あり高低差の少ない平野部であるが、その差を活かして数えきれない程の池を造った先人の知恵が偲ばれる。

1章　ため池の概観

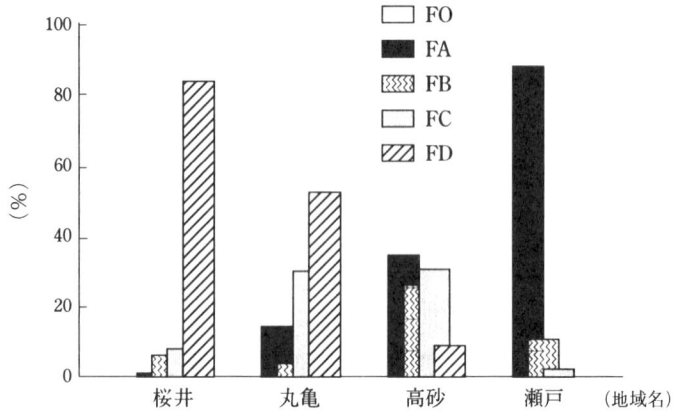

図1.2.3　地域別のため池の形態

＊地域名は国土地理院5万分の1の地形図による。
＊調査は次の地点を中心に$8×8km^2$の範囲にある池の形態を調べた。
　　桜井・田原本町唐古池　　　高砂・加古郡加古大池
　　丸亀・飯野山(讃岐富士)　　瀬戸・名古屋市東谷山

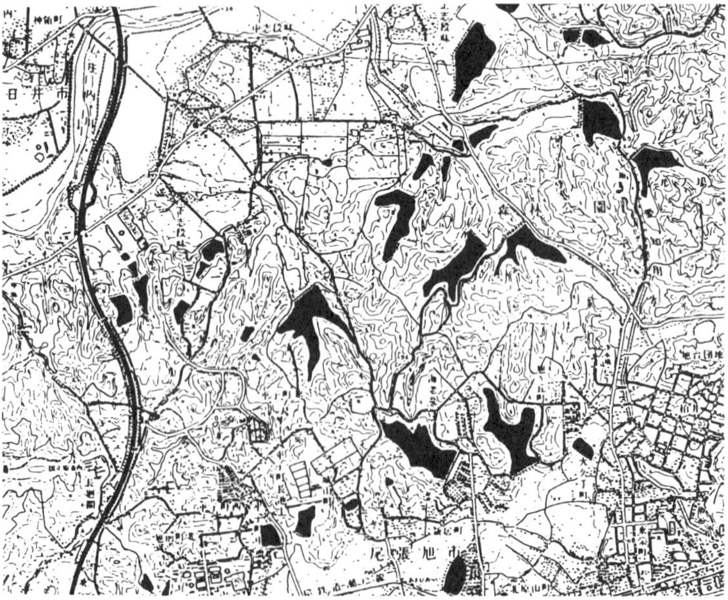

図1.2.4　名古屋市守山区・尾張旭市周辺丘陵のため池群（国土地理院の地形図より作図）

2 ため池の分類・分布

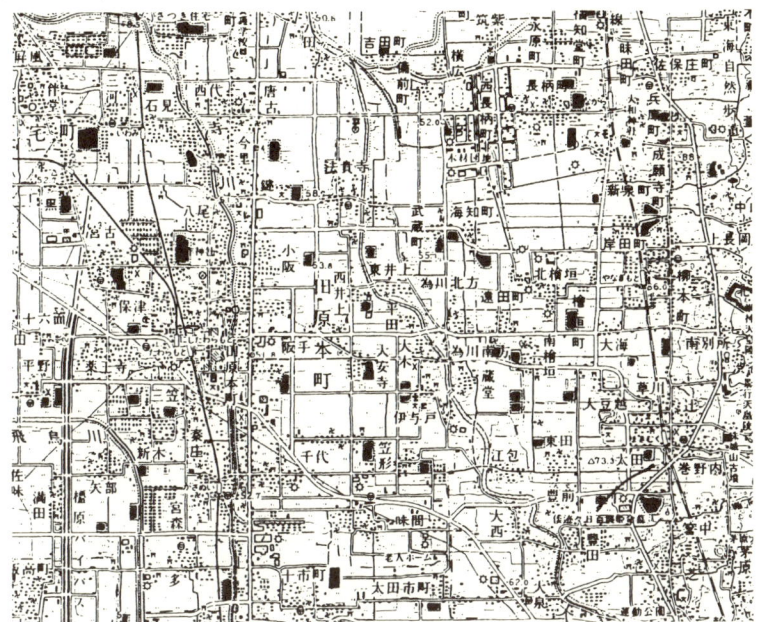

図1.2.5 奈良盆地のため池群（国土地理院の地形図より作図）

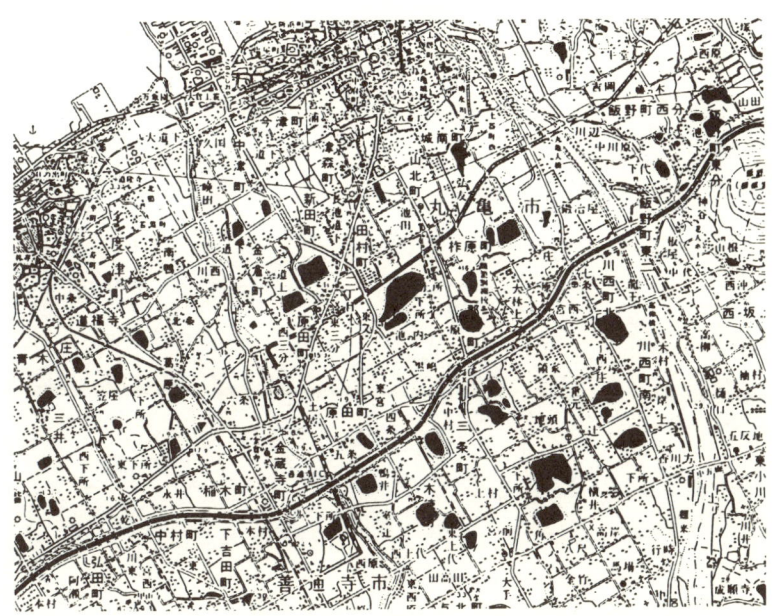

図1.2.6 香川県丸亀平野のため池群（国土地理院の地形図より作図）

1章　ため池の概観

　堤のないFO型の池は　木曾三川の河口域の三重県多度町、岐阜県南濃町、海津町、養老町にみることができる。これらは、かつての流路の一部が水田干拓のときとり残されて池になったものや干拓時、土砂を掘り揚げて池になったものと考えられる。
　このようにそれぞれの地域のため池の形態は、築造された立地を反映すると同時に、その地域の水田開発の歴史的背景を物語っている。
　ため池の分類は、この他、地域により便宜的にいろいろに分けられている。讃岐地方では池のある立地から次のように分けている。
　沖積平野や扇状地に点在する「野池」、その上流内陸部に位置する「台地ため池」、それに山間地帯の山麓に分布する「山池」である。「野池」は皿池と呼ばれる四方堤のため池で、平野のわずかな傾斜を利用した水深の浅い池である。平野の内部に位置する「台地ため池」は、洪積層下位台地が沖積・扇状地平野と接する位置で、平野の出口を堰き止める形で築かれ、貯水量10万t～100万tと規模の大きい池が多い。これに対して「山池」は規模が小さく1,000t未満がほとんどで、讃岐のため池の61％を占めるという。讃岐のため池はこのような小さい池（写真1.2.2）が多数分布するのが特色である（長町、2000）。

写真1.2.2　香川県陵南町のため池群地帯　このような小さい池が多数散在する。

2 ため池の分類・分布

ため池の呼び方は、身近な存在だけに親しみやすい名を付け使われている。それは池にまつわる伝説や造られた年代であったり、祀られている神様であったり様々である。どのようにして名前が付けられているか、その根拠になる事柄別にまとめると次のようである（大阪府農林水産部、1990）。

① 地名を冠するもの …… 狭山池、久米田池
② 地形・環境から ……… 谷山池、摺り鉢池
③ 位置から ……………… 上池、奥池
④ 水質から ……………… 清澄池、血池
⑤ 築造年代から ………… 明治池、古池
⑥ 築造者名から ………… 俊乗坊池、韓人池
⑦ 祭神から ……………… 弁天池、龍王池
⑧ 付近の建物から ……… 宮前池、寺池
⑨ 水中生物から ………… 蓮、菰池
⑩ 池の中の遺物から …… 剣池、宝池

2.3　ため池の分布と灌漑

　全国に貯水量3万m³以上のため池が、205,531箇所あるが、調査の対象にならない規模の小さい池が各地に点在しているので、それらを含めたため池の数はさらに多くなる。これらの池が貯える水が農業用水に占める割合は全国平均8.9％になる。このようなため池による灌漑の依存度は、それぞれの地域の地形や気象条件で異なっている。四国のため池依存度は13.1％であるが、そのうち香川県は52.3％で、いかにため池に依存した稲作が行なわれているか知ることができる（香川県の調査（1999年）資料による）。

　県ごとのため池の分布密度（池の箇所/km²）は香川が7.8/km²で最も高く、つづいて高い順に大阪5.9/km²、兵庫5.3/km²、広島2.5/km²、山口2.0/km²となっている。また、これを池の数からみると、最も多い県は兵庫で44,207箇所、つづいて広島21,010箇所、香川14,619箇所、山口11,976箇所、大阪11,230箇所となっている（表1.2.1）。

　このように池の密度と数の順位は変わっても、上位5つの県は変わらない。これは、これらの県は大きい河川がないか、あっても利用しにくい地形であったり、降水量が少ないといった共通の地形や気象条件を備えているからと考えられる。

　ため池の密集地域は、上記の5つの県が位置する播磨平野、讃岐平野、大阪平野など

1章　ため池の概観

表1.2.1　主な府県のため池数（1999年12月現在）

	府県名	ため池数	ため池密度		府県名	ため池数	ため池密度
1	兵　　庫	44,207	5.27	16	愛　　媛	3,340	0.59
2	広　　島	21,010	2.48	17	福　　島	3,257	0.24
3	香　　川	14,619	7.79	18	石　　川	3,149	0.75
4	山　　口	11,976	1.96	19	佐　　賀	3,133	1.28
5	大　　阪	11,230	5.93	20	岩　　手	3,025	0.20
6	岡　　山	10,084	1.42	21	熊　　本	2,634	0.36
7	奈　　良	6,554	1.78	22	富　　山	2,530	0.60
8	新　　潟	5,998	0.48	23	岐　　阜	2,520	0.24
9	和歌山	5,926	1.25	24	大　　分	2,359	0.37
10	宮　　城	5,876	0.81	25	長　　野	1,975	0.15
11	福　　岡	5,270	1.06	26	秋　　田	1,886	0.16
12	島　　根	5,232	0.78	27	滋　　賀	1,829	0.46
13	長　　崎	3,784	0.92	28	茨　　城	1,773	0.29
14	三　　重	3,458	0.60	29	青　　森	1,737	0.18
15	愛　　知	3,372	0.65		全　　国	205,531	0.54

＊ため池数は貯水量3万m^3以上を対象とした。
＊ため池密度は池の数/km^2で示す。

（香川県農林水産部土地改良課の資料による）

瀬戸内海沿岸地域であるが、その他に奈良盆地、伊勢平野、濃尾平野東縁と北九州があげられる。さらに、関東、東北地方で常総台地、仙台平野北部、秋田平野、津軽平野においてもため池が多く分布する地域がみられる（図1.2.7）。

地域をもう少し狭めてみると、驚く程の数のため池が分布している地域がある。それは奈良県の馬見丘陵の周辺域で、分布密度は平均51.9/km^2、多い所では125/km^2、さらに丘陵では、160/km^2の地域もあった（堀井、1961）。この丘陵地は侵蝕によりできた無数の谷が樹枝状に広がり、それぞれの谷を切り開き小規模な山田とし、その谷頭に池を造ったものである。このようにしてわが国最大のため池密集地と言われるようになったが、近年の土地開発で埋め立てられたり、廃池となり放置されるなど昔の面影は姿を消しつつある。

ため池に多く依存している地域では、その年の降水量とため池の貯水量によって稲作が支配され、度々の旱魃に苦しめられてきた。降雨に左右されない稲作にしたいという夢は、大形のダムの築造、農業用水の開通によって実現に向けて進んでいる。

香川県は約30年前、水田の70.4％がため池に依存していたが、1981年の吉野川から導水する香川用水が開通し52.3％に減少した。このような用水の開通で地域の農業が大

2 ため池の分類・分布

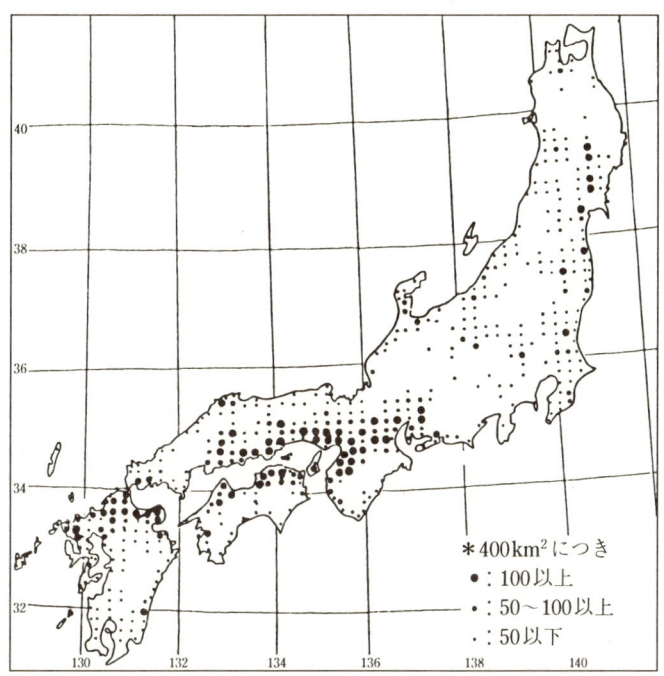

図1.2.7　ため池の分布（香室、1961　一部改変）

きく変わった例を愛知県の二つの場合についてみよう。

　現在の安城市の周辺は、かつては水の乏しい不毛の台地と言われていた。ここには3,600箇所の小さなため池によって農業用水が賄われていたが、十分なものではなかった。この台地に明治17年(1884)に明治用水が開通して矢作川の水が導かれた。その結果、日本のデンマークと呼ばれるほどわが国有数の農業の盛んな地域となった。

　次は戦後の大規模な用水として知られる愛知用水である。これは木曾川の水を1,127km離れた知多半島の先端まで導くという壮大なものである。この受益地域に、開通前13,000箇所のため池があり、これらに依存する稲作が行なわれていた。ため池の依存度が90％を越える町村は南知多、美浜、など5町に及んでいた（愛知用水公団、1968）。このようにため池の依存度が高いことから旱魃による被害を頻繁に受け、その数は1951年までの30年の間に8回の記録がある。1961年用水が開通して、このような心配は無くなり、ため池の中には役割を終え廃池となり埋め立てられたものも少なくない。この用水の受益地域である三好町では、110箇所の池のうち開通後44箇所の池が区画整理事業

15

1章 ため池の概観

や工業用地となり廃池となった。

　全国各地にこのような用水の開通や宅地開発でため池の数の減少が進んでいる。1979年から10年間の減少を府県別にみると、岩手68％、奈良56％、三重54％、大阪51％とこれらの県は半分以下に減少したが、他の県において同様に減少傾向がみられる。この減少率を実数でみると奈良7,722箇所、大阪6,604箇所、岩手6,459箇所、三重5,201箇所

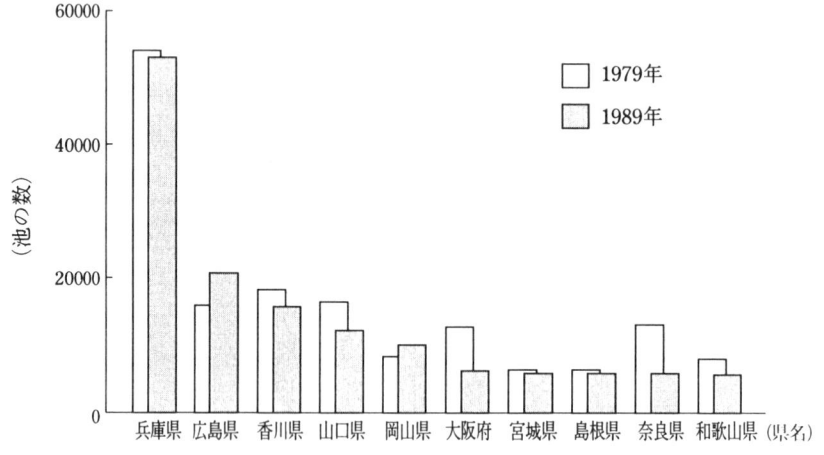

図1.2.8　主な県のため池数の変化（農水省防災課の資料(1989)より作図）

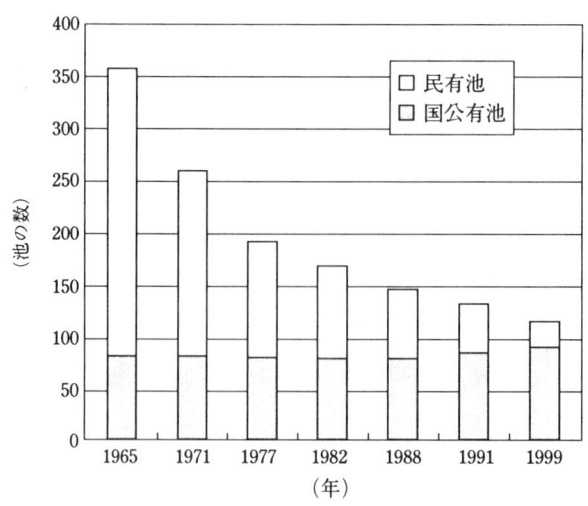

図1.2.9　名古屋市内ため池数の推移（名古屋市環境保全局、2000）

の池が姿を消しており、その数の多さを実感できる(図1.2.8)。このような減少の実態を都市の例として名古屋市をみると、1965年に360箇所の池が、昭和40年代の経済高度成長期以降に急激に減少して1991年には66％の減少で121箇所の池を残すのみとなった。減少の理由は主に宅地開発による埋め立てである(図1.2.9)。

(浜島　繁隆)

1章　ため池の概観

 ため池の風景と暮らし

3.1　ため池の風景

　ため池は稲作を支え、人々の生活を守る大切な役割と同時に身近な水辺風景として親しまれていた。それは池にまつわる伝説や竜神信仰として今に受け継がれている。

　池の岸辺にヨシが生え、水の中にはハスが大きく美しい花を咲かせ、水面を渡る風にかすかな香を漂わせている風景は、人々に一時の安らぎを与えるものであった。万葉の人々は、このような風景を愛で、池の畔を散策して時にはこの情景に自分の心のうちを歌いあげている。

　古くから人々の生活が営まれた都、奈良盆地にため池を題材にした歌が万葉集に収められている。その中には現存しない池もあるが、いくつかの池は昔の姿を今に残している。「御佩を剣の池の蓮葉にたまれる水の……」(作者未詳、巻13・3289) 一途に恋する純な乙女の歌にみる「剣の池」は、橿原市石川町の孝元天皇陵にある石川池であるとされている。現在、ハスは見られないが、当時、一本の茎に二つの花がつく珍しいハスが見られた記録がある。また「勝間田の池はわれ知る蓮なし……」(作者未詳、巻16・3835)と歌われた「勝間田池」は西の京、薬師寺の西にある「大池」とされる。今も、池の西堤からは池ごしに薬師寺の東塔、西塔が優雅な姿を水面に映し、遠く若草山、春日山のゆるやかな山並みの連なる風景(写真1.3.1)がみられ、昔と変わらないただずまいを見せてくれる。

　ため池を描いた風景が各地に残る「名所図会」にも見ることができる。図会は1780年の『都名所図会』が最初で、その後各地で図会が出された。『都名所図会』には「みぞろ池」、「大沢池」、「広沢池」、『摂津名所図会』に「昆陽池」、「まの池」、『大和名所図会』に「猿沢の池」が描かれている。『尾張名所図会』に「猫洞池」(図1.3.1)、「牧大池」、「入鹿大池」(図1.3.2)の図がある。いずれも現存の池である。「猫洞池」(現在、猫ヶ洞池)は名古屋市千種区の住宅地にあるが、図会には今はないが、猫洞池の堤の下にも池が描かれ、周辺の丘陵の様子がよく描かれている。「牧大池」(現在、牧野ヶ池)は「この池広大にして、大池の称むなしからず。眺望もまたうち開きて、月下の秋景ことに賞する

3 ため池の風景と暮らし

写真1.3.1　奈良薬師寺の東・西塔をみる勝間田池

図1.3.1　尾張名所図会：猫洞池

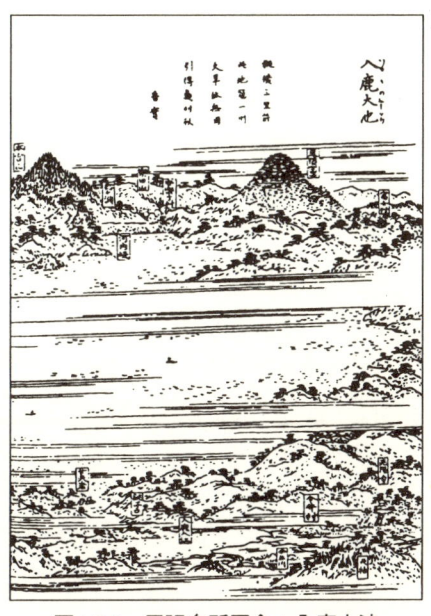

図1.3.2　尾張名所図会：入鹿大池

19

にたへたり」と説明がされている。池を取りまく丘陵と堤の下に茅ぶきの人家、木々に囲まれた蓮教寺の伽藍が描かれている。「入鹿大池」(現在、入鹿池)は犬山市池野にあるわが国有数のため池で、面積158万m^2、周囲12kmある。池を取り巻く尾張富士、尾張本宮山などの山々、それに河内の国より人夫を招いて造った河内堤も描かれている。

このように、ため池のある風景に人々は親しみをもち名所として、行楽地として図会に残したのである。

3.2　ため池の水利慣行

ため池に依存度の強い地域では、水争いを避けるために池ごとに独自の水利慣行が決められている。知多半島の丘陵の谷間に拓けた水田地帯に、坂森池と猿喰池(常滑市大谷地区)の二つの池で灌漑をしている地域がある。最近は愛知用水が開通して、従来守られていた慣行も変わってきたが、この地方で昔行なわれていた慣行を農事暦に従い述べると次のようである(常滑市誌、1976)。

【苗代づくり】　湧き水のある湿田で、ため池の水は使われない。

【井桁ざらえ】　灌漑は田ごしであるが、丘陵ぞいに池の水を通す井桁(用水の溝)が掘られている。田植えの前に井桁ざらえ(掃除)をする。

【田植え】　6月中旬田植えが始まるが、代かきは湧き水で充足され、空梅雨の時以外は池の水は使われない。

【池番人】　夏至ごろから池の杁ぬきのための池見人(責任者)をおく。

【農休み】　6月30日、田植えが終わると、八幡社で農神祭を行なう。農家はご馳走としてうどんを食べる習慣がある。

【田植え後の水管理】　各自が見回り、不足のときは池番人の許可を得て杁をぬく。

【日照りの年】　池番人が責任をもって平等に配水をする。

【池浚え*】　長い期間日照りがつづくと立桶がひび割れするので、ワラ、ムシロで覆い保護をする。また、池浚えをする。その時は村中総出で魚を捕る。

【雨乞い行事】　日照りがつづく年は、多度神社から黒幣様を受け八幡社に祀り、笛、太鼓で満願を祈願した。昭和の初めまでは雨乞いの「天焼き」の行事が知多半島一円で行なわれたこともあった。

---

*愛知県三好町では、池浚えは「池もみ」と言われ、農繁期の終わる9月下旬に水を落として池の掃除を兼ねて行なわれる。入池料を払って、ラッパを合図に一斉に池に入り魚を捕獲した。

このようなため池に関わりのある慣行や行事は農村の人々の生活と深く結びついた一つの風物詩であった。しかし、最近、各地にできた大規模な農業用水や農業経営の合理化で、従来の慣行や行事は姿を消しつつある。

3.3 都市化とため池

都市化の進展でため池の埋め立てや水質の汚濁が、そこに生活する多くの生物を絶滅に追いやり、さらに都市型の洪水まで引き起こすようになった。一方、農村では合理性、生産性重視の耕地整備事業で小さなため池は埋め立てられ、昔ながらの農村風景は今や失われようとしている。

羽賀(1981)は、ため池を文化遺産として、次のように述べている「わが国の各地に散在する大小無数のため池は、周囲の田畑と調和した日本人の原風景として人びとの心に深く焼き付いた人文風景を創り出している。これらため池は人の手によって築造されたものであり、その風景は自然風景と呼べるものでないが、それと同等の重みと価値をもつ歴史的風景である。」

近年、ため池保全の動きは県・市のレベルでもみられるようになった。福岡県春日市で1985年制定した「溜め池保全条例」をみてみよう。この条例の基本理念は「溜め池は、自然が与えた最高の資産たる水をたたえ、健康で文化的生活に不可欠な自然環境の中心的存在である」と位置付けている。この価値ある歴史的遺産と周辺の自然環境を一体として保全するため汚水を流入させる行為、法面、堤防の形状を変更する行為を規制している。また、香川県においても「ため池保全条例」を1966年制定したが、それはため池の破損・決壊などの災害を未然に防止するのが目的であった。しかし、都市化でため池の埋め立てが急増し始めたので、1980年に条例を改正し、埋め立て行為の届け制など秩序ある保全を図るための行政指導ができるようにした。

名古屋市は1974年「ため池保全協議会」を発足させたが、法的基盤のない協議会では、埋め立ての完全な抑止力にならず、1992年に「ため池保全要綱」を施行した。これはため池の治水、灌漑機能と環境や景観を総合的に保全するものである。これにより民有のため池で市の同意できない埋め立ては市が買収したり、管理の費用を補助して池を保全できるようになった。平成元年から10年間に5箇所の池が買い取られて自然環境保全を図る整備が進められている。

兵庫県は1998年「ため池整備構想」を策定し、ため池を地域の財産として位置付け、

新たなため池文化の創造を目指した池の整備、管理の推進と自然環境保全の取り組みが始まった。

　わが国の稲作を中心とする農耕文化は、土と水を基盤として自然との調和を保ちながら発展してきた。それを支えてきたため池の果たした役割は大きなものであった。しかし、今や都市化の進展や大規模な用水の開通でこれらため池は等閑視され、池周辺の自然は壊され、水は汚濁し、さらに邪魔で危険なものとして埋め立てられたものも多い。その結果そこに生活をしている多くの生き物の絶滅を招いている。このようなため池の姿は、現代の社会が生み出した負荷をすべて負わされているように映る。先人が大きな労力と資財を注ぎ込み造りあげ、今に伝えたため池に、新しい視点から新しい価値を見つけ保全に努めることが現代の課題である。

（浜島　繁隆）

引用・参考文献

愛知用水公団（1959）：愛知用水史、愛知用水研究会
石野博信（1975）：奈良の池、日本古代文化の探究・池、pp.85-106、社会思想社
大阪府農林水産部（1990）：池の本〈パンフレット〉
香川県　編（1988）：香川県史
香川大学地理学研究室　編（1972）：香川県の地理、上田書店
香川県農林水産部土地改良課（1999）：さぬきのため池〈パンフレット〉
香室昭円（1961）：南西日本のため池にみられる岸辺植生の植物社会学的研究(英文)、福井大紀要、**10**, 163-203
北九州市企画局（1974）：北九州市水環境保全基本調査報告書
末永雅雄（1972）：池の文化、学生社
田中英夫（1975）：北九州地方の池、日本古代文化の探究・池、pp.13-28、社会思想社
常滑市誌編纂委員会（1976）：常滑市誌
長町　博（2000）：讃岐のため池の発達史とその特性、日本の水環境、**6**, 58-60、技報堂出版
名古屋市環境科学研究所（2000）：市内河川、ため池等の水質の変遷、ため池編
野口道直・岡田　啓（1880）：尾張名所図会、6巻
羽賀克己（1981）：文化遺産溜池の今日的意義、かんきょう、**31**, 89-91
旗手　勲（1976）：米の語る日本の歴史、そしえて
浜島繁隆（1979）：池沼植物の生態と観察、ニューサイエンス社
浜島繁隆（1981）：東海地方のため池にみられる水草と分布の由来、地域研究6、**1**, 16-26
兵庫水辺ネットワーク（1999）：ため池の自然〈パンフレット〉
福島雅蔵（1975）：溜池の水利慣行と管理、日本古代文化の探究・池、pp.251-283、社会思想社
堀井甚一郎（1961）：灌漑構造、奈良県地誌、pp.106-111、大和史蹟研究会
三好町立歴史民俗資料館（1986）：くらしとため池展〈パンフレット〉
山崎しげ子（1996）：万葉を歩く、奈良・大和路、東方出版

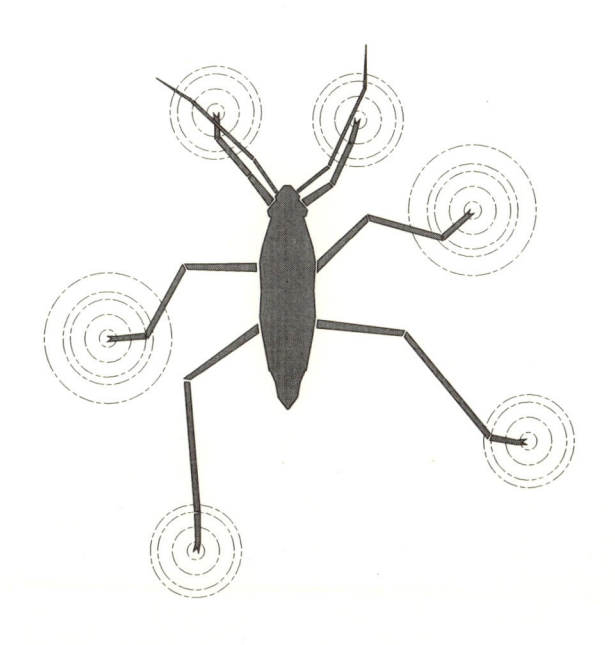

2章　ため池の水環境

はじめに

　日本では、かつて水田の開発や生活圏の拡大のために、人里周辺に沢山の水系がはりめぐらされてきた。自然の池沼や湿地の多くが失われたが、かわりに発達したのが稲作農業であり、水を多く使うようになったため、水系そのものはむしろ増えたと言えよう。人為的に造られた水系の中で最も大きなものが水田であり、水田への用水路、小川、ため池、集落周辺の小水路などであった。天然の川や池沼はたびたび起こる洪水によって氾濫し、谷を削られ、流路を変えられ、消失したりするなど、たえず大きな環境の変動にさらされてきた。それに対して、人によって造られた水系は比較的攪乱されることが少なく、より安定した環境を提供してきたと言えよう。様々な生き物の生活を支え、人々の暮らしに密接に関わる存在として、身近な水辺の風景を育んできたのは、水田、ため池、集落のまわりの小水路や小川、さらに水を涵養する雑木林といったような、稲作のために人によって造られ、維持されてきた人為的な水系であったと考えられている(遊磨、1995)。

　この章では、このような身近な人為的水系の一つであるため池に焦点をあてて、ため池とそこにすむ生き物を育んできた水環境について紹介する。

1 ため池という水環境

1.1　ため池をとりまく環境

　ため池をとりまく環境要因を大別して、自然的な要因と人為的な要因に分けると、前者には気候、地質、地形などがあり、後者に水質汚染、改修工事、水位調整などの人間活動に由来するものがあげられる。それらの要因と生物が互いに影響を及ぼしあった結果として、ため池の風景が形づくられてきたと考えられる(図2.1.1)。生物は、食べたり食べられたり、競争したり共存したりするなど、他の生物と相互に関わりあって生物社会(生態系)を造ってきた。

2章　ため池の水環境

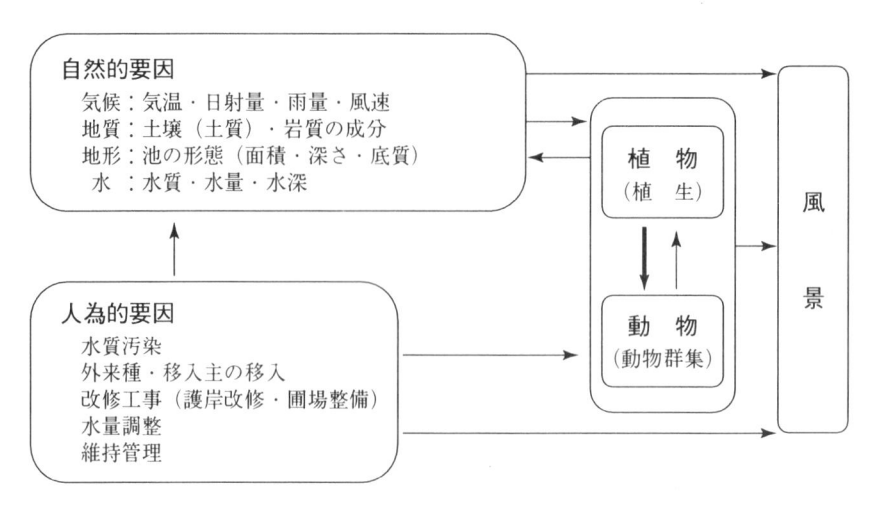

```
┌─────────────────────────┐
│ 自然的要因              │
│   気候：気温・日射量・雨量・風速  │──→┐    ┌─────────┐
│   地質：土壌（土質）・岩質の成分   │   │    │ 植　物  │──┐
│   地形：池の形態（面積・深さ・底質）│←──┤    │ （植生）│  │  ┌──┐
│   水　：水質・水量・水深       │   │    └────┬────┘  │  │風│
└──────────↑──────────────┘   │         ↕↨      │  │景│
           │                    │    ┌─────────┐  │  │  │
┌──────────┴──────┐             │    │ 動　物  │──┤  │  │
│ 人為的要因      │             │    │（動物群集）│ │  └──┘
│   水質汚染      │─────────────→    └─────────┘  │
│   外来種・移入主の移入 │                            │
│   改修工事（護岸改修・圃場整備）│──────────────────────┘
│   水量調整      │
│   維持管理      │
└─────────────────┘
```

図2.1.1　ため池の生物群集と環境との相互関係

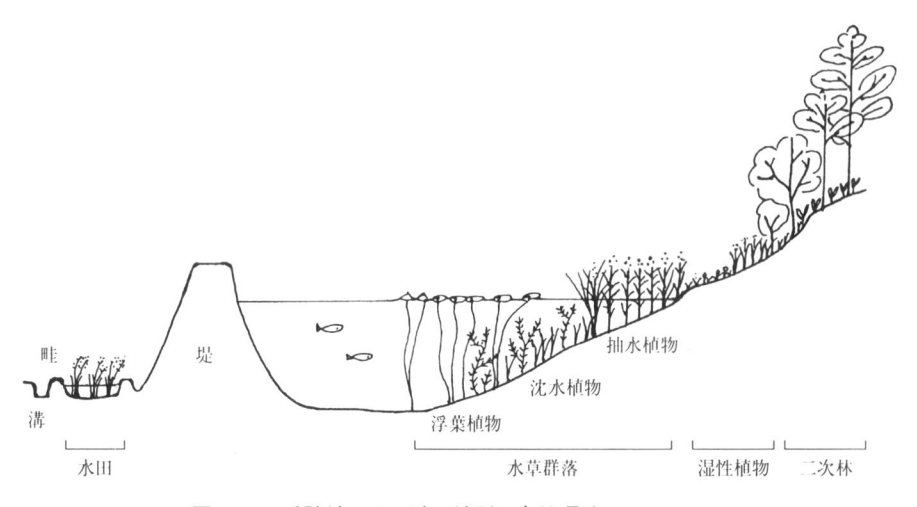

図2.1.2　丘陵地のため池の地形と自然環境（浜島による）

畦・溝／水田／堤／（浮葉植物・沈水植物・抽水植物）水草群落／湿性植物／二次林

池をとりまく林から岸辺へと続く傾斜地、沿岸帯、地表の構成物（石礫、砂、粘土）、池の底、池の堤、水路、水田などの一連の環境と植生によって多くの生き物の生活が支配される。

また一方で、ため池に暮らす生物は、その生活環境にも大きく依存してきた。暮らしの場としてのため池の中の環境はもちろん重要だが、ため池周辺のあらゆる環境からも大きな影響を受けている（図2.1.2）。例えば、ため池の水草（水生植物）の生育には、水質や沿岸の地形がどのようになっているか、というようなことが重要な問題である。ほ

どよい水質で、岸辺から沖にかけて緩やかな傾斜の沿岸帯のあるため池では、水深の変化に対応して様々な種類の水草が生育する。浅い水域には抽水植物がみられ、さらに深い水域には浮葉植物が育ち、光が底まで届くところには沈水植物が生育している。

ため池の動物の生息にも、このような沿岸の水草帯は重要な役割を果たしている。また池をとりまく林（二次林）から岸辺へと続く傾斜地、地表が何でできているか（石礫、砂、粘土）、池の堤、池の底、水田、水路とそれぞれの場所に生育している植生を含めた、一連の環境がどのようになっているかによって、多くの動物の生活が支配されている。陸上の林は、池に棲む魚や底生動物にとって餌の供給源であり、野鳥が巣を作り、かくれ、移動する場である。水草帯は、魚など多くの動物の産卵の場であり、稚魚がエサを取り、大きな魚から隠れて育つ場である。また、鳥のねぐらや営巣地になるなど、様々な生き物の生息場所（ハビタット）としての役割を果たしている。

また、動物は、種類によっては発育に伴って生息場所を変えたり、移動して暮らすため、多様な環境が必要となる。例えば、ため池に暮らす水生昆虫で、卵から成虫までの一生（産卵、幼虫の生活・採餌・蛹・成虫の生活・採餌・休憩）を水中で過ごすものはごくわずかで、トンボ・トビケラ・ユスリカ・フサカなど、多くのものが、成虫期を陸上で過ごし、岸辺の樹林や草原などを必要とする。また、ミズカマキリ・ガムシ・ゲンゴロウなどのように、ため池と水田を移動して生活している昆虫や、深場で冬を過ごした後、春に産卵のために水路や田圃にあがってくる魚の生息のためには、ため池、水田、水路などが行き来できることが必要である。タガメなど、成虫が土の中や石の下にもぐって冬を越す昆虫には、冬でも湿り気のある場所が必要となる。このような水生動物の生活史からみても、ため池のまわりに、水田とまわりの畦、周囲の堤、用水路の土手や石垣など、水域とそれにつながる陸域が連続して存在することが、多くの種類の水生動物の生息を可能にしてきた（日比ら、1998）。

このように、ため池とその周辺は、様々な環境の水域と陸域が連続して繋がっていることが特徴であり、そこで、多様な生物群集を育み、その地域の景観を形作ってきたといえよう。

1.2　ため池という水域

ため池は、どのような特徴を持った水域だろうか。陸の水域は、河川のように水が流れている「流水性」の水域と、池や湖のように水がよどんでいる「止水性」の水域に分

27

けられる。この二つの性質の違いにより、そこにすむ生物の種類や生活、物質の動きなどが大きく異なってくる。例えば、流れている川の水が緑色をしていることはほとんどないが、その水を汲んで、しばらくおいておくと緑色になってくることがある。これは植物プランクトン(浮遊藻類)の発生によるもので、水を静かにおいておくことによって生ずる現象である。ため池は、このような「止水性」という点では、湖沼と同じである。

しかし、ため池は小規模なものが多く、湖沼のように深く大きなものは少ないことが、特徴的である。深い湖では、特定の時期を除いては、上下の水が混合することがほとんどなく、表層と深層とでは、水温だけでなく水質も大きく異なる。しかし、大部分のため池は水深が1～4mと浅いため、一時的に上下の水温などが異なる(いわゆる成層)状態になっても、じきに風などで混合され、水質は一様になる。また、浅いことは、抽水植物や浮葉植物などの水草の繁殖には好都合である。大きな湖では波浪により、岸の近くに流水に近い環境が出現する。波浪は沿岸の砂泥を常に動かすため、水草群落の発達を阻害することになる。しかし、一般に小さな池では風などによる吹き寄せはあるものの、大きな波の立つことは少ない。この点でも、ため池全体が水草の育ちやすい環境を備えている。池の植生の豊かさは、他の生物の多様さにつながり、生き物の生息場としてのため池を考える上で重要なことである。

ため池は水量が少ないので、流入物による汚染の影響を強く受けやすい。大きな湖では、流入水の影響が出るようになるまでには、かなりの年月がかかるが、小さな池では、流入物の影響が短時間に池の水質の変化としてあらわれることになる。また、浅い池では水の上下の混合がひんぱんに行われるため、底泥に溜まった栄養分が再び表面近くにもどってきて、再び水生植物や浮遊藻類にとりこまれ、効率よく何回も利用される。従って、ため池は湖沼よりも、容易に富栄養化しやすい水域といえよう。

そして、このような物理的要因からくる特徴とは別に、ため池は人によって管理されてきた水域という特徴がある。ため池には灌漑用の取水施設が備えられており、その水を利用するための様々な管理が行われている。水利用のため、池の水位は季節により大きく変わる。一般に田んぼに水のない、灌漑用水を必要としない時期の水位は高く、田植えの時期は放水のため序々に水位が下がり、田んぼの水を落とす時期まで下がり続ける。時には、池底の大部分が干上がることもあり、冬季には完全に水を抜いて池底を干すこともある。

冬季に池底を干すことは、3～5年に一度くらいの頻度で多くの池で行われてきた。

1 ため池という水環境

その時に魚を捕ったり、水草を刈ったり、栄養分の多い池底の泥を浚って畑の肥料とする慣行が、池の富栄養化や生態系の遷移を抑え、池を一定の状態に保ってきたわけである。ため池の水質と生物群集の維持や景観の存続は、この維持管理によるところが大きい。このように、ため池は人との深い関わりの中で、独特の生態系を育んできたといえよう。

しかし、近年灌漑用としての役割がなくなり、取水施設がほとんど動くことのない池も多くなっている。そうした池では、水位の季節変動も少なく、底干しなどの維持管理も行われていない。

（土山　ふみ）

2 ため池の生態系と物質循環

2.1 ため池の生産者

　水の中でも、陸上と同様に、様々な生物の生活を支える基となる有機物をつくっているのは、光合成を行なう植物である。それは一次生産者と呼ばれ、生態系の中で重要な役割を果たしている。それらの植物は、陸上の植物と同じように緑色の葉緑素（クロロフィル）を持ち、二酸化炭素（CO_2）と水から太陽の光エネルギーを利用して有機物を生産している。その際に肥料分（栄養塩と呼んでいる）として少量の窒素、リンなどを必要とする。

　湖沼での一次生産者は主に植物プランクトン（浮遊藻類）であるが、ため池のような浅く小さな水域では、植物プランクトンばかりでなく、水草（水生植物）と水草・礫・泥などに付着して生活している付着藻類の生産量を抜きに考えることはできない。ここでは、まずその生産者を中心に紹介しよう。

❶ 植物プランクトン

　ため池には、動物や植物のほかにカビやバクテリアなどが生活しているが、このうち水中に浮遊して生活し、水の動きに従って移動・分散する生物を「プランクトン（浮遊生物）」と呼び、大きく動物プランクトンと植物プランクトンに分けられる（**写真2.2.1**、**写真2.2.2**）。プランクトンの中には千分の1mmほどの小さなバクテリアから数cmにもなるものまでいるが、その中で、種類・量とも最も多くを占めるのが、植物プランクトンで、ほとんどのものが、十分の1mmから千分の1mmの間にあり、通常は肉眼で姿を捉えることは難しい。動物プランクトンはクロロフィルを持たず、水中を動き回っているが、植物プランクトンはクロロフィルを持ち光合成を行なう。ため池の水が緑や褐色に色づいているのは、この植物プランクトンによることが多い。植物プランクトンには、様々な種類のものがおり、珪藻類、鞭毛藻類、緑藻類、藍藻類などに分けられる。珪藻類、鞭毛藻類は褐色、緑藻類は緑色をしており、夏期にブルームとなって水面を鮮やかな青緑色に染める「アオコ」は藍藻類である。この植物プランクトンが、ため池に

❷ ため池の生態系と物質循環

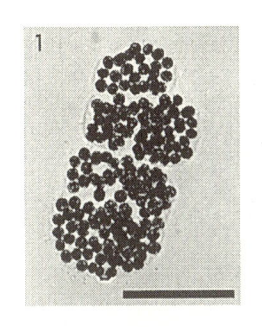

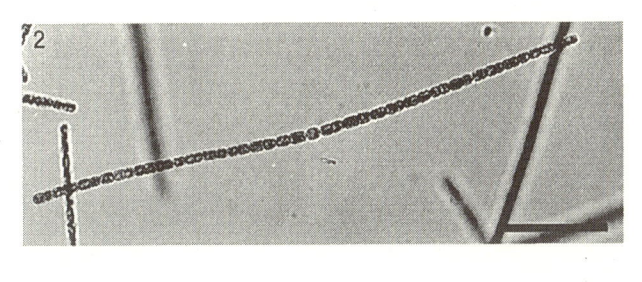

4, 6, 7, 8, 9, 10 ； ──────
スケールは 0.05 mm

1：ミクロキスティス(藍藻)、2：アナベナ(藍藻)、3：「アオコ」を形成するミクロキスティスとアナベナ、
4：アウラコセイラ(珪藻)、5：クンショウモ(緑藻)、6：ミクラクティニウム(緑藻)、7：イカダモ
(緑藻)、8：ディクチオスフェリウム(緑藻)、9：クルキゲニア(緑藻)、10：ミクラステリアス(緑藻)
注) 名称はすべて属名。

写真2.2.1 ため池で見られる植物プランクトン

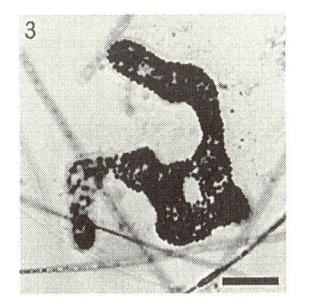

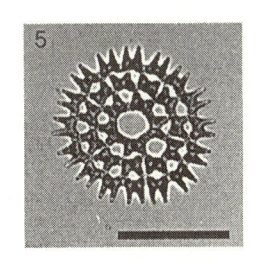

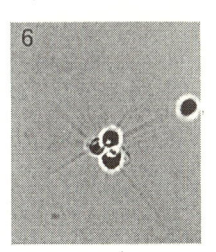

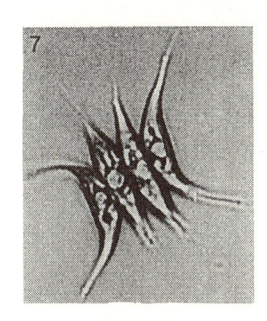

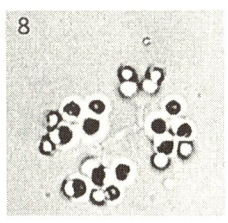

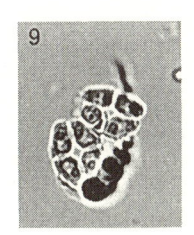

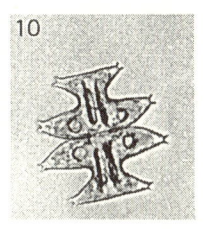

31

2章　ため池の水環境

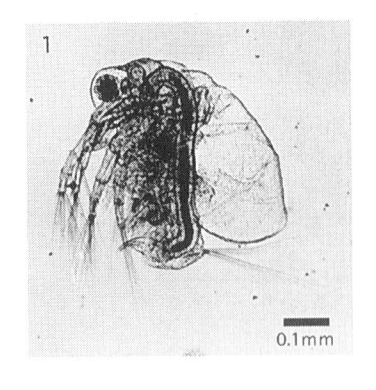

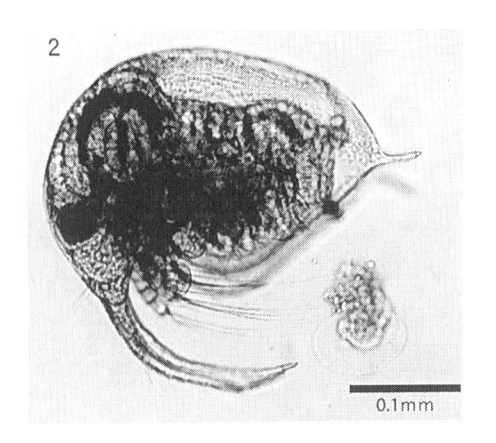

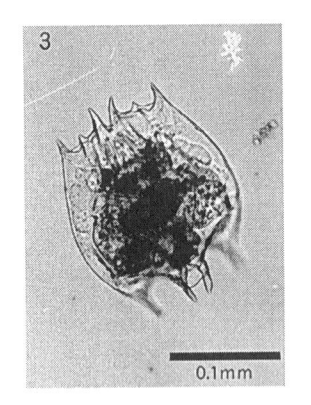

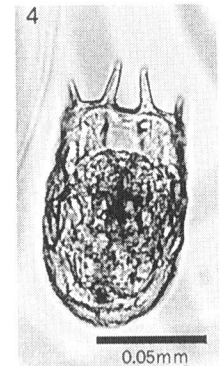

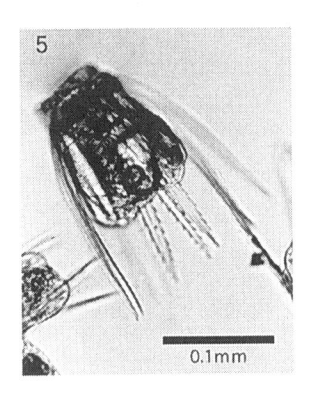

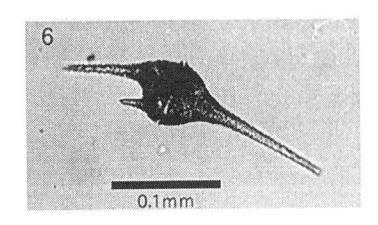

1：スカシタマミジンコ、2：ゾウミジンコの一種、3：カドツボワムシ、4：カメノコウワムシの一種、
5：ハネウデワムシの一種、6：ツノオビムシの一種

写真2.2.2　ため池で見られる動物プランクトン

(写真提供：榊原　靖氏)

おける最大の生産者で、ため池の生物の暮らしを支えるもととなる。

❷ 付着藻類（ペリフィトン）

　ため池には、植物プランクトンのように池の中に浮遊している藻類の他に、「もの」に付着して生きている藻類もある。クロモのような沈水植物やヨシなどの抽水植物の表面や、岸壁、杭や池底の砂れき・泥などの表面に付着して生活している藻類で、付着藻類（ペリフィトン）と呼ばれる。大きな湖では、水中に生活する浮遊藻類の量に比べて、岸辺の水草や底のれきや泥などに付着している藻類の量は問題とならない。しかし、ため池のような浅く小さな水域では、付着藻類が生活できる場所の割合が高いので、その働きも無視するわけにはいかない。名古屋で一番大きなため池である牧野ケ池の調査では、池の面積の1/4を占めるヨシ帯のヨシの茎表面で生活している付着藻類の量は、浮遊藻類（植物プランクトン）の1/10であったと報告されている（村上、1989）。ヨシ以外にも、沈水植物や池の底や護岸表面などにも付着藻類が存在することを考えると、浅く小さな池での付着藻類の重要性はさらに増すことになる。

❸ 水　　草

　深く大きな湖では、湖全体の一次生産量の中で水草の占める生産量は、大きなものではない。しかし、浅く小さな池では、水域のほとんどが光の届く深さで、水草の生育に好都合な環境であるから、その生産量がため池全体の生産量に占める割合が高い。岸辺から沖に向かって緩やかな傾斜のあるため池では、岸から順にヨシ・マコモなどの背の高い抽水植物が生え、深さを増すにつれて、ガガブタ・ヒシなどの浮葉植物がみられるようになる。さらに光が池底にまで届くような所には、沈水植物のクロモ、マツモ、セキショウモなどが生えており、場合によっては水域全体が水草に覆われることもある。ため池の一次生産を考える上で水草の影響は、湖に比べ遙かに大きいと言える。

2.2　ため池での食物連鎖

　ため池に生活する生物も、陸上に暮らす生物と同じように「食べる－食べられる」の食物連鎖で結ばれている。植物プランクトンが、ワムシ、ミジンコなどの動物プランクトンに食べられ、動物プランクトンは小さい魚に食べられ、小さい魚は大きな魚に食べられ、魚は鳥に食べられるという「生態系ピラミッド」（図2.2.1）の関係は良く知られ

2章　ため池の水環境

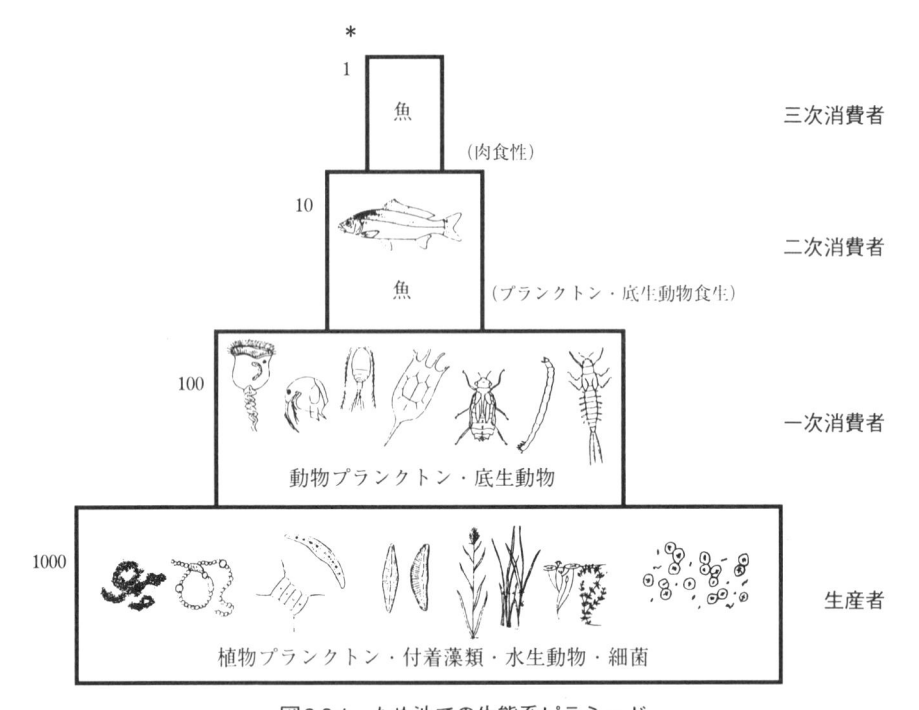

```
         *
         1
        ┌───┐
        │ 魚 │                          三次消費者
        └───┘
          (肉食性)
      10
     ┌──────┐
     │  魚  │                           二次消費者
     └──────┘
       (プランクトン・底生動物食生)
   100
  ┌────────────────┐
  │ 動物プランクトン・底生動物 │              一次消費者
  └────────────────┘
1000
┌──────────────────────────┐
│ 植物プランクトン・付着藻類・水生動物・細菌 │       生産者
└──────────────────────────┘
```

図2.2.1　ため池での生態系ピラミッド

(＊ピラミッドの階層が一つ上がると、生物の量(現存量)がおおよそ1/10になる。)

ている。このピラミッドを底辺(第一段目)で支えるのは、一次生産者である植物プランクトン・付着藻類・水草である。バクテリアもここに含めることができる。バクテリアは、分解者として考えられているが、動物プランクトンや底生生物の餌としても重要な役割を果たしている(西條、1995)。

　植物プランクトンにより生産された有機物とそれを食べる生物など、いずれの生物も、食べられたり、排泄したり、底に沈殿したりし、最終的には、バクテリアやカビなどの分解者によって無機化される。その結果として再生した二酸化炭素や窒素・リンなどが、再び一次生産者に光合成で利用されることで、食物連鎖の輪は閉じられる(図2.2.2)。このように物質は生物の活動によって水中・生物体・底泥の間を移動し、循環する。いわゆる物質循環である。

　この食物連鎖では、階層が上になるほど生物体の現存量は減少する。これは、食物が一部体内に吸収されずに排出されることや、呼吸などによって失われるために起きる現象である。一般的には、ピラミッドの階層が一つ上がると、生物の量(現存量)がおおよ

2 ため池の生態系と物質循環

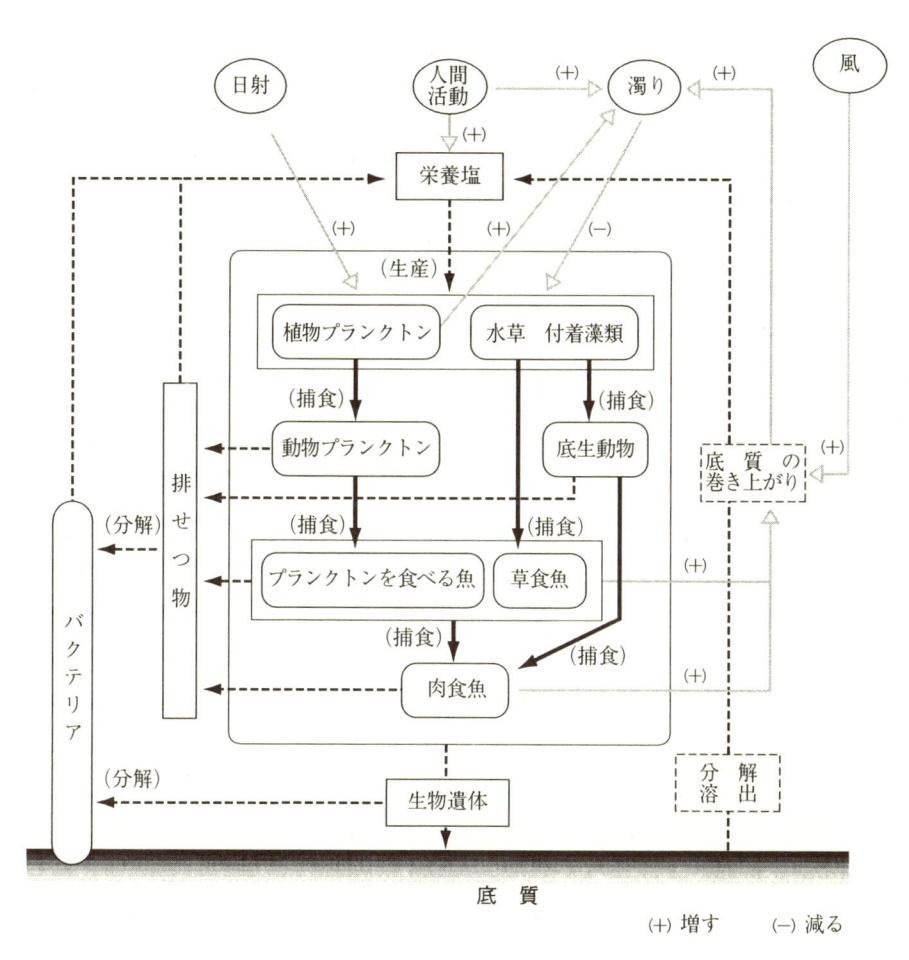

図2.2.2　浅いため池での食物連鎖の模式図

そ1/10なるといわれている(西條、1992)。しかし、実際は、もっと複雑に入り組んでいて、網の目のようにいくつもの食物連鎖が同時に存在しているので、食物網と呼ばれることもある。その関係は、生物の成長などの影響を受け、時間的にも変化している。

近年、植物プランクトンを制御するために、食物連鎖のしくみを利用する方法が、注目されている。水草や動物プランクトンを食べている草食性・雑食性の魚類(コイ・フナ等)を除去することにより、「魚類の減少 → その餌である動物プランクトンと底生動物の増加 → その餌である植物プランクトンの減少 → 透明度の増加 → 水草の生育環境の改善 → 栄養塩の水草による吸収・動物プランクトンや底生動物の生息場の提供」と言

うように一連の関係として、働くことが期待されている。

　ため池における個々の生物相互の関係や「食べる－食べられる」の関係は、まだ十分解明されていないが、この種の研究は池の生態系の仕組みと動きを理解するために重要であり、今後の課題として残されている。

〈土山　ふみ〉

3 ため池の水質

3.1 ため池の富栄養化

　ため池の生態系は、先に述べたように光合成によって生産された有機物を底辺にして成り立ち、「無機の栄養塩の供給→植物による生産→動物による消費→バクテリアによる分解→無機の栄養塩の再生→植物による生産」という循環の中にある。しかし、無機の栄養分の供給が大きくなりすぎると、消費、分解が追いつかず、池水中に植物プランクトンが異常に大発生するようになる。このように無機の栄養分(窒素とリン)の供給が大きくなり、生物の生産量の増大とともにため池内に栄養分がしだいに蓄積されていく現象を「富栄養化」と呼ぶ。

　湖は長い年月の間に、湖→沼→草原へと変化して行くものと考えられている。このような自然にすすむ富栄養化と、人為的な影響で起きる富栄養化がある。自然的な富栄養化は、きわめて長い年月がかかると考えられている。それに対して、人為的な富栄養化はわずか10年前後というような短時間でも著しく進行する。ため池の場合も、富栄養化はその流域(集水域)からの人為的な汚水(家庭排水や肥料など)の流入によって促進されていることが多い。

❶ 富栄養化と「酸欠・透明度の低下」

　富栄養化現象の極端な現象が、夏に起こる「水の華」(別名アオコともいい、藍藻のミクロキスティスなどによる)の大発生である。池一面が、厚い緑色の膜で覆われたような状態になり、悪臭も漂う。

　このような植物プランクトンの増殖による水域の富栄養化で、ため池の生態系にとって一番の問題となる水質の変化は、「酸欠(酸素不足)」と「濁りによる水中の透明度の低下」である。浅い池は混合されやすいので、深い池より酸欠にはなりにくいが、極度に富栄養化が進むと池の底の方では酸欠になることがある。

　植物プランクトンは、昼間は光合成を行ない酸素を出すが、光の届かない場所や夜間には呼吸をして水の中の酸素を消費する。また、沈降した植物プランクトン自身の分解

にも酸素を消費するため、昼間でも底近くの水中は酸素不足となることが多く、場合によっては無酸素になる。さらに、植物プランクトンが大量に発生すると水の濁りが著しくなり、太陽光が水中に入っていくのを遮る。その結果、昼間でも、深い層では植物プランクトンが光合成を行なって、酸素を出すこともできなくなる。

また、水底の酸素がなくなると、底泥にたまっていたリンが水中に溶け出しやすくなる。底泥の培養実験でも、水温が高いほど底泥の酸欠の度合いが強くなり（言いかえると、酸化還元電位が下がる）、底泥からのリン酸の溶出量が増した（図2.3.1）。

実際にアオコ（ミクロキスティス）の発生している池の水質を図2.3.2に表した。アオコは細胞にガス泡を持ち、昼間浮上して水面をびっしりと覆うため、水深2m余りの浅い池でも、表層と深層とでは1～4℃の温度差が生じる。溶存酸素も表層と深層とは著しい差があり、表層では200％ほどの過飽和となるが、深層ではきわめて貧酸素となっている。その時、リン酸態リンとアンモニア態窒素は、底の方にいくほど濃度が増しており、底質から活発な供給のあることがうかがえる。夏季の大量のアオコの発生はこのように昼間でも深い層での酸欠をもたらし、栄養塩の水中への回帰を促す。このように、

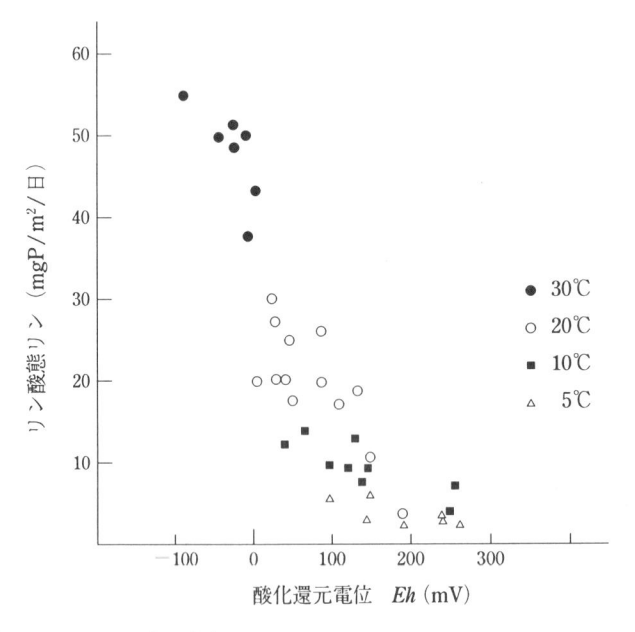

図2.3.1 底泥からのリン酸の溶出（土山、1985）（富栄養性の池の底泥を用いた培養実験より）
　酸化還元電位量(Eh)は、酸欠の度合いを示す指標で、酸素が少ないほど小さくマイナスになる。

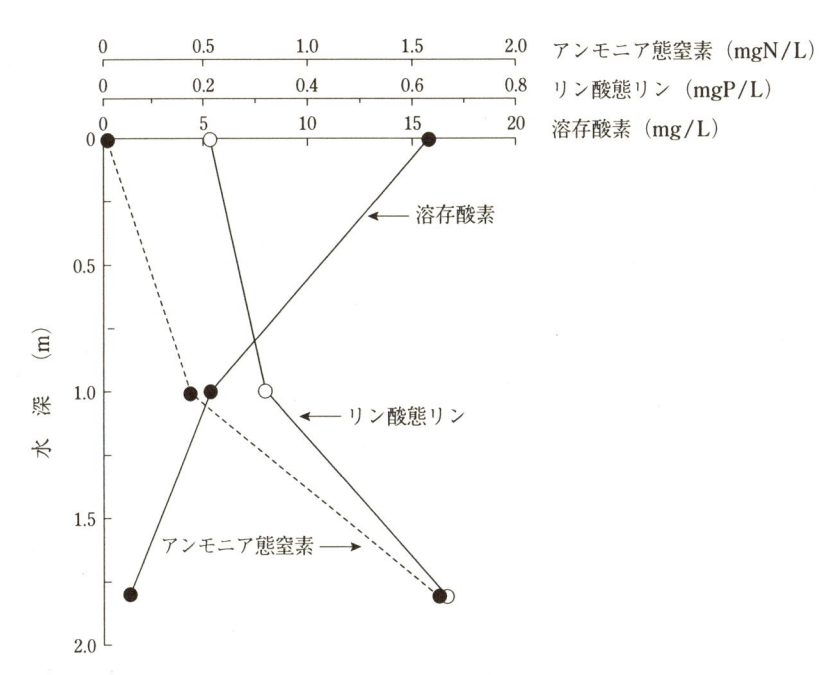

図2.3.2 アオコの発生している時の水質：新海池（1980.7.7）（土山、1983）

富栄養化が極度に進むと、栄養塩の水中への回帰が促され、ますます富栄養化が進行することになる。

❷ 富栄養化と水生生物

　このような水域の富栄養化は、植物プランクトン以外の生物にも大きな影響を及ぼす。水草への影響については、浜島（1979）や桜井（1981）が詳しく報告している。池の富栄養化が進むと、植物プランクトンと浮葉植物が繁茂するため水中の照度が低下して、最初にクロモ、マツモのような沈水植物が消滅する。さらに富栄養化が進むと浮葉植物も消滅し、ホテイアオイ、ウキクサなどの浮遊植物だけになったり、ヨシ、マコモのような抽水植物だけになる。もっと水質が悪くなると、すべての水草が生育できないことになる。水草の種の多様性の減少は、それを餌としたり、そこを利用している動物の種の減少に繋がる。また、水中の酸素量が減ると生きられる動物の種は少なくなり、池底の泥の状態は底生動物の生存にすぐ影響してくる。このように、富栄養化の進行は生物の種類を単純化させ、その生活を著しく狭めることになる（図2.3.3）。

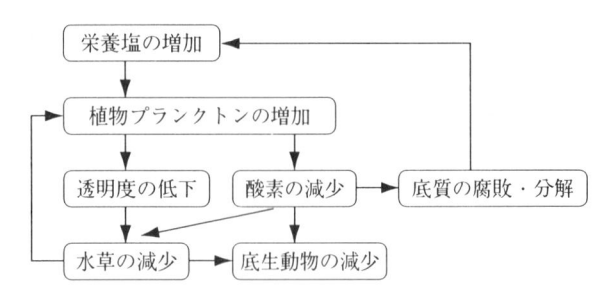

2章　ため池の水環境　　　　　　　　　　　　　　　　　　　　❸ため池の水質

```
栄養塩の増加 ←──────────┐
    ↓                    │
植物プランクトンの増加      │
    ↓         ↓          │
透明度の低下  酸素の減少  底質の腐敗・分解
    ↓         ↓
水草の減少 → 底生動物の減少
```

図2.3.3　富栄養化現象の模式図

では、ため池の富栄養化は、どの程度に抑える必要があるだろうか。アオコ(水の華)の発生しないような水質がほしい。一般にアオコなどの植物プランクトンの増殖量は、窒素とリンの濃度で制限される。ため池でも植物プランクトン量と栄養塩の濃度、中でもリン濃度とは密接な関係があり、夏季、池水中のリン濃度が0.1 mg/Lを超えると「水の華」の発生する池が増える(図2.3.4)。湖沼では窒素とリンの環境基準(表2.3.1)が設けられており、「環境保全」に関する基準値は、類型Ⅳの「窒素1.0 mg/L以下、リン0.1 mg/L以下」である。その基準値はため池には適用されないが、富栄養化の著しいため池での当面の目標値になる。しかし、ダム湖で「水の華」が窒素が約0.5 mg/L、リンが0.05 mg/Lで発生した(高倉ら、1988)と報告されており、名古屋のため池でもリンが0.06 mg/Lで水の華を観察している(土山ら、1995b)。これが発生しないためには、窒素かリンのどちらかの濃度を、上記の濃度以下に抑える必要がある。

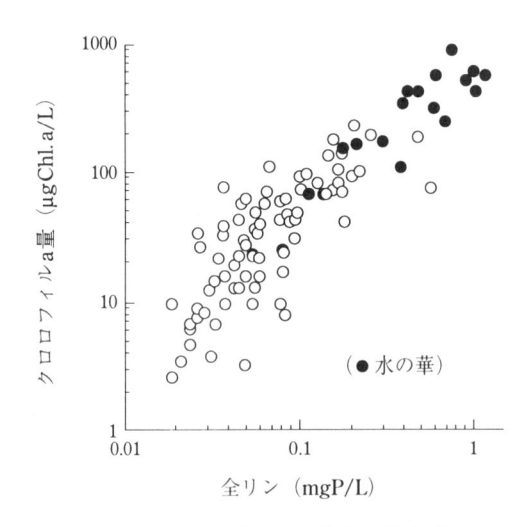

図2.3.4　夏季のため池のリン濃度と植物プランクトン量との関係（土山、未発表）

表2.3.1 湖沼の環境基準

湖沼(天然湖沼および貯水量1,000万m³以上の人工湖)

ア

項目\類型	利用目的の適応性	水素イオン濃度(pH)	化学的酸素要求量(COD)	浮遊物質量(SS)	溶存酸素量(DO)	大腸菌群数	該当水域
AA	水道1級 水産1級 自然環境保全及びA以下の欄に掲げるもの	6.5以上 8.5以下	1 mg/L以下	1 mg/L以下	7.5 mg/L以上	50 MPN/100 ml以下	
A	水道2、3級 水産2級 水浴及びB以下の欄に掲げるもの	6.5以上 8.5以下	3 mg/L以下	5 mg/L以下	7.5 mg/L以上	1,000 MPN/100 ml以下	
B	水道3級 工業用水1級 農業用水及びC以下の欄に掲げるもの	6.5以上 8.5以下	5 mg/L以下	15 mg/L以下	5 mg/L以上	—	
C	工業用水2級 環境保全	6.0以上 8.5以下	8 mg/L以下	ごみ等の浮遊が認められないこと	2 mg/L以上	—	

備考
水産1級、水産2級及び水産3級については、当分の間、浮遊質量の項目の基準値は適用しない。

イ

項目\類型	利用目的の適応性	全窒素	全リン	該当水域
I	自然環境保全及びII以下の欄以下に掲げるもの	0.1 mg/L以下	0.005 mg/L以下	
II	水道1、2、3級(特殊なものを除く。) 水産1種 水浴及びIII以下の欄に掲げるもの	0.2 mg/L以下	0.01 mg/L以下	
III	水道3級(特殊なもの)及びIV以下の欄に掲げるもの	0.4 mg/L以下	0.03 mg/L以下	
IV	水産2種及びVの欄に掲げるもの	0.6 mg/L以下	0.05 mg/L以下	
IV	水産3種 工業用水 農業用水 環境保全	1 mg/L以下	0.1 mg/L以下	

備考
1 基準値は、年間平均値とする。
2 水域類型の指定は、湖沼植物プランクトンの著しい増殖を生ずるおそれがある湖沼について行うものとし、全窒素の項目の基準値は、全窒素が湖沼植物プランクトンの増殖の要因となる湖沼について適用する。
3 農業用水については、全燐の項目の基準値は適用しない。

3.2 ため池の水質の変動

ため池の水質は、そこに生活する生物たち(生物群集)と深い関係がある。その中で、水質と最も密接に関係しているのは、植物プランクトンである。水質は、光や温度などの変化に応じて周期的に変化する植物プランクトンの活動に対応して変動する。周期的な変動には、一日を周期とする日変動と一年を周期とする季節変動がある。日変動は光合成や呼吸のような一日の生物活動の変化によって起こる水質変動である。季節変動は、季節に応じた植物プランクトンの量の変化や種類の交替に連動した水質の変化である。

❶ 日 変 動

水質の日変動は、日射量の変化による植物の光合成量や呼吸量の変化や、照度(明るさ)の変化に伴う生物の移動によって起きる。植物プランクトンは昼夜を問わず呼吸し、光のある昼間は光合成を行なうので、それに伴って水のpHや溶存酸素などが、大きく変化する。特に表層での変動は大きく、昼間は溶存酸素が増加し二酸化炭素が減少する。富栄養化が進んだ池ほど一日の水質変動は激しく、昼間の表層の酸素が過飽和(飽和度200％を超えることもある)になるような池では、逆に夜間には酸素濃度の低下を生じやすい。

また、一方で、昼間の深さによる水質変化(垂直変化)も富栄養性の池ほど著しいが、ため池のような浅い池では夜間には一様になることが多い。

図2.3.5に、富栄養性の池である猫ケ洞池(名古屋)で、植物プランクトンが増殖している夏季の水質の一日間の変動を示した。水深2.1 mあまりの浅い池でも、昼間、表層と深層とでは3℃あまりの温度差ができ、溶存酸素も表層は200％以上あるが深層では60％以下と大きな差が生じる。最も大きな水質の差の生じた11時頃には、植物プランクトンは表層から0.5 m位の所に集まっている。日射量の減る夕方から夜間にかけて、ある深さに集まっていた植物プランクトンが水中のいろいろな深さに一様に分散する。このように、昼間、植物プランクトンが表層近くに集まり、夜間分散するのは、よくみられる現象である。夜間の冷却で水の表面が冷やされ、上下の水の温度差がなくなり水が混合すると、溶存酸素量などの他の水質も一様となる。翌日、日の出以降再び上下の水質の差が生じる。

それ以外に、プランクトンの種類によっては、昼と夜とで上下移動するものもあり、それに伴う水質の変動もある。このように、日周変化は日射量の一日の変化による植物

3 ため池の水質

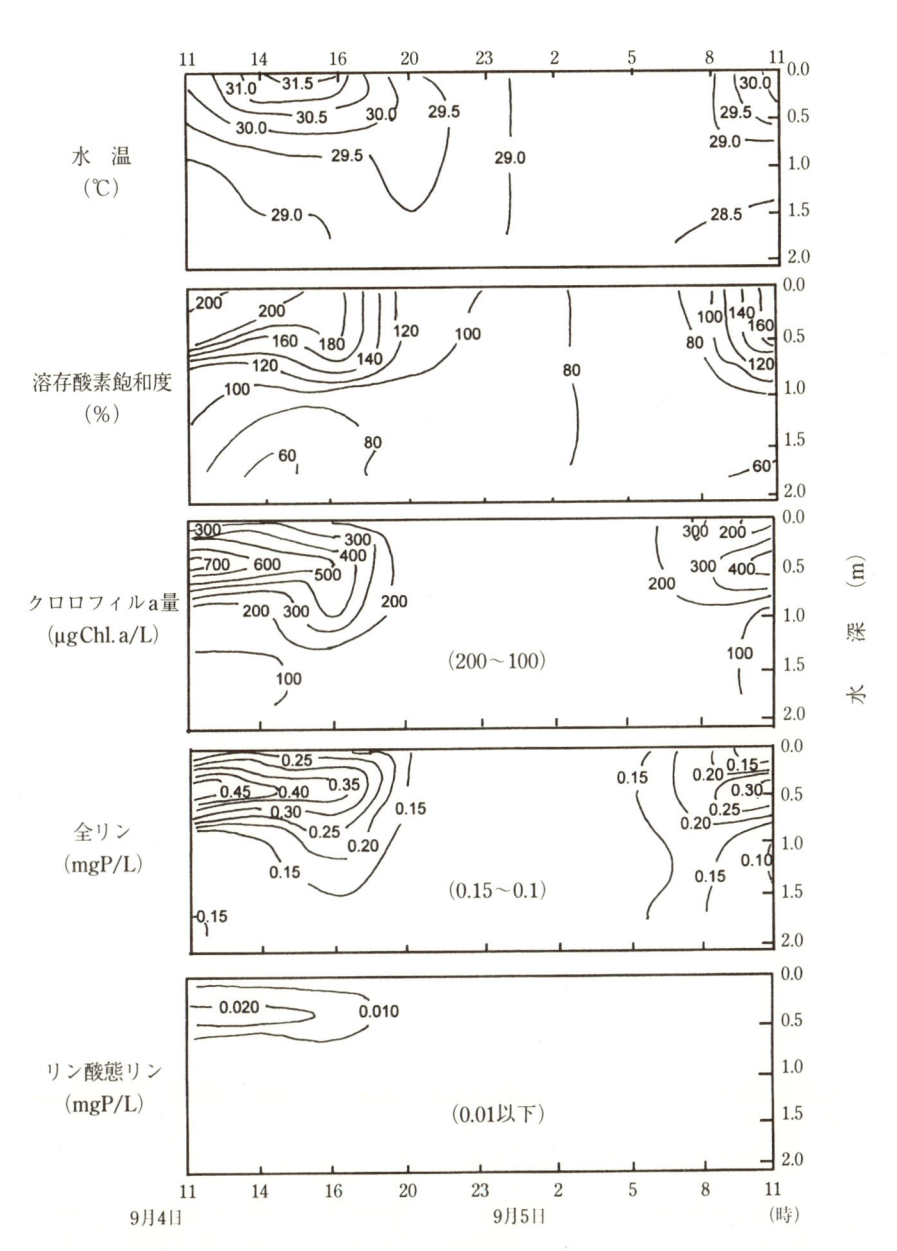

図2.3.5 富栄養性の池の水質の日変動：猫ケ洞池(1985年9月4日〜9月5日)（土山、未発表）

2章　ため池の水環境

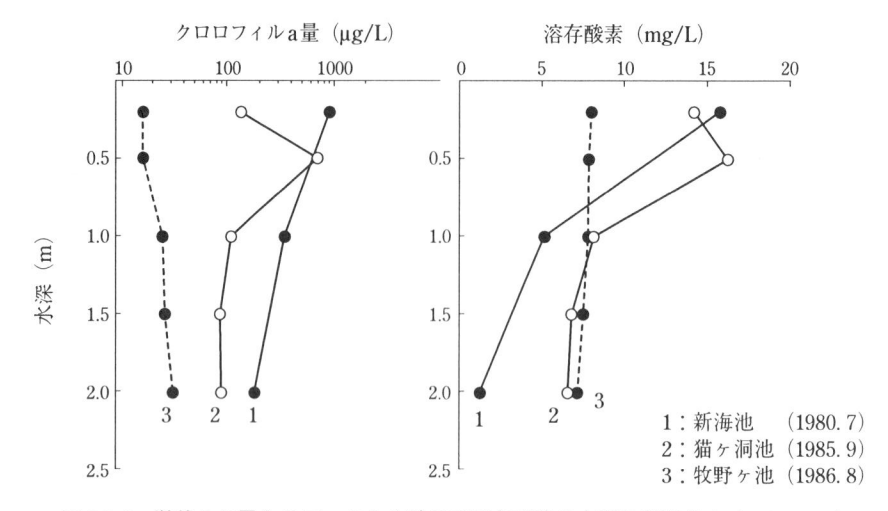

図2.3.6　栄養分の異なる三つのため池の夏期(昼間)の水質の垂直分布（土山、1996）

1：新海池　（1980.7）
2：猫ヶ洞池　（1985.9）
3：牧野ヶ池　（1986.8）

の活性の変化や、照度(明るさ)の変化による生物の移動によるものである。

また、日変動ではないが、図2.3.6に栄養分の異なる三つのため池の夏季の昼間の水質(クロロフィルa、溶存酸素)の深さによる変化(垂直分布)を示した。いずれの池も2～2.5m程の深さである。最も植物プランクトン量の多い池(新海池)で、上下の酸素量の差が著しく、植物プランクトン量の比較的少ない池(牧野ケ池)では、表層から深層まで酸素濃度がほぼ同じであった。

❷ 季節変動

植物プランクトンは、一年を単位とする光や温度の変化に対応して、種を交替し増殖量が変化する。図2.3.7に栄養分の異なる四つのため池での植物プランクトン量(クロロフィルa量として)の季節変動を示した。富栄養性の池ほど大きな変動が認められる。栄養分の少ない池(塚の杁池)では、水温の上がる春(4月～5月)頃に植物プランクトンは増殖し、栄養分を吸収して夏には一段落し、秋に再び増殖し、冬場の発生は少ないという周期を繰り返す。しかし、過度に富栄養化した池(新海池)では、一年を通じて植物プランクトンの増殖があり、特に夏季に大量の藻類の発生がみられる(土山ら、1983)。

この富栄養化の著しい池(新海池)の水深別の水質(pH、溶存酸素、クロロフィルa、栄養塩)の季節変動を図2.3.8に示した。植物プランクトンは季節毎にその種を変える。春には主として緑藻が繁茂し、初夏から秋にかけて藍藻(アオコ)が大量に発生し、冬に

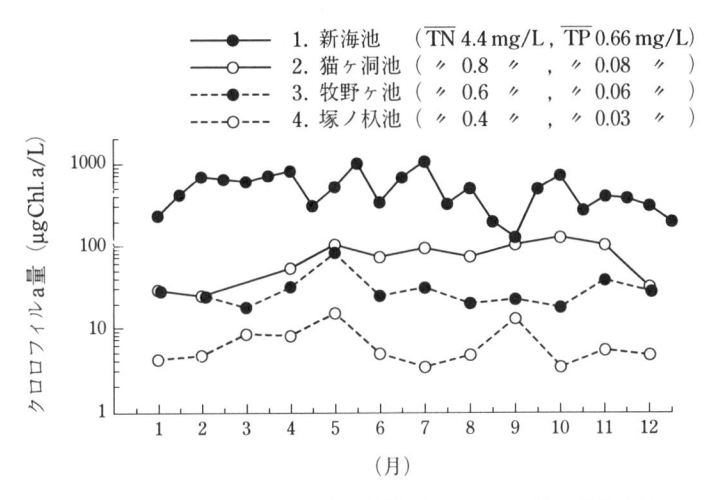

図2.3.7 栄養分の異なるため池の表層水の植物プランクトン量の季節変動（土山、1996）
（TN：全窒素濃度、TP：全リン濃度、いずれも年平均値）

凡例：
- 1. 新海池　（TN 4.4 mg/L, TP 0.66 mg/L）
- 2. 猫ヶ洞池（〃 0.8 〃, 〃 0.08 〃）
- 3. 牧野ヶ池（〃 0.6 〃, 〃 0.06 〃）
- 4. 塚ノ杁池（〃 0.4 〃, 〃 0.03 〃）

緑藻と珪藻が発生するといったサイクルがみられる。水深2m余りの浅い池なので、上下の水は混合しやすく、緑藻や珪藻の発生している時(11月〜5月)には、表層と深層の水質の差は少ないが、アオコの発生する6月〜9月にかけて、表層と深層とで大きな水質の差が生じる。この時期、表層と深層とでは1〜4℃の温度差ができ、pH、溶存酸素などに大きな差が生じる。表層では溶存酸素が飽和度200%ほどの過飽和で、深層では酸欠となる。そして、アンモニア態窒素とリン酸態リンの濃度は深いほど高く、硝酸態窒素は全層で検出されなくなる。硝酸態窒素の枯渇はアオコが優先的に硝酸態窒素を取り込んだことによると考えられる。富栄養化の著しく進んだ池では、アオコの発生時には硝酸態窒素がアオコ増殖の制限要因となるが、他の時期には栄養分は豊富にあるので、植物プランクトンの増殖に栄養分は必ずしも制限要因とはならない。植物プランクトンの盛衰は、水温・日照・降水量などの気候要因や滞留時間などの影響を大きく受けるものと思われる。

これまで述べたように、栄養分の少ない池では、植物プランクトンがあまり増えないので水質の変動も小さいが、汚染された栄養分の多い池では植物プランクトンの増減が著しく、水質変動も大きくなる。

2章　ため池の水環境

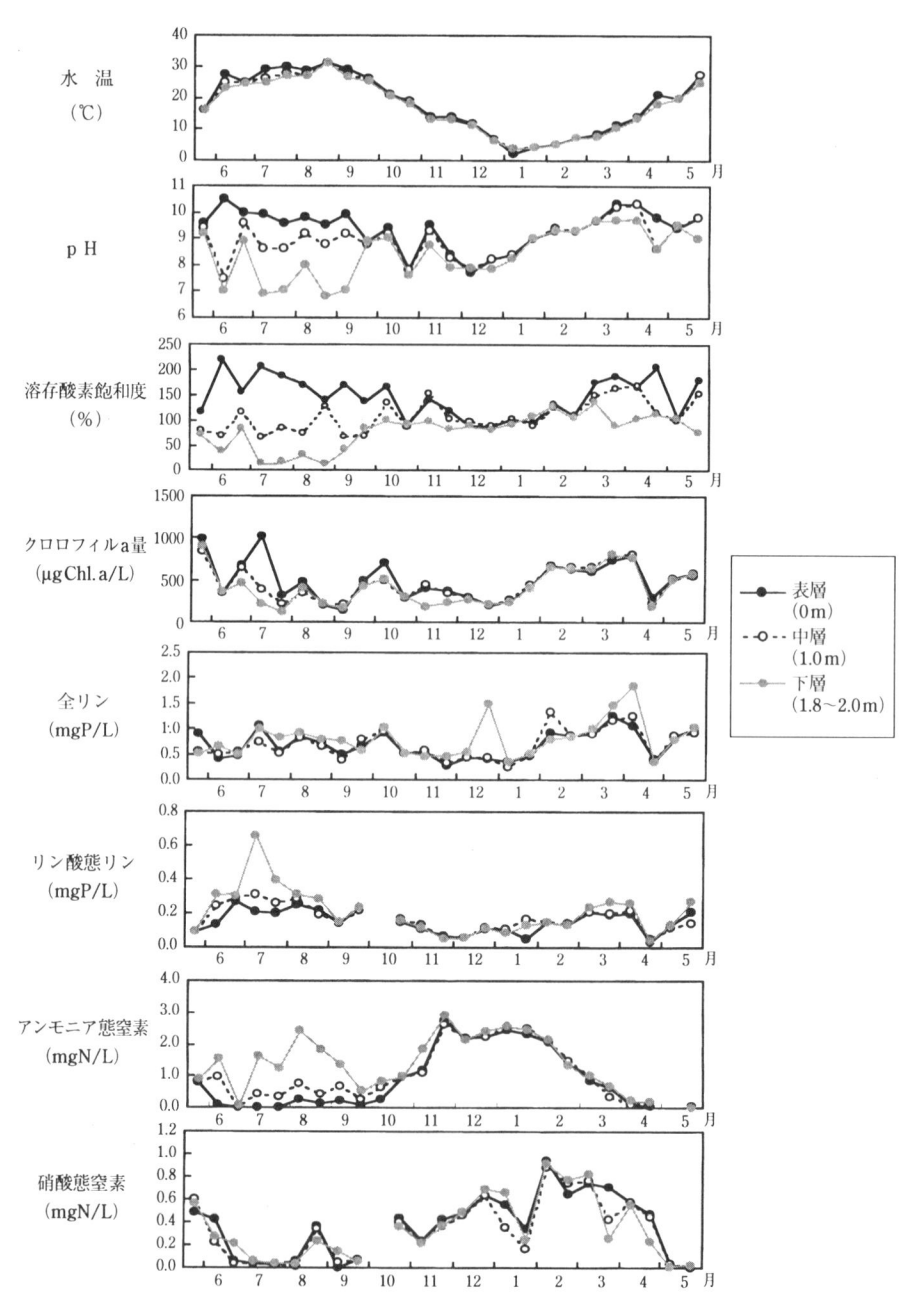

図2.3.8　富栄養性の池の水質の季節変動（新海池1980年5月〜1981年5月、土山、1983）

3.3 ため池の水質と周辺環境

　ため池の水質は、周辺環境の影響を受けている。集水域(流域)の開発の度合や土地利用(森林、水田や畑地、住宅地など)は水質に大きく影響する。ため池の周辺が開発され、汚水が流入するようになると、富栄養化が一気に進む(土山、1996)。また、集水域の雑木林が伐採されたり、水脈を断つような工事が行なわれると、湧水が枯れて池へ流れ入む水量が減ることになる。都市化にともなうアスファルト敷なども、晴天時の池への流入水量を減らす。池の水が入れ替わる時間(水の滞留時間)が長くなることは、植物プランクトンの増殖には好都合な条件となる。一方、集水域の水涵養林がよく保全されているため池では、良好な水質が保たれている(糟谷ら、1989)。

　ため池の水質には、立地と形状も影響する。一般的に山地の谷間や丘陵地の谷筋をせき止めて作られた谷池は、深く池の容量が大きく、周辺が森や林に囲まれており、湧水や細流によって涵養されるため栄養分の流入も少ないことが多い。さらに、水面が木陰となって、植物プランクトンの増殖が抑えられることも考えられる。このため富栄養化も進みにくいと考えられる。一方、皿形の形をしたいわゆる皿池は、周辺が水田や樹木の少ない平地につくられることが多く、池底が平らで水深も浅いため水温も高くなりやすい。周辺の開発も進みやすく、周辺から流れ込む栄養塩も豊富なことが多いので、富栄養化しやすい傾向がある。東海地方のため池でも、その立地と水質を比較したところ、pHおよびカルシウム、カリウム、マグネシウムの濃度はいずれも「平地の池」で高く、「山地の池」で低く、その中間の値を示すのが「丘陵地の池」であった(浜島、1983)。

　さらに護岸改修なども、間接的に水質に影響を及ぼすことが考えられる。池に流入する栄養分の量が同じでも、共存する動植物の種類や量によって、ため池の水質や植物プランクトンの生産量が違ってくることは、よく知られている。水質と水草との関係でいえば、水草が繁茂すると、窒素やリンが水草に取りこまれたり、日射がさえぎられるので、植物プランクトンの増殖が抑えられる。水草の植生が豊かなことは、付着藻類など多くの生物の種の多様性を高めることになり、そのことで生態系の均衡を保つことや水質の浄化に役立っている。従って、池の水草帯を減らすような護岸の改修は、水草や水草に付着する生物に影響を及ぼし、水質浄化能を損なうことになる。

　このように、ため池の集水域や周辺環境の変化は、ため池の水質に大きな影響を及ぼす。

　また、前にも述べたが、「池の底干し・植物の刈り取り・魚取り・泥さらえ」などの

維持管理が行なわれないため池が増している。池干しなどの維持管理が行なわれなくなることも、窒素・リンなどの栄養分が繰り返し利用されることを促し、富栄養化を進行させる。富栄養化を防ぐためには、ため池の維持管理が必要である。しかし、生物を除去する手法である「底干し」などの手入れは、ため池につながる水路や水田、林があり、1km位の間隔に隣接するため池があるといった連続する自然景観の中で、行なわれていた手法である。孤立して島のように残ったため池については、生物種の消滅につながるおそれもあるので、その生態系の保全に留意しながら行なう必要がある。

(土山　ふみ)

4 ため池の水質指標

水質の調査は様々な項目について行なわれる。例えば、表2.4.1はため池の水質実態を評価するために行なった表層水の調査結果の平均値と範囲を示したものである。このように、ある程度、まとまった数のため池について水質分析を実施すれば、流入汚濁負荷の強さ、富栄養化の原因と植物プランクトンの増殖程度、呼吸と光合成の影響、地質や集水域の影響などに関連してため池水質の類型化が可能になる（糟谷ら、1989）。前節

表2.4.1 愛知県における夏季のため池の水質
（1992〜1996年、調査のため池数119）（糟谷、未発表）

項　目	平均値	範　囲	単　位
水　温	25.2	16.0 〜 32.8	℃
COD	7.2	2.0 〜 52.5	mg/L
pH	8.0	5.7 〜 10.5	
RpH	7.8	6.2 〜 8.4	
EC	0.103	0.020 〜 0.292	dS/m
4.8アルカリ度	0.406	0.039 〜 1.995	mmol(−)/L
NH_4-N	0.01	0.00 〜 0.73	mg/L
NO_2-N	0.00	0.00 〜 0.11	mg/L
NO_3-N	0.07	0.00 〜 2.79	mg/L
有機態窒素	0.66	0.08 〜 5.66	mg/L
TN	0.93	0.13 〜 5.72	mg/L
PO_4-P	0.00	0.00 〜 0.30	mg/L
TP	0.06	0.01 〜 0.83	mg/L
Cl^-	5.92	1.10 〜 36.74	mg/L
SO_4^{2-}	8.49	0.33 〜 34.11	mg/L
Na^+	5.54	1.83 〜 17.27	mg/L
K^+	2.03	0.28 〜 10.92	mg/L
Mg^{2+}	1.32	0.19 〜 5.58	mg/L
Ca^{2+}	6.76	0.42 〜 39.55	mg/L
DO	9.73	0.90 〜 18.62	mg/L
SS	13.4	0.8 〜 149	mg/L
Chl.a	12.7	0.5 〜 341	μg/L
透視度	33	6 〜 100以上	cm

注）平均値は、水温、RpH、pHは算術平均、他は、幾何平均。

で述べたように、ため池の水質保全や生態系保全を考えるうえで、富栄養化の過程を理解することが重要であるが、一次汚濁と二次汚濁の考え方で分けると、前者の指標としては、電気伝導率(EC)や各種イオン類が、後者の指標としては窒素、リンやクロロフィルa、懸濁物質(SS)、透視度が良い指標となる。この節では、それらのため池を特徴づける水質指標について、それぞれの意義、注目すべき点について述べる。

なお、分析方法や調査方法については、現場でできる簡易なものから、高度な熟練を要するものまで様々である。ここでは、ごく簡単に紹介するにとどめるが、それらの詳細については、いくつか良い解説書が出版されているので、参考にされたい(日本規格協会、1999;西條・三田村、1995;半谷高久・小倉紀雄、1995;日本分析化学会北海道支部、1994)。

4.1 水のサンプリング

ため池では、水が滞留している間に、冷たい流入水が温められたり、そこに生育、生息する生物による呼吸、光合成などの影響が生じたり、底質との間で物質の交換が起きたりして水質が変化する。また、水温成層や、水草帯の影響により、水平、垂直方向での水の動きが一律ではない。このため、ため池の部位、季節や時間帯によって水質も均一ではない。従って、水質を調べようとする場合は、目的に応じたサンプリング方法を考える必要がある。

例えば、陸からは採水位置が限られるが、ため池を反応槽としてとらえ、最終的にため池内で水質がどのように変化したかを知りたいのであれば、取水口付近の水を調べることが妥当であろう。これは、灌漑用水としてのため池水質を知る目的にもかなっている。また、富栄養化の程度を評価する場合には、季節としては、栄養塩に対する生物の反応の大きくなる春〜秋の調査が、より明確な結果が得られる。

詳細に水質の季節変動、日変動、物質循環などを調べる場合には、調査地点数、採水深度、回数などを目的に応じてデザインする必要がある。例えば、浅いため池で水温成層や水質の鉛直分布を調べる場合などは、後述するように深さ10cmごとの調査が必要な場合もある。不安定な水温成層の変動を調査する場合、概略を知るためには、早朝と夕方の2回、2日間以上の調査が必要であり、より詳細な現象をつかむには3〜6時間おきに数日間連続観測するなどの方法が有効である。

4 ため池の水質指標

【サンプリング方法】

　表層水であれば、採水びんやバケツなどで静かに汲めばよい。深い位置の採水用には、専用の採水器が市販されているが、チューブとポンプあるいは注射器があれば、図2.4.1のようにして採水可能である。例えば、岸辺近くの水草帯の底の方の水をとりたい場合は、竿にチューブを固定して差しのばせば良いし、少し沖合の深い位置の水をとる場合には浮きをつけて投げ込めば良い。正確に深度別に調査を行なう場合には、ボートからチューブを垂直に降ろして採水する。

　また、水温、pH、EC、酸化還元電位(Eh)、溶存酸素(DO)などは、携帯用測定器のセンサーに長いケーブルをつければ、直接深い位置の測定が可能である。

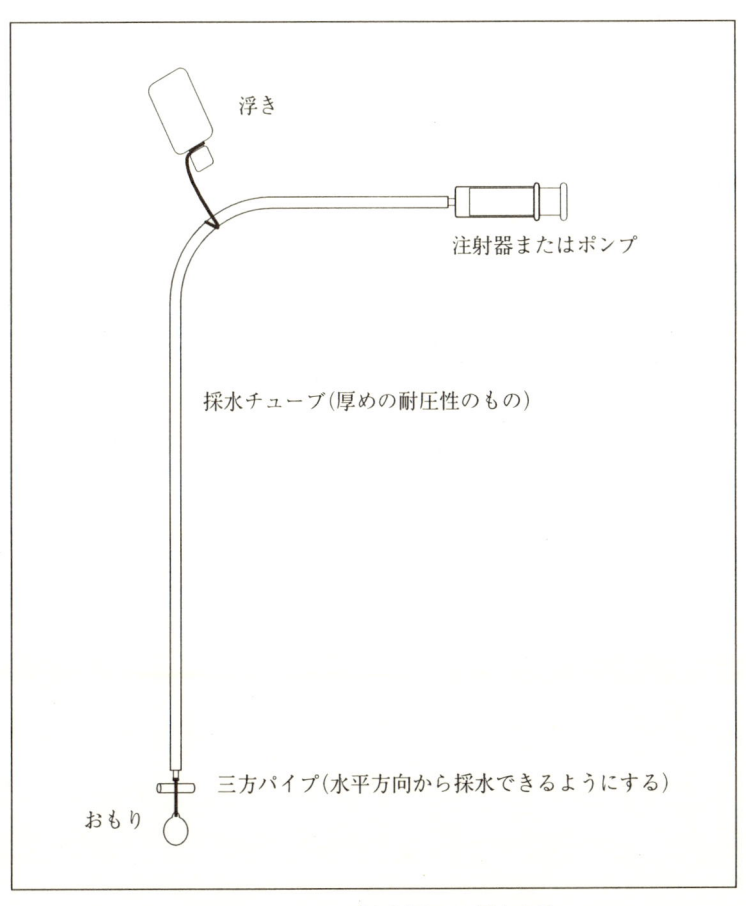

図2.4.1　チューブを利用した採水方法

2章　ため池の水環境

なお、これがもっとも大切なことであるが、ため池は急に深くなっていたり、護岸が急傾斜であることが多いので、サンプリングや調査時には、十分に安全に気を配る。浅い水の中に入るときには、胴長靴は便利ではあるが、転倒した場合に身動きがとれないのでたいへん危険である。野外調査では、危険回避を第一に考え、複数で調査を行なったり、万が一のときの避難具を用意するなどの安全確保に関する配慮が必要である。

4.2 水　温

ため池内の水温の分布は一律でなく、季節によりその様相も変化する。深さ別に調べると、表層水と深層水で著しく水温が異なることがある。表層水温が4℃を超える場合には、深いほど水温は低くなる。また、表層水温が4℃以下となる場合には、池全体が氷らない限り、底付近の水温は4℃程度で表層より高くなる。これらの現象が起きる理由は、水の比重が4℃のときに最大となり、4℃より高くなっても、逆に低くなっても、軽くなるためである。

深い湖では、夏の間、ある水深で急に水温の低下する「水温躍層」が生じる。上下で水温の異なる層に分かれた状態を「水温成層」という。一般に浅いため池でも、上下の温度差は深い湖の水温成層と比べて小さいながらも、短期間、明確な水温成層が生じることがある。その例を図2.4.2に示す。この例では、水深60～100cmの水温躍層を挟ん

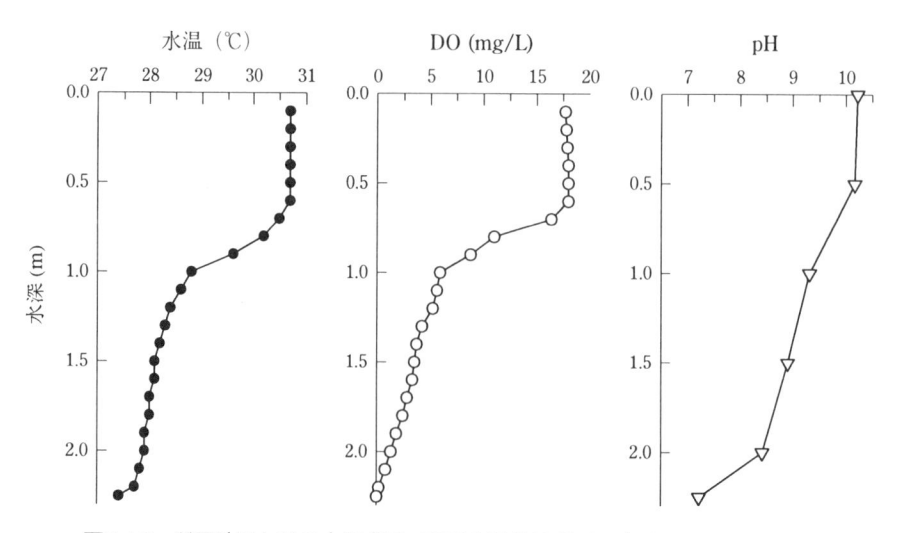

図2.4.2　洲原池における水温成層（1992年7月28日18:00）（糟谷ら、1992を改変）

で上下で2℃程度の温度差が生じている。こうした状態では、上下の水が比重の差により混ざりにくくなる。上方では植物プランクトンによる光合成の影響が顕著となり、DO、pHの上昇が見られるのに対して、下方では、有機物の分解や呼吸の影響により酸素欠乏、低pHといった対照的な水質を呈する(糟谷ら、1992b)。

また、表層水でも池の場所によって水温が異なることがある。湧水に涵養される浅いため池では、夏の間、湧水付近では他の場所より低温になっていることから、冷たい地下水がしみ出していることを伺い知ることができる。

最近増えた用水路の調整ため池では、用水を取水する河川の水温の影響が現れることがある。例えば、夏の間、暖められたため池に冷たい河川の水が導入された場合、導入口の位置とため池の形態によっては、河川の水は、すぐにはため池の表層水と混合せず、深層や中層に潜り込みながら池の内部へ到達する(糟谷ら、1993)。

【測定法】
最高温度50℃程度の目盛間隔の広い棒状温度計が使いやすい。直射日光を避けて、いったん温度計全体を浸けて、水温と馴染ませてから、水銀柱が水面にくるように温度計を引き上げ、目線と直角になるようにして値を読みとる。

棒状温度計のほか、最近ではサーミスター式の温度計も売られている。これは、普通、センサー部分と計測部分の本体からなっている。深いところの水温も、センサーに防水性の長いケーブルをつければ測定可能である。

また、電気伝導率計やDO計、pH計などにも温度表示機能付きのものがある。

いずれの温度計を用いる場合も、正確な水温を求めるためには、標準温度計を用いて校正をしておくことが必要である。

4.3 濁 り

ため池の濁りの主な正体は、集水域から流れ込んだり、底から巻き上がった土砂成分と、富栄養化により増殖した植物プランクトンである。

濁りを測る指標としては、懸濁物質(SS)、透明度、透視度、濁度がある。また、濁りに関連の深い有機物濃度の指標としては化学的酸素消費量(COD)がよく用いられる。植物プランクトン量は、プランクトンの持つ色素のクロロフィルa(Chl.a)を測ることによって評価できる。

濁りの指標のうち、透視度は、もっとも簡易な方法ではあるが、他の富栄養化に関連

2章　ため池の水環境

する水質項目との関連性も認められ、簡易診断法として、十分、利用可能である。例えば、図2.4.3のように、透視度が30cm以上であれば、概ね、全窒素：2mg/L以下、全リン：0.1mg/L以下、COD：10mg/L以下、SS：20mg/L以下、Chl.a：30μg/L以下

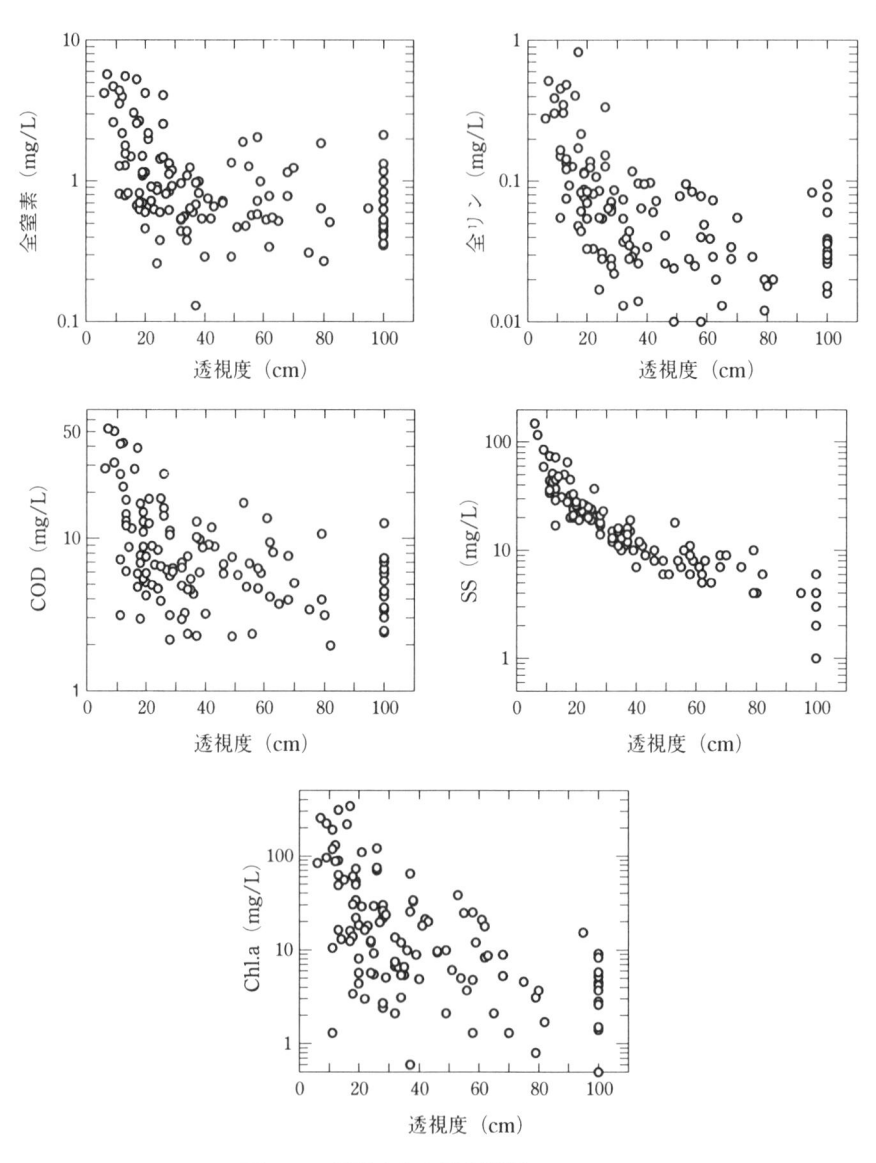

図2.4.3　透視度と水質の関係（糟谷、未発表）

4 ため池の水質指標

であることが推測できる。

【測定法】

SS：ろ過器を用いて、あらかじめ重さを測っておいた孔径1μmのろ紙で適当量（汚濁程度により50〜2,000mL程度）の試水をろ過した後、このろ紙を乾燥し、その重さを測定する。前後のろ紙の重さの差がSSである。

透視度：透視度計を図2.2.4に示す。線の太さ0.5mm、間隔1mmで黒色の二重十字線が描かれた白色の小さな円盤（標識板）を透明な筒の底に入れ、筒の中に水を注いでいったときに二重十字が判別できなくなった深さ（筒いっぱいに水を注いでから、排水していき、再び二重十字が判別できた深さ）を、筒につけた目盛りで読みとる。直射日光を避けて測定する。標識板は市販されており、アクリルパイプを用いて自作も可能である。ため池の場合、透視度は数十cm程度のことが多いので、筒の長さは1m程度とするのが良い。

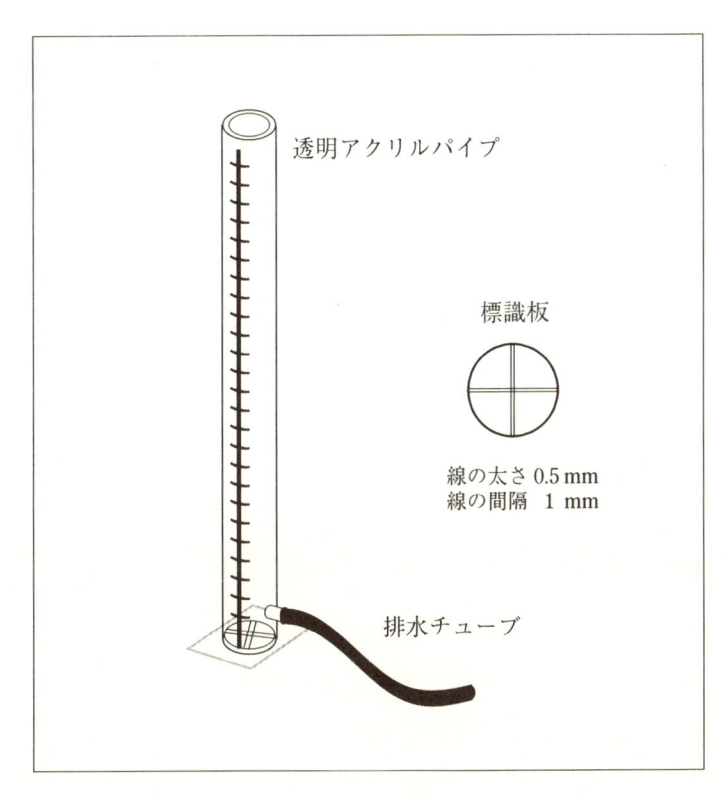

図2.4.4　透視度計

2章　ため池の水環境

なお、類似の指標に、湖でよく測定される「透明度」がある。これは、直径20～30cmの白色の円盤を、水に沈めていき、見えなくなった深さ(深く沈めて引き上げたとき再び見え始めた深さ)をロープにつけた目盛りで読みとる。透明度板を垂直に下ろせる船の上や、桟橋からの測定に向く。

4.4　酸　素

水に溶けている酸素を溶存酸素(DO)という。酸素が水に溶け込む量は著しく少なく、大気平衡条件で、10℃で約11mg/L、20℃で9mg/L、30℃で7.5mg/L程度である。DOをこの大気平衡濃度の何%溶存しているかで示す場合もあり、溶存酸素飽和度という。

富栄養のため池の表層水では、日中、植物プランクトンが光合成を行なって酸素を生産するため、DOは大気平衡濃度の2～3倍に達することもある。逆に、光の届かない深層の水は、プランクトン遺がいの分解やバクテリアなどの呼吸により酸素が消費され、一般にDOは低くなっている。汚濁の著しいため池の底近くでは、夏には無酸素状態となることもしばしばある。このような、DOの上下の差は、先に述べた水温成層が生じた場合により顕著になる(図2.4.2)。

従って、夏の間、表層水のDOの過飽和の程度や深層水のDOが十分あるかどうかによって、ため池の汚濁(富栄養)の程度を明確に評価することができる。

湧水涵養のため池では、表層水でもDOの低濃度の場所が観察されることがある(糟谷ら、1992a)。これは、地下水では、DOが低濃度となっていることがしばしばあるためで、夏にそこだけ水温も低いようであれば、その付近から地下水が浸み出している証拠とみてよい。

【測定法】

ウィンクラー法が一般的である。これは現場で試水に硫酸マンガンとアルカリ性ヨウ化カリウムを加えて水中のDOと反応させて水酸化マンガンを生成させた後、これに硫酸を加えて溶かし、遊離したヨウ素をチオ硫酸ナトリウムで滴定するものである。このほか、隔膜電極を用いたDOメーターでも測定できるが、指示値が安定しにくい場合がある。

4.5 炭酸物質、pH, RpH

一般に、水素イオン(H^+)濃度の逆数を常用対数に変換したものをpHという。pH 7を中性といい、これより低いpHだと(H^+濃度が高いと)酸性、高いと(H^+濃度が低いと)アルカリ性という。元来、ため池は農業用水源としての利用を目的に築かれたものであるため、農作物が育たないような極端な酸性やアルカリ性はありえないと考えられる。

水中では、次式に示すように、4種類の炭酸物質間で平衡状態が保たれており、このことが、pHと相互に関係している。

$$CO_2 + H_2O \iff H_2CO_3$$
$$H_2CO_3 \iff H^+ + HCO_3^-$$
$$HCO_3^- \iff H^+ + CO_3^{2-}$$

これら四つの状態の炭酸物質の存在比率は、pHによって異なる。pH 5程度の酸性域では、大部分が二酸化炭素(CO_2)と炭酸(H_2CO_3)であり、pH 6.5～10程度の中性付近では、炭酸水素イオン(HCO_3^-)が優占する。pH9以上では、CO_2とH_2CO_3は存在しなくなり、代わって炭酸イオン(CO_3^{2-})濃度がしだいに上昇してくる。逆に、これら4種類の存在比率が異なれば、pHが変化することになる。CO_2が多いとpHは下がり、HCO_3^-やCO_3^{2-}が多いと、pHは上がる。

これらの炭酸物質の代替指標として、4.8アルカリ度がよく用いられる。これは、一定量の試水を強酸で滴定し、pH 4.8に達するのに要した酸の当量で示される。つまり、酸に対する水の緩衝能を示している。一般に、水中でこの緩衝作用を持つ物質は、主にHCO_3^-、CO_3^{2-}であるため、4.8アルカリ度により、炭酸物質のおよその量を推測することができる。

ため池のpHも、この炭酸平衡に大きく依存する。表層水では、日中、植物プランクトンの光合成によりCO_2が消費されるため、この平衡状態が左へ進む。すなわち、H^+が減少してpHが上昇する。一方、夜間や深層水では、有機物の分解や呼吸によりCO_2が増えるため、平衡状態は右へ進み、H^+が増加してpHが低下する。このような理由で、表層水のpHは、晴天時には、日の出とともに上昇して昼～夕方に最高となり、夜間、徐々に低下するのが典型的なパターンである。

このように、ため池のpHは水中のCO_2濃度の増減に影響されているが、試水をバブリングし、溶存ガスを大気平衡状態としたときのpHすなわちRpHを計れば、CO_2濃度に依存しないpHを知ることができる。例えば、図2.4.5のように、pHが成層していて

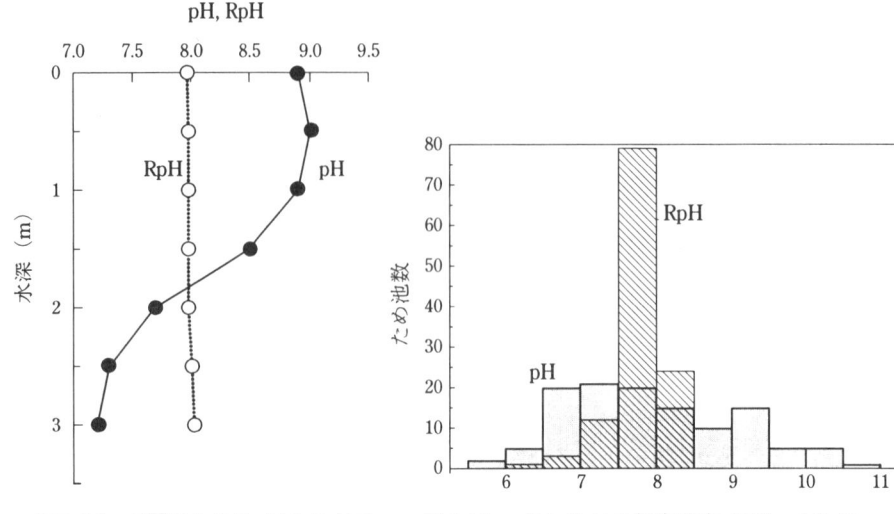

図2.4.5 林池におけるpHとRpHの鉛直分布(1992年7月17日)（糟谷、未発表）

図2.4.6 pHとRpHの頻度分布（糟谷、未発表）

も、RpHは上下で均一であることが多い。光合成の盛んな表層水ではpH＞RpH、深層水ではpH＜RpHであり、その差は富栄養化の著しいため池ほど大きい。これらは生物活動の影響であるから、夏の間に顕著となる。一方、清冽なため池、すなわち生物活動の影響が微少なため池では、pHとRpHの差は小さい。また、湧水の影響の大きいため池では、流入する地下水は通常、CO_2を多く含むためpHが低くなっているので、pH＜RpHである場合が多い。

ため池表層水では、図2.4.6のように、微〜弱アルカリ性を示すものが多いが、これは上記のような炭酸平衡が存在するためで、富栄養化の進んだため池では8〜10程度を示すものも少なくない。

また、微〜弱アルカリ性を示すケースとして、地質によるものもある。石灰岩地帯のため池では、下記の反応によって、石灰岩が溶け出すため、表2.4.2のように、Ca^{2+}と4.8アルカリ度($\fallingdotseq HCO_3^-$)が優占する微アルカリ性の水質となっている。

$$CaCO_3 + H_2O + CO_2 \longrightarrow 2HCO_3^- + Ca^{2+}$$

一方、ため池が微〜弱酸性を示すケースとして多いのは、腐植物質の影響である。林に囲まれたため池ではBODの割にCODが高くカルシウムイオンが低濃度の茶褐色の水色を呈すものがある。これらのため池では、集水域から運ばれる腐植物質の影響で

pH 5～6前後であることが多い(村上ら、1988)。

ため池が酸性化する特殊な例として、集水域の農地への施肥の影響も報告されている(中曽根ら、2000)。本来、水涵養源として保護されてきた集水域にまで農地開発が進み、多施肥が原因で肥料成分の硝酸イオンなどを伴った農地排水が流入してpH 5以下となるケースなども現れている。

ところで、pHにより、水草の生存が制限される場合がある。一般に水草は、光合成の炭素源としてHCO_3^-を用いることができるが、フトヒルムシロ(*Potamogeton fryeri*)の沈水葉は、光合成の炭素源としてCO_2だけを使い、HCO_3^-を利用できない。このため、フトヒルムシロは、富栄養化の進行に伴い、pHが上昇し、CO_2の低濃度となっている水域には生存できない。フトヒルムシロの分布が貧栄養の酸性水域に限られているのは、こうした理由によるものと考えられている(Kadono, 1980)。

表2.4.2 石灰岩地帯のため池の水質

項　目		
水　温	27.1	℃
pH	8.3	
RpH	8.3	
TN	1.14	mg/L
TP	0.03	mg/L
COD	2.2	mg/L
EC	0.144	dS/m
Σアニオン	1.44	mmol(−)/L
4.8アルカリ度	1.11	mmol(−)/L
Cl^-	0.16	mmol(−)/L
SO_4^{2-}	0.11	mmol(−)/L
NO_3^-	0.06	mmol(−)/L
Σカチオン	1.47	mmol(+)/L
Na^+	0.23	mmol(+)/L
K^+	0.16	mmol(+)/L
Mg^{2+}	0.13	mmol(+)/L
Ca^{2+}	0.95	mmol(+)/L

(愛知県豊橋市:追間ヶ池、1992年7月25日)

【測定法】

pH:pH試験紙や比色管、pHメーターを利用して測定する。pH試験紙や比色管を用いる場合は、求めるpHの範囲にあったものを使用する。ガラス電極の付いたpHメーターを用いる場合は、標準溶液で校正を行なう必要がある。機器により測定値の安定までに要する時間が異なるので、あらかじめ、自分が使う機器の特性に慣れておくことが重要である。また、ガラス電極の取り扱いやメンテナンスを、参考書や取り扱い説明書に従い、丁寧、こまめに行なうことが正確な測定につながる。

RpH:RpHは、試水をエアポンプで10～15分程度通気して、溶存ガスが大気平衡になった後に、同様にpHを測定する。エアポンプを使うかわりに、びんに試水を半分ほど入れ、ふたをして激しく振倒することによっても通気させることができる。この場

合は、時々ふたを開けて空気を入れ換えて何度か振倒を繰り返す。溶存ガスが大気平衡になったかどうかは、通気する過程で、pHに変化がなくなったかどうかでわかる。

4.8アルカリ度：一定量の試水に1/50規定～1/200規定程度の強酸(塩酸または硫酸)を加え、pHが4.8になるまで滴定する。加えた酸の量を試水1Lあたりの当量で示す。試水100mLに1/100規定の酸10mLの添加でpHが4.8まで下がれば、4.8アルカリ度は1mmol(−)/Lである。

4.6 イオン濃度と電気伝導率(EC)

電気伝導率は、水の電気抵抗率の逆数を示す値であり、溶解している総イオン濃度の指標となる。

普通、水に溶けている主要なイオンは、カチオン(陽イオン：＋の電荷を持つ)では、ナトリウムイオン(Na^+)、マグネシウムイオン(Mg^{2+})、カリウムイオン(K^+)、カルシウムイオン(Ca^{2+})で、ほかに生活排水などの影響でアンモニウムイオン(NH_4^+)も含まれる。アニオン(陰イオン：−の電荷を持つ)としては、HCO_3^-、CO_3^{2-}、塩化物イオン(Cl^-)、硫酸イオン(SO_4^{2-})で、他に硝酸イオン(NO_3^-)も検出される。亜硝酸イオン(NO_2^-)やリン酸イオン(PO_4^{3-})は微量であるのが普通である。

ECとイオン濃度の関係は、中性付近ではだいたい次のようになっており、この関係式は、分析結果の妥当性を知るのにも役立つ(表2.4.2)。

$$EC(dS/m) ≒ 0.1\Sigma カチオン \ (mmol(+)/L)$$
$$≒ 0.1\Sigma アニオン \ (mmol(-)/L)$$

同一地域のため池であれば、自然に流れ込む水のイオン濃度はほぼ同程度の範囲内にあるから、ECの大小は、イオン類を大量に含む各種排水の影響程度を知る手がかりになる。生活排水や農地排水には各種イオン類とともに栄養塩が含まれ、富栄養化の原因となる。従って、ECはある一定範囲の地域のため池について、富栄養化の程度を分類するうえで、排水影響の強さを示す指標の一つとして利用することも可能と考えられる(糟谷ら、1989)。

【測定法】

ECの測定には市販の電気伝導率計を用いる。操作は、電極を試水に浸けて測定するだけできわめて簡単である。電極は一本ずつ校正が必要であるが、通常は、校正ずみの電極が市販されており、本体の調整ダイアル等で校正値を設定するようになっている。

4.7 窒素とリン

窒素とリンは、植物に必須の栄養元素として知られているが、一般に、天然水中には少量しか存在しないので、植物の生長を制限する原因となっている。すなわち、富栄養化の進行していない水域では、他の様々な栄養元素が十分にあっても、窒素やリンが不足するため、藻類や水草の繁殖が抑えられている。しかし、なんらかの原因で、窒素やリンがため池に流入して水中の濃度が上昇すると、それまで抑えられていた植物の生長、増殖が盛んになり、さらに濃度が上昇すれば、植物プランクトンの増殖現象である「水の華」、「アオコ」の発生をもたらしたり、水草の大繁殖を引き起こす。

❶ 窒 素

水中の窒素は、環境条件や生物活動の影響、食物連鎖の過程により、いくつかの異なる形態で存在している。それを模式的に図2.4.7に示す。

窒素の形態には、無機態と有機態があり、その合計を全窒素(TN)という。無機態窒素にはNH_4^+、NO_2^-、NO_3^-の3形態がある。有機態窒素(TON)とは、アミノ酸やタンパク質などの有機物の構成成分として存在する窒素の総称であり、ろ過により、懸濁粒子状のもの(PON)と溶存態のもの(DON)に分けることができる。生活系の排水には、有機態窒素やNH_4^+が多く、畑地排水には、NO_3^-が含まれている。

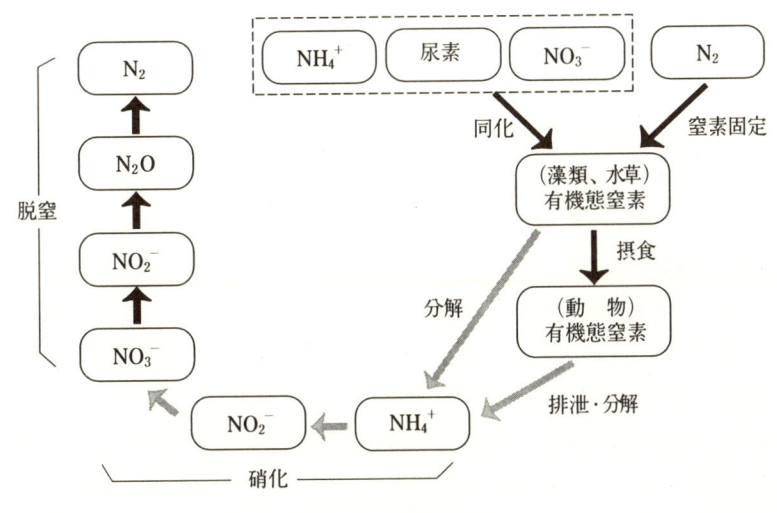

図2.4.7 窒素の循環

TONの分解代謝過程からみると、まず、生物遺がいに含まれるタンパク質やアミノ酸、排泄物中の尿素などのTONは、細菌の働きによって、NH_4^+に分解され、NO_2^-を経てNO_3^-まで酸化される(硝化)。その後、NO_3^-は酸化的環境では水中に留まり、還元的環境では、脱窒細菌により、NO_2^-、亜酸化窒素(N_2O)を経て分子状窒素(N_2)に変換され大気へ戻る(脱窒)。

それらの過程で存在するNH_4^+や尿素、NO_3^-は、栄養素として植物プランクトンに取り込まれてPONとなる。一般に、植物プランクトンはNH_4^+や尿素を優先的に利用する。NO_3^-は体内でアミノ酸を合成する前に、まずNH_4^+に還元しなければならず、エネルギー効率の点で植物プランクトンにとって不利である。また、*Anabaena*などラン藻類の中には、NH_4^+や尿素、NO_3^-が不足する場合、水中に溶けているN_2を利用できるものがある。

植物プランクトンに取り込まれた窒素は、食物連鎖によって様々な生物へと移行し、その過程で尿素やNH_4^+として排泄され、再び植物プランクトンに利用される。

このように、窒素の行動は複雑多様であるので、その様相がどのようになっているのかを把握することは、ため池の水質変動や生態系における物質循環を理解するのに欠かせないことである。

【測定法】
無機態窒素の測定には、それぞれ吸光光度法、イオンクロマトグラフ法が通常用いられている。有機態窒素は、分解処理により、NH_4^+やNO_3^-に変換してから測定する。

❷ リ ン

水中のリンにも無機態と有機態があり、その合計を全リン(TP)という。無機リンは、pHにより、PO_4^{3-}、HPO_4^{2-}、$H_2PO_4^-$、H_3PO_4の形態をとって存在している。便宜的にこれらの合計をリン酸態リン(PO_4-P)と称する。有機リンは有機体の構成成分として存在するリンの総称である。

一般に、リン濃度は植物プランクトンの増殖を最も強く制限する要因である。ため池の水中では、PO_4-Pは植物プランクトンに消費しつくされることと、鉄の水酸化物などとの共沈により不溶化しやすいため、検出されないことが多い。

富栄養化の極度に進んだため池では、夏期に、深層水に酸素がなくなり還元状態になると、リンの蓄積した底泥からPO_4-Pが水中へ遊離している状態が観察されることがある(糟谷ら、1993)。このことは、ため池内部にリン供給ポテンシャルがあり、植物プ

ランクトンの増殖を助長する可能性を示すものである。しかし、その影響の程度については、水中へ回帰したPO_4-Pが、深層から表層近くの植物プランクトンの生産層にうまく運ばれるか、あるいは運ばれる過程で、再び不溶化して沈殿するものがどの程度あるのかなどの要因により、個々のため池ごとに大きく異なるものと考えられる。

【測定法】

PO_4-Pの測定は、モリブデン青吸光光度法が一般的である。全リンは、ペルオキソ二硫酸カリウム溶液を添加したオートクレーブ加熱分解または酸添加による加熱分解を行ない、生じたPO_4-Pをモリブデン青吸光光度法により測定する。

4.8 クロロフィルa (Chl.a)

植物プランクトンや付着藻類の現存量の指標としては、これらが光合成を行なう基礎生産者であるという観点から、光合成に密接に関連している緑色色素のChl.a量を用いるのが一般的である。ただし、Chl.aは藻類の現存量そのものを示しているのではないことに留意する必要がある。また、全藻類についての情報であり、特定の種類の藻類の多少を示すものではない。特定の種の生態について調査する場合は、同定を行ない、細胞数の計数などの方法をとる必要がある。

【測定法】

試水をガラス繊維ろ紙でろ過して、集めた藻類をろ紙ごと乳鉢に入れ90％アセトンを加えてすりつぶす。これを遠心分離後、波長750, 663, 645, 630 nmで上澄み液の吸光度を測定する。次式によりChl.aを計算する。

$$\text{Chl.a}(\mu g/L) = (11.64 E_{663} - 2.16 E_{645} + 0.10 E_{630}) \times a/(V \times L)$$

$E_{663}, E_{645}, E_{630}$：波長663, 645, 630 nmにおける吸光度から、それぞれ750 nmの吸光度を引いた値

V：ろ過量 (L)、

a：抽出液量 (mL)、

L：分光光度計のセル長 (cm)

4.9 有機物

　有機物量の指標としては、生物化学的酸素消費量(BOD)と化学的酸素消費量(COD)が一般的である。BODは、「主に好気性微生物によって有機物が分解されるときの酸素消費量」を示し、有機物の流入により酸欠問題などが生じるという特性をもつ河川でよく用いられている。一方、ため池や湖沼ではCODがよく用いられ、水質管理上、有効な指標となっている。ため池や湖沼の有機物の多くは、富栄養化により増殖した植物プランクトンであり、この死滅分解に伴う酸素消費量(BOD)を評価するよりも、生産された有機物現存量を評価する方が汚濁程度をよく表せる。このため、「酸化剤を加えて加熱し、いわば強制的に酸化分解できる有機物量」の指標としてCODを用いることが理にかなっている。しかしながら、ため池の場合でも、CODとともにBODも同時に測定すれば、有機物の分解特性をある程度推測でき、水質を特徴づけることができる。例えば、腐植栄養型のため池では、BODの割にCODが高いことが特徴としてあげられているが、これは、有機物の内容が生物分解性の劣る腐植物質であることを示唆している(村上ら、1988)。

　なお、BODやCODは、一定条件での有機物分解に必要な酸素量という表し方で有機物量を示しており、有機物そのものの量を測っているわけではない。有機物の総量を示すためには、全有機炭素(TOC)を測定する必要がある。

【測定法】

COD：一定量の試水に酸化剤を加えて一定時間加熱し、消費された酸化剤の量を測定し、酸素量に換算する。酸化剤の種類、加熱温度・時間などの異なるいくつかの方法があるが、通常よく用いられるのは、酸性条件下で酸化剤として過マンガン酸カリウムを用いた100℃30分間の酸素消費量を求める方法である。

BOD：試水を、100～300 mLの培養瓶に入れ、暗黒の20℃の恒温器に5日間放置し、その前後の溶存酸素量の差から5日間の酸素消費量を求める。有機物が多い場合には、5日間で溶存酸素がすべて消費されてしまうので、必要に応じて希釈する必要がある。

4.10 その他

　これまでに説明した水質指標は、現存量や現象を捉えるための指標である。これらのほか、さらに専門的にはなるが、底泥からのリン溶出速度や、種々の生物活性、例えば、光合成や呼吸速度、硝化、脱窒活性、植物による栄養塩の取り込み速度などをあわせて調べることにより、現象の解析が可能となり、一層、水質や生態系、物質循環への理解が深まる。例えば、窒素の循環については、深さ別あるいは経時的にTON、NH_4^+、NO_2^-、NO_3^-などの濃度を調査すれば、ため池内で硝化、脱窒、植物による取り込みなどが起きているかどうかは推定できるが、これに加えて硝化活性、脱窒活性などを調べることにより、窒素と生物の相互作用やため池の浄化能力などのより定量的な評価が可能となると考えられる。

（糟谷　真宏）

引用・参考文献

浜島繁隆（1979）：池沼植物の生態と観察、ニュー・サイエンス社
浜島繁隆（1983）：東海地方のため池でみられる水生植物の種組成と水質との関係、陸水雑、**44**, 1-5
浜島繁隆（1994）：3.2 ため池の岸辺の植生、ため池の自然談話会編−ため池の自然学入門、pp.116-120、合同出版
半谷高久・小倉紀雄（1995）：水質調査法第3版、丸善
日比伸子・山本知巳・遊磨正秀（1998）：水辺環境の保全8．水田周辺の人為水系における水生昆虫の生活、pp.111-124、朝倉書店
廣瀬利雄 監修（1997）：5. 池沼生態系の管理、応用生態工学序説、pp.155-160、信山社サイテック
Kadono, Y.（1980）: Photosynthetic Carbon Sources in Some *Potamogeton* Species, Bot. Mag. Tokyo, **93**, 185-194
糟谷真宏・加藤　保・濱田玲子・永田敬子・木野勝敏・豊田一郎（1989）：多変量解析を用いた尾張東部のため池の水質解析、愛知農総試研報、**21**, 123-130
糟谷真宏・浜島繁隆・大野　徹・鈴木　淳・鈴木達夫（1992a）：愛知県下山村の三つの池の水質、水草とトンボ、ため池の自然、**16**, 8-10
糟谷真宏・小竹美恵子・加藤　保（1992b）：浅いため池における日成層の形成、ため池の自然、**15**, 7-9
糟谷真宏・小竹美恵子（1993）：富栄養ため池の水温成層が水質に及ぼす影響および用水導入の水質改善効果、愛知農総試研報、**25**, 275-279
三宅泰雄・北野　康（1976）：新水質化学分析法、p.265、地人書館
中曽根英雄・山下泉・黒田久雄・加藤亮（2000）：茶園地帯の過剰施肥がため池の水質に及ぼす影響、水環境学会誌、**23**, 374-377

村上哲生・近藤繁生・松井義雄（1988）：珪藻相の相違に基づく浅い池の類型化；平地に分布する黄褐色の水色の溜池の付着珪藻相の特徴、陸水雑、**49**, 157-166
村上哲生（1989）：ヨシ帯の付着藻類、ため池の自然、**9**, 1-3
日本規格協会（1999）：詳解　工場排水試験方法、p.507、日本規格協会
日本分析化学会北海道支部編（1994）：水の分析、化学同人
日本規格協会（1999）：詳解　工場排水試験方法、p.507、日本規格協会
西條八束（1992）：小宇宙としての湖、大月書店
西條八束・三田村緒佐武（1995）：新編　湖沼調査法、講談社
桜井善雄（1981）：国立公害研究所報告、**22**, 229-279
高倉盛安・安田郁子（1988）：小撫川ダム湖の陸水学的研究Ⅱ、富山県立技術短期大学研究報告、**21**, 71-110
土山ふみ・成瀬洋児・安藤　良・榊原　靖（1983）：新海池における富栄養化について(1)－水質の季節変動と汚濁負荷量－名古屋市公害研究所報、**13**, 69-82
土山ふみ（1985）：8. 新海池における栄養塩の循環と収支、伴野勝也・安藤　良・榊原　靖・土山ふみ・成瀬洋児　監修／名古屋市公害研究所　編；溜池における富栄養化の基礎的研究
土山ふみ・成瀬洋児・安藤　良・榊原　靖・浅井一郎・林　道夫（1988）：牧野ケ池の富栄養化の実態(その１)－水質の変動について－名古屋市公害研究所報、**17**, 69-77
土山ふみ：未発表資料
土山ふみ（1994）：2.2 栄養塩類、ため池の自然談話会　編；ため池の自然学入門、pp.21-31、合同出版
土山ふみ・安藤　良・成瀬洋児・榊原　靖・村上哲生・若山秀夫・伊藤英一（1995a）：ため池水質の簡易な予測モデル、水環境学会誌、**18**, 808-813
土山ふみ・村上哲生・糟谷真宏・高崎保郎・近藤繁生・杉山　章・須賀瑛文・浜島繁隆・鈴木達夫（1995b）：名古屋市東部及びその周辺のため池の現状、ため池の自然、**21**, 3-13
土山ふみ（1996）：3.2 ため池の自然－都市におけるため池の水環境と藻類生産量について、桜井善雄・市川　新・土屋十圀　監修／身近な水環境研究会　編；都市の中に生きた水辺を、pp.61-69、信山社サイテック
遊磨正秀（1995）：環境技術、**24**, 695-700

3章　ため池の生き物

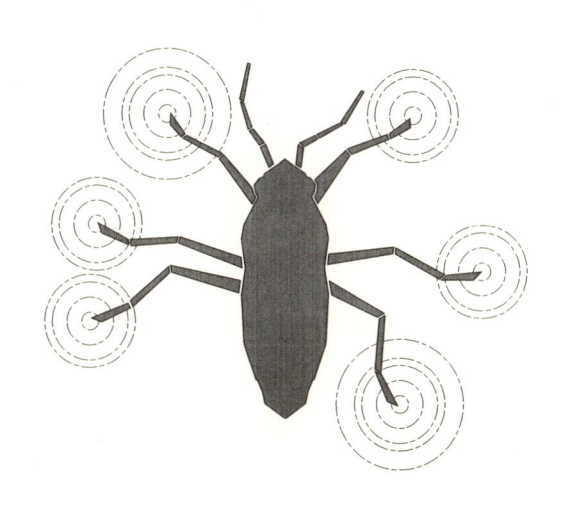

① ため池の植物

1.1 水　草

❶ 水草の種類

　水草は水域に生育する大形の植物を指しているが、これは分類学的な名称でなく厳密さを欠き、極めて常識的な言葉である。ここで言う大形植物は維管束植物とシダ植物が中心であるが、水生のコケ類や大形藻類の車軸藻類を含むこともある。また、池や川の岸辺で、水位の変化により水中に没したり、陸地になったりするところに生育する種類は、水草として扱われたり、ときには湿生植物に入れられたりしてその区別は明確でないこともある。

　水草は、その生活が水とどのように関わっているかにより、生活様式が異なり生育形も違ってくる。生育形から水草は大きく四つに分けられている。

　植物体の一部が常に水中にある「抽水植物」、根は水底に固着し、葉を水面に浮かせる「浮葉植物」、植物体が完全に水中に没している「沈水植物」、根が水底に固定することなく、植物体が水中か水面に浮遊している「浮遊植物」である。

　どの水草もこれらのどれか一つに属するとは限らず、生育の過程で、あるいは生育環境の変化で生育形を変えることができる。例えば、キクモやタチモは浅い水域では抽水植物として、水位の上昇で水中に沈むと沈水植物として生活をすることができる。さらに、干上がってしまうと空気中の生活に適応したつくりとなり、湿生植物としても生き続ける。

　ため池のおもな水草を生育形別にまとめると表3.1.1のようになる。（以下に取り上げる水草の和名は、わが国の水草分類の基準となり、最も信頼できる角野(1994)の「日本水草図鑑」による。本文で学名は省略するが、この図鑑の和名に該当する学名とする。）

3章 ため池の生き物

表3.1.1 ため池に生育する主な水草

抽水植物	ミズニラ（沈），ミズワラビ，イヌスギナ，サジオモダカ，ヘラオモダカ，マルバオモダカ，（浮），アギナシ，オモダカ，ウリカワ（沈），キショウブ，イボクサ，アシカキ，キシュウスズメノヒエ，ヨシ，マコモ，ショウブ，ミクリ，ヤマトミクリ，ナガエミクリ，ヒメミクリ，ガマ，コガマ，ヒメガマ，ウキヤガラ，クログワイ，マツバイ（沈），ハリイ（沈），ミスミイ（稀），ヒメホタルイ（沈），ホタルイ，カンガレイ，サンカクイ，フトイ，シズイ（稀），アンペライ，コウホネ，ヒメコウホネ，ハス，ミズスギナ（沈）（稀），タチモ（沈），オオフサモ（沈），キクモ（沈）．
浮葉植物	トチカガミ，オヒルムシロ（稀），フトヒルムシロ・ヒルムシロ，ホソバミズヒキモ，コバノヒルムシロ（稀），ササバモ（沈），ウキシバ（抽），エゾノミズタデ（抽），ジュンサイ，オニバス，ヒツジグサ，ヒシ，コオニビシ，オニビシ，アサザ（稀），ヒメシロアサザ（稀）．
沈水植物	ヤナギスブタ，スブタ，オオカナダモ，コカナダモ，クロモ，ミズオオバコ，セキショウモ，コウガイモ，エビモ，センニンモ，ヤナギモ，イトモ，イバラモ，オオトリゲモ，トリゲモ（稀），ホッスモ，イトトリゲモ，ヒロハトリゲモ（サガミトリゲモ）（稀），ムサシモ（稀），フサジュンサイ（ハゴロモ），マツモ，ミズユキノシタ（抽），ホザキノフサモ，フサモ（抽），タヌキモ（浮遊），イヌタヌキモ（浮遊），ノタヌキモ（浮遊），イトタヌキモ（浮遊）．
沈水植物	サンショウモ，アカウキクサ，アオアカウキクサ，ホテイアオイ，アオウキクサ，ヒナウキクサ，ウキクサ，ヒメウキクサ．

注）
- （抽），（浮），（沈），（浮遊）は，生育時期・環境によっては，抽水植物，浮葉植物，沈水植物，浮遊植物に変化することを表す。
- （稀）は稀にみられる。

❷ 水草の生育と繁殖様式

① 沈水植物

生活環のすべてを水中で完結している沈水植物は少なく、エビモ、センニモ（写真3.1.1）クロモなどのように花は水面の上に出して咲かせる種類が多い。代表的な種類について生育と繁殖の様式をみてみよう（図3.1.1）。なお、以下の記述で〇〇月頃とあるのは東海地方の観察例で、他の地方と異なる場合がある。

マツモ（写真3.1.2）：根が退化して無くなった水草である。芽生えのとき、過去にもっていた古い形質が現れることがあるが、マツモは実生の時期にも根はみられない。それに替り茎の下部が土に埋まり池底に固着する役割を果たしている。種子の発芽は4～5月で、子葉は種子の外に出ず幼芽から葉を展開し、種子の3本の刺が、水底に幼植物を固定する錨の働きをする。

1 ため池の植物

写真3.1.1　センニンモ（沈水植物）

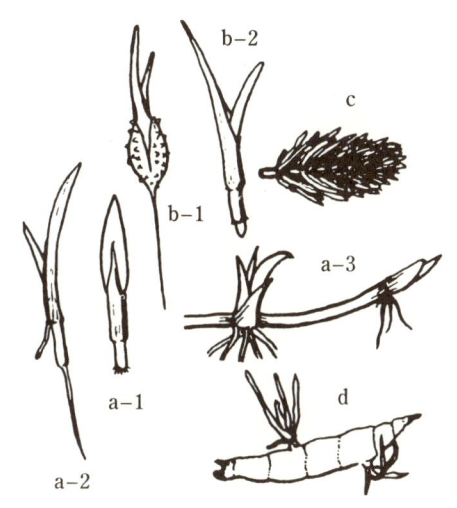

図3.1.1　沈水植物の殖芽と種子の芽生え
（浜島、1981）

a−1〜3：セキショウモ
　　　（1,2：種子、3：地下茎）
b−1〜2：スブタ
　　c：クロモ（腋性の殖芽）
　　d：コウガイモ

写真3.1.2　マツモ（沈水植物）

写真3.1.3　マツモの雄花(上)
　　　　　雌花(下)

　殖芽から伸びた芽は分枝をしながら、春から夏にかけ水面に向かって伸び、そこで横に広がり水面を覆うようになる。
　花は6月〜8月に輪生葉の基部に花被のない単性花を水中につける（写真3.1.3）。雄

71

3章　ため池の生き物

写真3.1.4　殖芽のいろいろ（浜島、1999）
左より、マツモ、トチカガミ、マルバオモダカ、クロモ（塊茎状の殖芽）、タチモ、イヌタヌキモ

花から放出された花粉は水中を漂いながら、雌花の突き出た3〜4mmの柱頭にたどり着いて受粉する水中媒である。

　秋、茎の先端に芽を密に葉が包む不完全な長さ2〜4cmの殖芽をつくり、これが水底に沈み冬を越す（写真3.1.4）。

クロモ：茎の節から不定根をだして池底に固着し、枝分かれしながら伸長して水面近くになると横に広がる。国井（1979, 1984）はコカナダモやエビモの葉茎が成長して水面に達した後、さらに横に広がり水面直下に葉茎が密集してcanopy状の葉群を形成することを観察し、これは浮葉植物と同じ効果をもっと指摘した。このような生育様式はオオトリゲモ、イバラモでも見られる。

　クロモの花は8月頃、葉腋に雌花を単生して子房を柄状に伸ばし水面上に開花させる。一方、雄花も葉腋につくが、熟すると苞鞘が破れ、中から雄花が切り離されて水面に浮上する。浮上した雄花は花弁と萼片が反り返り、雄しべを持ち上げる状態で水面を浮漂しながら雌花に到達する水面媒である（図3.1.2）。

　繁殖は種子の他、秋に形成される殖芽による。殖芽は水中茎にできる腋性殖芽と地下茎にできる塊茎状（小さいいも状）の殖芽がある。

セキショウモ：池底に地下茎を横走させて、節からリボン状の沈水葉と不定根をだしマット状に広がる。花は8月〜9月、雌花は根元から長い花茎を伸ばし水面で咲く。雄花も根元にできるが、熟すると苞鞘が破れ、多くの花が切り離され水面に浮き上がり、

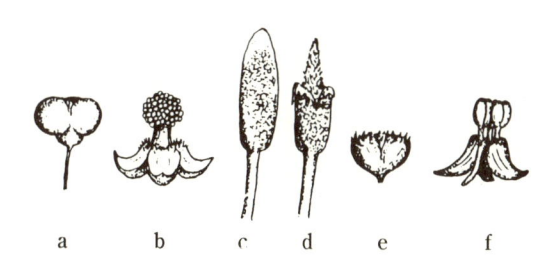

a～d：セキショウモ
　　（a：水中の雄花、b：水面に浮いた雄花、c：雄花序、
　　　d：苞鞘が破れ雄花を放出中の雄花序）
e～f：クロモ
　　（e：苞鞘につつまれた雄花、f：水面に浮いた雄花）

図3.1.2　クロモとセキショウモの花（浜島、1983）

風の働きで雌花にたどりつき受粉する水面媒である（図3.1.2）。

　結実した果実は、翌年の3月頃果皮が腐って破れ、中から寒天質に包まれた紡錘形の小さい種子が脱出してくる。3月下旬～4月にかけて発芽が始まる。繁殖は種子の他に地下茎によるが、秋は地下茎の先端に冬芽をつくり越冬する。

　同じ仲間のコウガイモは、生育の様式などセキショウモと同じであるが、殖芽の形態は異っている。この殖芽は地下の走出枝の先端4～6節が太く短縮して径6mm長さ2～2.5cmのいも状になったものである（図3.1.1）。母体から離れやく、手で触れると簡単に分離する。秋に野外で、マット状に広がった群落1m^{2}あたり約15個の殖芽を記録した。これは3月頃から発芽をしはじめる。

スブタ：茎は発達せず根生葉が叢生する一年生の水草である。種子の両端の突起は、種子の数倍の長さからやや短いものまで変異がある。葉の長さも水深により大きく変異がみられ、別種と思うばかりの固体もみられる。これらにナガバスブタ、コスブタの名がつけられていたが、現在はスブタの種内変異とされている。花期は8月～9月で根元から花柄を伸ばし水面上に花を咲かせる。種子の発芽は3月中旬にはじまる（図3.1.1）。この種と同じ生活環のミズオオバコも生育育環境で形態が大きく変化することが知られている。ため池に生育する大形のものをオオミズオオバコとして水田や水路に見られる小形のものと区別されていたが、これも、今は種内の変異として同一種として扱われる。

エビモ：池や川などに広くみられるごく普通の水草であるが、生態的に興味ある特性をもっている。それは流水域と止水域で生活環が違っていることである。川では年中生

育がみられるのに、池では夏に3〜4cmの短枝に肥大した小形の葉をつけた殖芽をつくり枯れる。この殖芽は秋に発芽して、冬〜春まで生育を続ける。国井(1982)はこの生活環について雄蛇ヶ池(千葉県)の観察をもとに5段階に分けている。それは殖芽の発芽(10月〜12月初旬)→不活発な成長(12月〜2月)→活発な成長(3月〜4月)→繁殖・開花と種子形成と殖芽形成(4月中旬〜5月中旬)→休眠(5月下旬〜翌年9月)である。そして、この生活環の殖芽の発芽と形成は水温に支配されている。

② 浮葉植物

浮葉の形態は、それらの系統とは関係なく酷似する場合がある。例えばガガブタ(あさざ属)、ヒツジグサ(すいれん属)、マルバオモダカ(まるばおもだか属)、ヒメコウホネ(こうほね属)、アサザ(あさざ属)は浮葉だけでは区別がし難いほど似ている(写真3.1.5)。これらの水草は水面に葉を浮かせ、葉を機能的に働かせる共通の方向に適応させた結果が、同じ形へと収斂したものと考えられる。次に浮葉植物の代表種の成長や繁殖の様式をみてみよう。

ガガブタ(写真3.1.6):冬は水底で、短い主茎に小さいだ円形の沈水葉をつけて越す。4月〜5月になると長い葉柄を伸ばして水面に浮葉を出す。何枚かの浮葉が出た後、葉腋から葉柄と外見上の区別がしにくい水中茎を伸ばす。この先には短い葉柄の浮葉と7月〜8月になると花をつける。さらに、夏の終わり頃に、先端の節からバナナの房状の太く短い根をもつ殖芽をつける(図3.1.3)。花に短花柱花と長花柱花の二種類があり、一つの池に両方のタイプの花がないと種子は

写真3.1.5 水草の浮葉 (同じような形をしている)
上はヒツジグサ、右回りにヒメコウホネ、ガガブタ、トチカガミ、アサザ、マルバオモダカ

写真3.1.6 ガガブタ(浮葉植物)

a：ジュンサイ、b：ガガブタ、c：トチカガミ（1：殖芽の芽生え、2：種子の芽生え）、d：アサザ

図3.1.3　浮葉植物の殖芽と種子の芽生え（浜島、1981）

つくらない（浜島、1979）。繁殖は種子と殖芽にによって行なわれる。種子の寿命については、採集後数年経った種子の発芽を観察した。

　ヒメシロアサザはガガブタと同様の生育様式である。しかし、岐阜県と鹿児島県で採集したものは多年草であることを確認したが、岡山県産は越冬せず地域による生活環の違いがみられた。また、花（鹿児島県産）は雄しべと雌しべの長さは同じで、自家不和合性はみられず良く結実した。結実した果実は、その年に裂開し種子を放出する。種子の表面は水をはじき1～2日浮遊した後沈むが、その間、水の動きで種子散布が行なわれる。

ヒツジグサ：池底の太く短い根茎から沈水葉と浮葉をだす。地下茎を伸ばして広がる園芸種のスイレンとは根茎で区別できる。花期は7月～9月で、午後1～2時頃咲きはじめ午後4時頃に閉じる開閉運動を2～3日続ける。開花一日目は雌しべの柱頭は露出して受粉の態勢がととのっている。しかし、雄しべは花弁に密着した状態で、葯は閉じたままである。2～3目になると雄しべは立ち上がり開葯し花粉を出す。このように雌性先熟で虫媒花である。熟した果実は9月頃に裂開して多くの種子を放出する。種子は気泡を含む仮種皮包まれているので、1～2日浮遊し散布される水散布種子である。種子は休眠後、翌年から散発的に発芽するが、貯蔵した種子が10年後に発芽したのを観察したことから、種子の寿命はかなり長いと考えられる。発芽した実生は

3章　ため池の生き物

2年目に種子生産可能な個体になる(三木、1937)。時には発芽した年に繁殖個体にまで成長した記録もみられる(国井、1988)。

ジュンサイ：池底の泥の中にある地下茎と水中茎があり、水中茎から浮葉と花を出す。茎の先端にある芽や若い葉は寒天質に包まれ虫害や乾燥から護られている。花は6月～8月に水面に突き出て咲くが、開花は午前中で午後は閉じる。これを二日つづけて花は終わる。一日目は雌しべが成熟した花で、二日目は雄しべが顔を出し花粉を放出する「雌ずい先熟花」である。花が終わると花柄が曲がり、水の中で果実をつくる。熟した果実は柄から分離しやすく水底に沈む。種子は硬い種皮に包まれ、長く生き続け散発的に発芽する。実生(図3.1.3)は三葉目からジュンサイの特徴である盾状の葉になる。秋、水中茎の先端の未展開の新芽が分離し越冬用の殖芽となる(角野、1994)。

トチカガミ：気のうをもつ浮葉が、植物体を浮上させ水面に広がる。茎の節から出る根は、深い水域では水中根であるが岸辺では土中に入り固着の役割を果たしている。3月の中下旬殖芽の発芽が始まる(図3.1.3)。先ず殖芽の節間とそれにつづく第二、三の節間が急速に伸びて、素早く浮葉を水面に浮かせる。5月から6月にかけて浮葉をつぎつぎに出しながら茎は水面近くを横走し、開水面を占有する。浮葉の寿命は約2ヵ月で、7月頃、最初に展開した葉は枯れる。花期は8月中旬～9月下旬の1ヵ月で、花が終わる頃には殖芽の形成が始まる。殖芽は包葉に包まれた長さ2～3cmのものであるが、10月下旬にはほぼ完了して、茎より分離して水底に沈み冬を越す。浮葉は10月に入ると枯れ始め、11月の下旬には植物体全体が枯れる。1個体が秋につくる殖芽は約15箇で、繁殖に果たす役割は大きい(浜島、1993)。

　殖芽のつくりは、万が一に備えた巧妙なものである。それは、包葉に包まれ主芽と小さい葉をもつ副芽がセットになって入っている。主芽が被害を受けると、副芽がそれに替り伸長を始める。害を受けないときは副芽は成長を始めることなく終わる。スペアをもった殖芽と言える。殖芽による無性繁殖とは別に種子による繁殖も行なわれる。10月上旬に径1cmほどの球形の果実ができ、果柄から分離してしばらく浮遊した後水底に沈む。4月頃、水温の上昇につれ果皮が腐敗して破れ、中から寒天質に包まれた種子が出てくる。4月～5月に発芽が始まり、種皮がわれてウキクサの形によく似た実生が浮上してくる(図3.1.3)。浮上した実生は水の働きで種子散布の役割を果していると考えられる。

ヒ　シ：一年生の代表的な水草である。4月頃発芽するが、その際栄養物を貯えた子葉は殻のなかに残り、他の小さい子葉のみ外に出てくる。これは、これからの成長に必

要な栄養物を食害から守るために得た性質と考えられる(図3.1.4)。発芽後は速やかに水中茎を伸ばし、浮葉を水面に浮かせて生産活動に入る。実生の主根は上向きに伸び固着の役割を果していない(三木、1953)。この頃は果実の刺が錨の役割をしているが、強い風で若いヒシが岸辺に吹き寄せられているのを観察すると、これも十分な固着の働きはしていないようである。根は水中茎の節から出るブラシ状の水中根である。茎の先端に多数の葉がつきロゼットを形成する。新しい葉の葉柄は徐じょに伸びるので古い葉を覆うことはなく、外側の古い葉から枯れて分離していく。葉は一日一葉の規則的な出葉をつづけ、その寿命は長くて30日程である(林、1984)。花の時期は7月から8月である。結実率は高く、熟した果実は茎から分離しやすく触れると簡単に落ちて水底に沈む。翌年の春、すべての種子が発芽することなく、一部は次の年以降に発芽する。

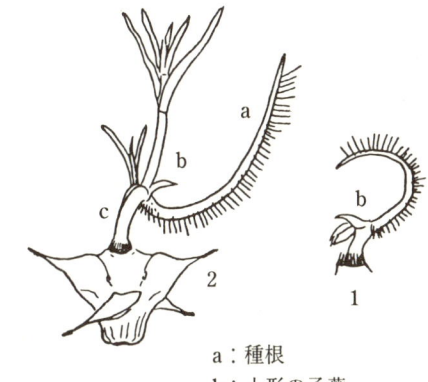

a：種根
b：小形の子葉
c：子葉柄

図3.1.4　コオニビシの発芽（浜島、1979）

③　抽水植物

これらの生育域は水辺で、水中と陸上の両方の生活に適応した植物が多い。水位が下がることで、沈水植物から抽水植物へと葉の形まで変化させて適応し、再び水位が上昇すれば、沈水植物へと生育形を変化させる水草もある。その例はタチモ、ミズスギナ(写真3.1.7)などであるが、これらの多くは多年生の植物である。

ヒメコウホネ：水底に広がる地下茎で殖える。4月頃、地下茎の芽から沈水葉を出し、5月頃には浮葉を浮かべるようになる。浅いところでは抽水葉を出す。浮葉をつけるときも、抽水葉をつけるときもいずれも沈水葉をもつが、その二

写真3.1.7　ミズスギナ(抽水植物)

3章　ため池の生き物

種類の葉の割合は生育環境で異なっている。花は5月中旬から9月にかけて水面上にでて咲くが、花が終わると花茎は傾き水中で果実が熟する。果皮が開くと仮種皮の袋に幾つかの種子を包み浮上する。やがて仮種皮は腐り、種子は沈むが、浮上している間に水の動きで散布が行なわれる。

タチモ(写真3.1.8)：多くはため池の岸辺に生育するが、ここは水位変動が激しく、抽水植物として、あるいは沈水植物として生育形を変化させてながら生育をしている。二つの生育形の気中葉と羽状に細裂した沈水葉を比較すると別種と間違えるほどである。

　茎が倒れ、それぞれの節から不定根を出して広がることもある。雌雄異株で、同じ池に雌、雄の株が生育していないと種子はできない。花期は5月から9月であるが、沈水状態では花はつけない。

写真3.1.8　タチモの沈水形(右)と抽水形(左)

　10月の下旬に茎の地面ぎわに赤褐色をした長さ1.5～2.5cmの根棒状の殖芽をつくる。この殖芽が越冬と繁殖の役割をしている。時には、茎が秋の終わりから地面に伏せ状態となり、殖芽らしいものをつくらず越冬することもある。

オモダカ類：オモダカ(写真3.1.9)やアギナシは成長の過程で葉の形を変化させる。最初、皮針形の葉を3～4枚出し、その後矢じり形の葉に変わる。マルバオモダカの葉の変化を、殖芽の発芽時からみると、4月の初めに細長い線形の沈水葉が数枚出るが、そ後の葉は、次第に幅が広くなり、長楕円形の浮葉へと移行する。それは6月中旬には円心形の葉を出すようになる。花茎がでる頃は、抽水葉がみられるようになる。ヘラオモダカは皮針形の葉をつけるが、上記の3種と違い幼葉から成葉へ形態上の大きな変化はない。

　次にこれらの繁殖の様式を比較してみよう(図3.1.5)。

　アギナシは秋、根元の葉腋に柄をもつ多数の珠芽(むかご)をつくる。これは大きさは8～6×5～6mmの楕円形をしている。母植物から分離すると浮上し、水の流で散布される。

1 ため池の植物

写真3.1.9　オモダカ(抽水植物)

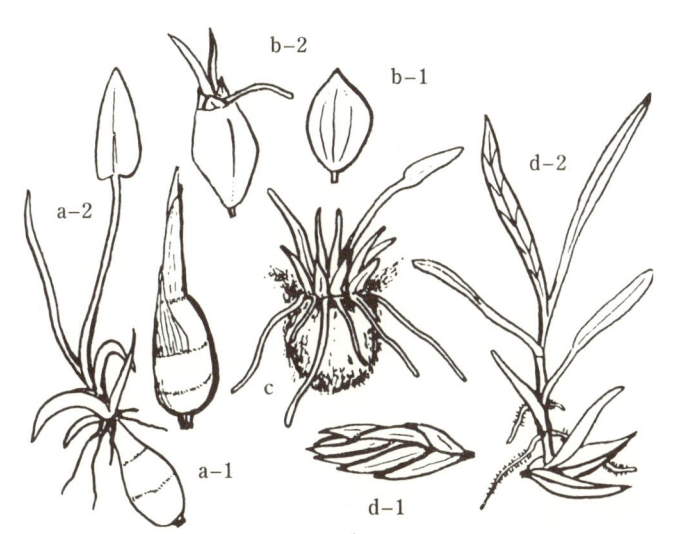

a：オモダカ
b：アギナシ
c：ヘラオモダカ
b：マルバオモダカ

図3.1.5　オモダカ科の殖芽の芽生え（浜島、1981）

　オモダカは秋、地下茎の先端の2～3節が肥大して塊茎(いも)をつくる。母植物から地下茎が1m伸びて、その先に塊茎がみられた。これは一年で1m、生育域を広めることを示している。
　ヘラオモダカは株の元が肥大して、いも状になり越冬する。他の種のように特別の栄養繁殖の様式はなく、種子による繁殖が主であると考えられる。マルバオモダカは

79

3章　ため池の生き物

8月下旬から9月にかけて花茎を伸ばし花をつけるが、10月頃になると花をつけず、殖芽をつけるようになる。水面に出ない花茎にも殖芽は形成されている。殖芽は長さ1.5～2cmで数枚の鱗片で芽を保護している。これは脱落しやすく、水面にしばらく浮いているので、散布の役割も果たしている。

④　浮遊植物

水底に固着することなく浮遊生活をしているが、ホテイアオイやウキクサのように水面に浮いている種類とタヌキモのように沈水状態で浮遊している種類とある。後者は浮遊しているが、水の流れのまま、あちこっち動いているわけではなく、池の岸辺で茎の一部が泥に埋まったり、お互いが絡みあったりして一定の水域に留まっている。そこで、沈水植物として扱うことが多い。

ウキクサ：池、水田、水路などいたるところの水域に生育し幅広い環境に適応できる水草である。葉状体が2～4個連結して群体をつくり浮いている。条件さえよければ、つぎつぎと新しい葉状体をつくりだし一定の数になると、独立して新しい群体をつくる。このようにして殖える速さは10日で3～4倍の数の葉状体になる。ウキクサの仲間でアオウキクサは花をよく咲かせ、種子もよくできるので、冬越しと繁殖は主に種子の役割である（図3.1.6）。しかし、ウキクサは花をつけるのは希で、殖芽が繁殖に重要な役割を果たしている。9月～10月頃、葉状体の基部に径2～3mmほどの円盤状の殖芽ができる。これが分離して水底に沈み冬越し、春には発芽して浮上してくる。殖芽の寿命は、暗いところに保存して3年間は80％の生存率であるが、4年目に5％に急に減少するのを観察した（浜島、1991）。

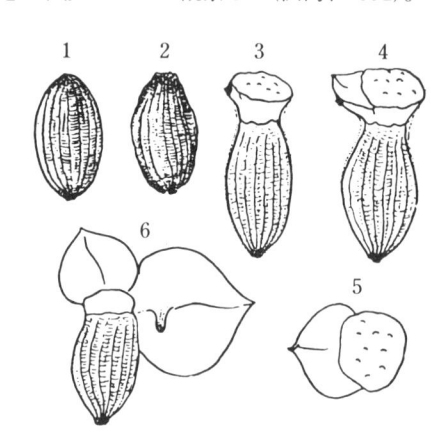

1,2：種子
　　（1：湿った状態、2：乾燥状態）
3～6：発芽順序
　　（5：4の上面より）

図3.1.6　アオウキクサの発芽（浜島、1977）

引用・参考文献

角野康郎（1994）：日本水草図鑑、p.178、文一総合出版（東京）
角野康郎（1994）：水草の繁殖様式、プランタ、**33**, 13-17
国井秀伸・生嶋　功（1979）：雄蛇ヶ池の水生植物群落下の環境動態、日本陸水学会、44回大会発表要旨
国井秀伸（1982）：雄蛇ヶ池におけるエビモの生活環と成長（英文）、植物学雑誌、**95**, 109-124
国井秀伸（1988）：ヒシの埋土種子の発芽力と寿命（英文）、島根大、理、紀要、**22**, 83-91
国井秀伸（1988）：播種した年に開花結実したヒツジグサ、水草研究会会報、**33・34**, 56-57
浜島繁隆（1977）：ため池の水草－その特性と観察－、植物と自然、**11**(9), 19-23
浜島繁隆（1977）：ため池の水草－その芽生えの観察－、植物と自然、**11**(10), 19-21
浜島繁隆（1979）：ガガブタの二型花と集団内の有効な交配について、植物研究雑誌、**54**, 319-320
浜島繁隆（1979）：池沼植物の生態と観察、ニュー・サイエンス社（東京）
浜島繁隆（1981）：ため池の水草とその生態－生育と繁殖の様式－、植物と自然、**15**(9), 28-32
浜島繁隆（1983）：ウキクサの生物実験教材への活用、東レ理科教育賞受賞作品集、pp.29-32
浜島繁隆（1983）：水草の受粉－特に水媒花について－、植物と自然、**17**(4), 12-14
浜島繁隆（1985）：ガガブタの観察－おもに生活環と形態－、水草研究会会報、**22**, 2-4
浜島繁隆（1991）：ウキクサの殖芽の寿命、水草研究会会報、p.43, 35
浜島繁隆（1992）：ヒツジグサ、フィールドウオッチングⅡ(7)、pp.72-75、北隆館（東京）
浜島繁隆（1993）：トチカガミの生活環、ため池の自然、**17**, 9-10
林　浩二（1984）：一年生浮葉植物の生活、遺伝、**38**(4), 6-11
三木　茂（1937）：山城水草誌、京都府史蹟名勝天然記念物報告書、**18**, 1-127

（浜島　繁隆）

1.2　輪藻類（シャジクモ類）

❶ 輪藻類とは

　輪藻類は、円柱形の主軸（茎）の節部から小枝を放射状に輪生しているスギナ状の形態（図3.1.7、図3.1.8）をもつ水中植物である。同じ水中生活をするクロモやマツモにも似ているが、これらはれっきとした維管束植物であり、輪藻類は体制がより簡単なため藻類（輪藻綱－シャジクモ目－シャジクモ科）に属している。

　生殖器官（性器；雌器と雄器）は、ふつう輪生する小枝の節の部分に形成される（図3.1.7 A・C2）。しかし、なかには主軸から出た輪生枝の基部に付くオオシャジクモ（*Chara corallina var. corallina*）等があって、種の特徴の一つとなっている（図3.1.7 C1）。

　植物体の大きさは、ヒナフラスコモ（*Nitella gracillima var. gracillima*）のように4～5cmのものから1mに達するオウフラスコモ（*N. flexilis var. longifolia*）のようなもの

3章 ため池の生き物

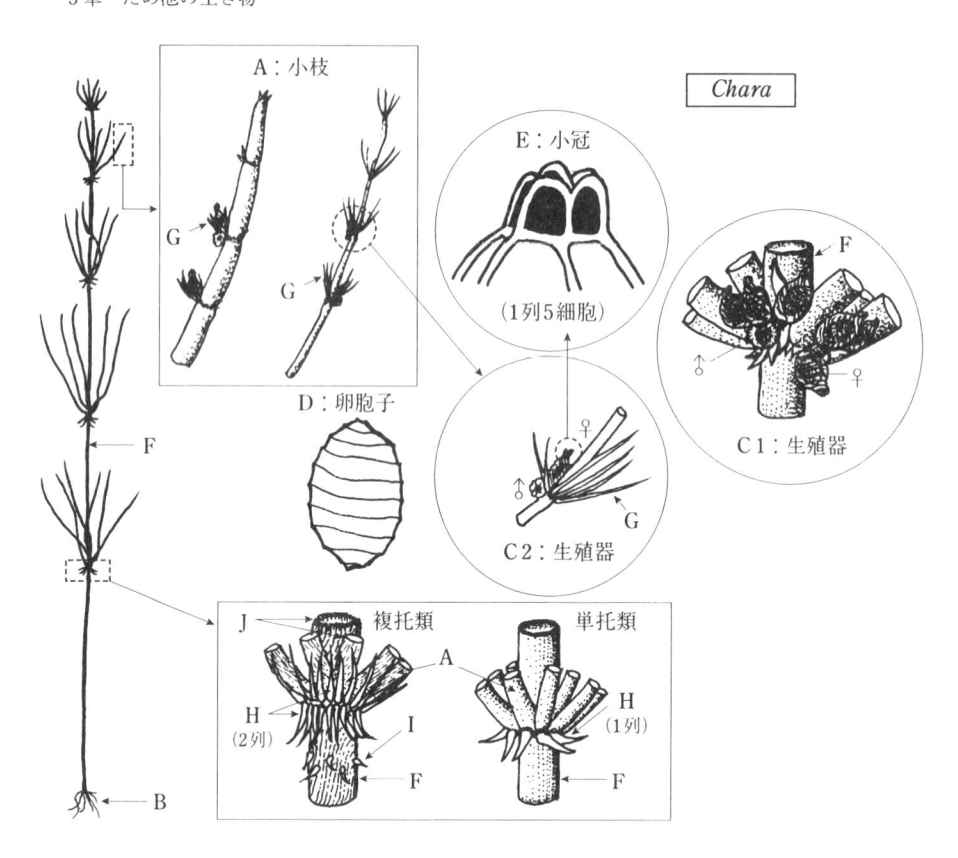

記号	名称	説明
A	小枝	茎から輪生する小枝は、さらに枝分かれしない。節部と節間部とから成る。節部には苞(後述)がある。
B	仮根	倒れたり、切断されたりすると図の位置以外からも出ることがある。
C	生殖器	茎(小枝の基部)C1や小枝の節部C2にできる。雌器(蔵卵器)が雄器(蔵精器)の上に付く。
D	卵胞子	フラスコモ属に比べて細長い(長楕円形)。
E	小冠	雌器の最頂部にある冠状の細胞群。シャジクモ属では1列5細胞。
F	茎(主軸)	節と節間細胞から成る。節間細胞に皮層を持つもの(後述)がある。

.....

記号	名称	説明
G	苞	小枝の節の部分にある棘のような単細胞の器官。(特に生殖器の下部から生じたものを小苞(図3.1.9)という。)
H	托葉冠	輪生小枝の基に輪状に付く棘のような単細胞の器官。図のように上下2列に付くもの(複托類)と1列だけのもの(単托類)とがある。数・長さ・退化的かどうかなどに注目する。フラスコモ属には托葉冠はない。
I	刺細胞	皮層(後述)の節の部分に見られる細胞。棘のようなものから丸みを帯びたものまで形や並び方はいろいろである。
J	皮層	茎や小枝に発達した特殊な細胞。節間細胞と節細胞と刺細胞(前述)とが縦に長く並び、これが横に列を作っている。皮層を持つ種(右下の図左)と持たないもの(同図右)とがある。

図3.1.7 シャジクモ属の特徴

82

1 ため池の植物

Nitella

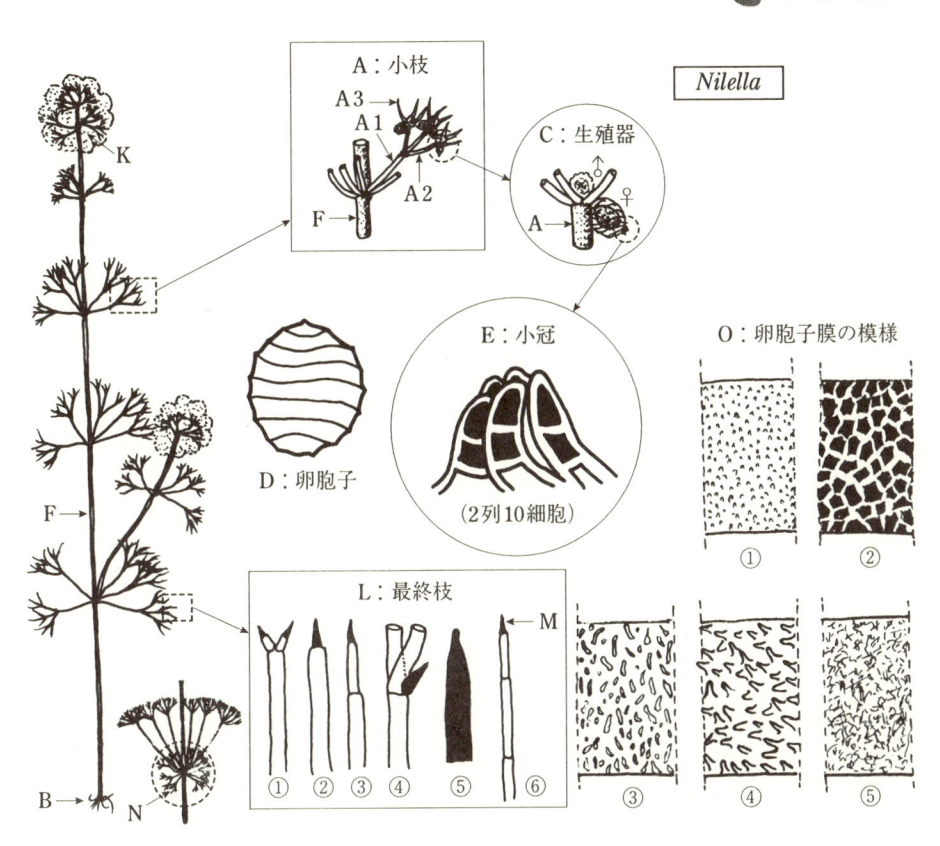

A：小枝
A3
A1
A2
F
C：生殖器
D：卵胞子
E：小冠（2列10細胞）
O：卵胞子膜の模様
① ② ③ ④ ⑤
K
F→
B
N
L：最終枝
① ② ③ ④ ⑤ ⑥
M

A：小枝	茎から輪生する小枝は1回以上必ず分枝（叉状分枝）する。最初に茎から出た枝を第1分射枝(A1)、次に分かれた枝を第2分射枝(A2)、その次を第3分射枝(A3)・第4分射枝という。
B：仮根	シャジクモ属の項参照。
C：生殖器	小枝の節部にできる。雄器（蔵精器）C1が雌器（蔵卵器）C2の上に付く。
D：卵胞子	シャジクモ属よりも円い（楕円形）。卵胞子の膜の模様（後述）。
E：小冠	フラスコモ属では、2列10細胞。
F：茎（主軸）	節と節間細胞とからできている。シャジクモ類のような皮層はない。
K：寒天質	種（例：ハデフラスコモ）によっては、若い部分がぬるぬるした寒天質で包まれているものもある。
L：最終枝	フラスコモ属の小枝の一番先端、分枝した最後の枝のこと（細胞数や長さ、形に注目）。①短い2細胞（短縮性最終枝）、②長い2細胞、③3細胞、④短い棘のようになった1細胞、⑤長い1細胞、⑥4細胞
M：最終細胞	小枝の一番先端（図の黒ぬりの部分）の細胞。終端細胞ともいう。
N：副枝	普通の輪生小枝とは別に、その上・下または両方に付ける、形や大きさの違った輪生小枝（写真3.1.29右）。
O：卵胞子膜の模様	①粒状、②網目状、③虫様状、④乳頭状、⑤繊維状

図3.1.8　フラスコモ属の特徴

3章　ため池の生き物

までいろいろである。また、シャジクモ(*C. braunii*)のように湖・池・水田など生育場所によって大きさが全く異なるものもある。

世界には、314種(R.D. Wood and K. Imahori, 1959)、日本には変種等を含み74種ほど(今堀・加崎、1977)知られている。

❷ 属の種類

シャジクモ科植物は、2亜科(シャジクモ亜科とフラスコモ亜科)に分けられる。シャジクモ亜科はさらにシャジクモ・シラタマモ・ホシツリモ・リクノタムヌスの4属に、フラスコモ亜科はフラスコモ属とトリペラ属に細分される。このうち、リクノタムヌス属とトリペラ属の2属は日本では発見されていない(トリペラ属に近いと考えられる日本産のものには、フラスコモダマシ *N. imahorii* = *Tolypella gracilis* がある)。

以下、表3.1.2にリクノタムヌス属を除いた2亜科5属の特徴を示す。これらのうち、種数が圧倒的に多く、また、ため池に生育するものもシャジクモ属とフラスコモ属であるので、この2属の特徴を改めて図(図3.1.7、図3.1.8)を用いて説明する。

① シャジクモ属の特徴 (図3.1.7)

a．托葉冠(H)が上下2列に輪生するタイプ(複托節)

　茎に皮層(J・図3.1.9 Co)がある。日本産のものは、すべて小枝(A)にも皮層があるが、小枝の基部に皮層のあるもの(例：カタシャジクモ；*C. globularis var. globularis*)と、基部の1節には皮層をもたない不完全なもの(例：ハダシシャジクモ；*C. zeylanica*)とがある。

b．托葉冠(H)が1列に輪生するタイプ(単托節)

　茎にも小枝にも皮層がないもの(例：シャジクモ)と茎には皮層をもつが小枝にはないもの(例：イトシャジクモ；*C. fibrosa subsp. gymnopitys*)とがある。

② フラスコモ属の特徴 (図3.1.8)

a．普通の輪生小枝(A)だけで副枝を作らないタイプ(等枝節)

・最終枝(L)が常に1細胞のもの(単節類)

　分岐した最終のどの枝も1細胞からできている。この仲間は、小枝の分岐回数が少ない傾向がある。小枝が1回しか分枝しないもの(例：オウフラスコモ；*N. flexilis var. longifolia*)は、分岐した枝を見落としたため、シャジクモ属の1種と同定した標本を見たことがある。注意する必要がある。

・最終枝が1～3細胞のもの(異節類)

表3.1.2　シャジクモ科2亜科5属の特徴 (付：和名の由来)

特徴＼属	シャジクモ亜科 Chareae			フラスコモ亜科 Nitelleae	
	シャジクモ Chara	シラタマモ Lamprothamnium	ホシツリモ Nitellopsis	フラスコモ (フラスモ) Nitella	トリペラ Tolypella
小枝の形態	単軸分枝：茎から輪生する小枝は再分岐しない	単軸分枝：結実枝が穂状に分化している	単軸分枝：大型の苞が内向きに付いているため再分枝のように見える	茎から輪生する小枝は再び分岐する	叉状分枝と単軸分枝の中間：通常小枝の中央に主射枝という軸的な枝がある
茎の節間部の皮層	一部の種（裸茎節）を除いて皮層がある	皮層はない	皮層はない	皮層はない	皮層はない
托葉冠	ある（一列上向きまたは二列上下向き）	ある（一列下向き）	ない	ない	ない
苞	ある	ある	ある（大型）	ない	ない
性器の位置	雌器上位	雄器上位	雌雄異株	雄器上位	雄器上位
小冠細胞	一列	一列	一列	上下二列	上下二列
卵胞子	長楕円形	楕円形	長楕円形	楕円形	楕円形
栄養繁殖		白色球状体	星形球状体		
和名(属名)の由来	輪生する小枝が車の車輪に似ているから（車軸藻）	白色の球状体があるから（白球藻）	星形の球状体が釣り下がっているから（星釣藻）	雌器の形が化学実験に使うフラスコに似ているから（フラスコ藻）	

　最終枝が1～3細胞からできているもの(例：ハデフラスコモ；*N. pulchella*)と1～2細胞からできているもの(例：マガリフラスコモ；*N. crispa var. crispa*)とがある。小枝の分岐回数は単節類より多い。

- 最終枝が2細胞またはそれ以上のもの(複節類)

　この仲間は、最終枝が常に2細胞L①②のもの(例：フタマタフラスコモ；*N. furcata var. furcata*)と2～3細胞からなるもの(例：サキボソフラスコモ；*N. mucronata var. mucronata*)、さらに多細胞(3～6細胞)L⑥からできているもの(例：フラスコモダマ

シ；*N. imahorii*)の三つに分けられる。

　その他、短い最終枝(L④)(肉眼では見えない程度、普通1mm以下＝短縮した最終枝という)をもっているか、いないかは重要な基準となる。
b．普通の輪生小枝のほかに副枝を持っているタイプ(異枝節)

　茎から輪生した普通の小枝のほかに、これとは大きさや分枝の状態が異なった特殊な輪生枝(副枝という)(写真3.1.29右、図3.1.8 N)をもったもの(例：オトメフラスコモ；*N. hyalina*)(写真3.1.29)がある。副枝をもつものは少ない。

❸ 生　態
① 生育する水域

輪藻類は湖沼・ため池・水田・灌漑用水路・水田脇の溝・塩水の入り込む池や潟、沼沢地など様々な水環境に生育している。

a．水田・用水・溝

　比較的貧栄養な水域を好むものが多いが、中には富栄養の水域の水田や水田脇の用水に生育するものもある。トガリフラスコモ(*N. acuminata var. subglomerata*)・チャボフラスコモ(*N. acuminata var. capitulifera*)・サキボソフラスコモ・ミゾフラスコモ(*N. oligospira*)・チリフラスコモ(*N. microcarpa*)・フタマタフラスコモ・フラスコモダマシのようなものがそのような場所を好む。

b．湖　沼

　湖沼に生育しているものは、大きな純群落を作り、いわゆるシャジクモ帯を形成するものが多い。オウフラスコモ・ヒメフラスコモ(*N. flexilis var. flexilis*)・オトメフラスコモ(*N. hyalina*)・ホシツリモ(*Nitellopsis obtusa*)・カタシャジクモ・シャジクモ(*C. braunii*)などがこの代表である。

c．汽水域

　塩水の混じった水域に生育するものには次のようなものが知られている。シラタマモ(*Lamprothamnium succinctum*)は日本産唯一のシラタマモ属である。かつては青森県の八郎潟でも見られたが、この地のものは干拓によって絶滅し、今では徳島県牟岐町の海上4kmにある出羽島の大池(海水と淡水の割合が2対1)のものが天然記念物として指定されている。湖沼にも産するオトメフラスコモ・カタシャジクモなども、しばしば海水の混じった水域にも見られ、最近では、北九州市若松区の響灘に面した工業用埋め立て地の一部にできた沼沢地に、たくさん生育していることが報告されてい

る（大野、1998）。

d．ため池

　輪藻類のほとんど種は、ため池などの灌漑用水に生育している。最近、都市周辺のため池は汚物の流入などの影響で富栄養化され、生育できる場所が少なくなってしまった。富栄養でも生育可能なシャジクモ（*C. braunii*）やチリフラスコモ（*N. microcarpa*）など一部のものは別として、これ以外の多くの種を探すためには、水のよく澄んだ池を見つけることがポイントである。

　ため池で比較的よく採集できるものは次のようなものがある。

　ヒメカタシャジクモ（*C. delicatula*）・シャジクモ・オウシャジクモ（*C. corallina*）・ケナガシャジクモ（*C. fibrosa subsp. benthamii*）・イトシャジクモ（*C. fibrosa subsp. gymnopitys*）・トガリフラスコモ（*N. acuminata var. subglomerata*）・ハデフラスコモ（*N. pulchella*）・ナガフラスコモ（*N. orientalis*）・シンフラスコモ（*N. shinii*）・トゲフラスコモ（*N. elegans var. spinosa*）・チビフラスコモ（*N. tenuissima*）・ホンフサフラスコモ（*N. puseudoflabellata var. pseudoflabellata*）・ミノフサフラスコモ（*N. puseudoflabellata var. mucosa*）・ヒナフラスコモ（*N. gracilima var. gracilima*）・ジュズフラスコモ（*N. axillaris*）・ミルフラスコモ（*N. axilliformis*）・レンリフラスコモ（*N. sublucens*）・ナガホノフラスコモ（*N. morongii var. spiciformis*）・ホリカワフラスコモ（*N. elegans horikawae*）・ホソバフラスコモ（*N. graciliformis*）・キヌイトフラスコモ（*N. garacilis*）・サキボソフラスコモ（*N. mucronata var. mucronata*）・キヌフラスコモ（*N. mucronata var. gracilens*）・アメリカフラスモ（*N. megacarpa var. megacarpa*）・チリフラスコモ（*N. microcarpa*）・サカゴフラスコモ（*N. megacarpa*）・ニッポンフラスコモ（*N. megacarpa var. japonica*）・フタマタフラスコモ（*N. furcata var. furcata*）・オニフラスコモ（*N. rigida var. rigida*）・フラスコモダマシ（*N. imahorii*）。

② 季節的消長

多くの種は、春から初夏にかけて卵胞子が発芽する。8月〜9月頃から生殖器が付き始め、10月から11月頃のかけて卵胞子が成熟し、栄養体は枯死する。しかし、湧水のあるところなど条件によっては、元気に冬を越す栄養体を見かけることもある。

　なお、トリペラ属に近いと思われるフラスコモダマシは10月頃卵胞子が発芽、12月頃から生殖器が付き始め、3月〜4月頃卵胞子が成熟、5月〜6月になると栄養体は枯死するという他の輪藻類とは全く反対の生育周期を示す（須賀、1956, 1994）。

3章　ため池の生き物

❹ 採集の方法と標本の作製
① 採集方法

水田・溝・池の岸辺などの浅いところに生えているものは、手で採るのが一番である。よく見ながら状態のよいものを採集するよう心がける。なお、水田などのものは、泥を被っていて、なれないと見つけにくいのでよく注意して探す。

池・湖沼などの深い場所に生えているものについては、適当な採集道具を用意する必要がある。深さや岸辺からの距離によって、いろいろな器具を工夫して作らなければならない。

写真3.1.10は、水深の深い湖沼用(中野治房博士考案・今堀宏三博士改良)に使いやすいように作られた鉄製の錨である。深いところは重いものでないと、付けたロープの浮力で錨が湖底まで届かずに浮き上がってしまう。写真3.1.11は、鉄製のため池用の錨(今堀博士考案)である。以上のものは大変使いやすいが、専門店に特別注文しなければならない。そのため筆者は、卵の泡立て器を錨に改良し、釣具屋で売っている鉛の重りを付けたもの(写真3.1.12)を使っている。深い所で使用するときは重りを付け足せばよい。

以上の錨は、いずれもロープを付けて岸辺から投げて岸辺に引き寄せるか、船を漕ぎながら引っ張るかして、水底に生えている藻体を採集する。

岸辺に比較的近いものは、写真3.1.13のような、釣り竿の先に潮干狩り用の小型熊手を付けたものを使用、藻体を引っかけて引き寄せるとよい。

写真3.1.10　鉄製の深水用錨（湖沼用）　　写真3.1.11　鉄製の浅水用錨（ため池用）

1 ため池の植物

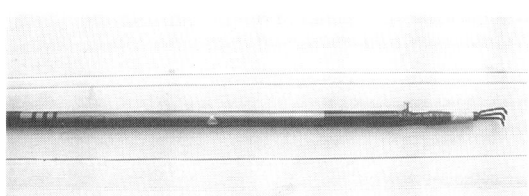

写真3.1.13　釣竿の先に熊手を付けた採集用具

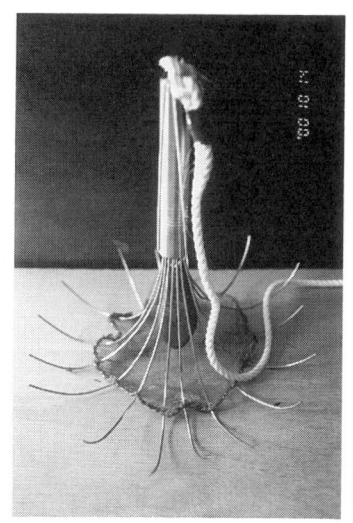

写真3.1.12　泡立て器を改良した錨（ため池用）

写真3.1.14　採集した藻体を入れたビニール袋（息を吹き込みふくらませ、水は入れない）

　なお、湖のような深いところでは、潜水しながら目視で採集する方法も行なわれている。

　採集した藻体は、ビニール袋に入れ、よく水を切り、中に息を吹き込んだ後、袋の口をしっかり結んで持ち帰る（**写真3.1.14**）。水を入れて持ち帰ると、藻体が痛んだり、特に気温の高いときなどは腐敗して、標本としての価値が全くなくなってしまうことがあるので注意したい。

　生のまま標本を送る場合は、上記の袋のまま、段ボール箱等に入れて発送すればよい。

② 採集時期

　採集に当たっては、適当な時期を選ぶことが肝要である。栄養体だけで十分同定できる種もあるが、成熟した生殖器がないと同定できないものも多い。従って、フラスコモダマシを除く多くの種は、卵胞子が成熟する10月〜12月初旬頃をめどに採集するとよい。

3章　ため池の生き物

③ 標本の作り方

　持ち帰った藻体は、よく水で洗いながら、雑物をピンセットや筆(絵筆や書道の筆を利用、毛の柔らかいもの)(写真3.1.15)を使って取り除いてから(写真3.1.16)標本にするように心掛けたい。雑物の多い標本は、同定するときに邪魔になる。

　標本には、乾燥標本と液浸標本とがある。

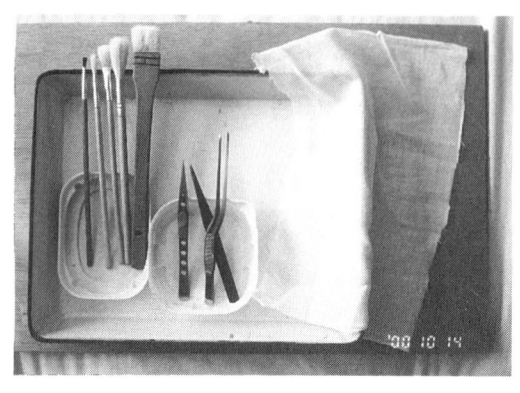

写真3.1.15　藻体に付いた雑物を取り除くための筆、ピンセット、バット、サラシ布など

写真3.1.16　採集した標本に付いている雑物は、筆を使って取り除く

写真3.1.17　水中で台紙の上に藻体を載せ、形を整える

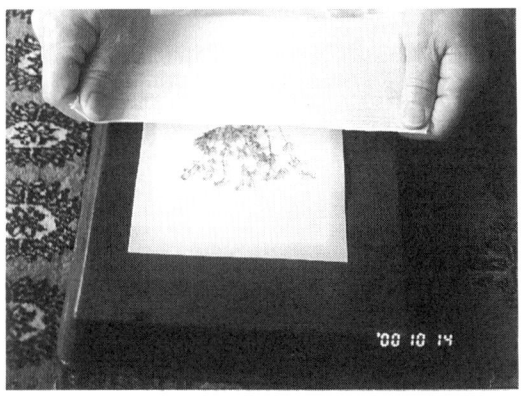

写真3.1.18　藻体の上にサラシ布を被せる

① ため池の植物

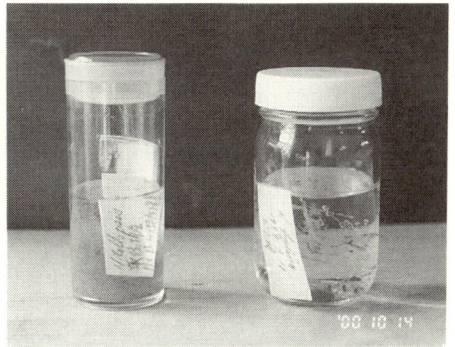

写真3.1.19　サラシを被せた標本は新聞紙に挟み、軽い重しを載せて乾燥させる

写真3.1.20　液浸標本；厚紙に鉛筆で採集地や年月日を書いて入れる

　乾燥標本は海藻標本の要領で作ればよい。すなわち、バットや洗面器などに水を入れ、その中に藻体を浮かす。台紙を水の中に差し入れて、その上に藻体を載せ、形をよく整える。静かに水を切りながら引き上げ(写真3.1.17)、もう一度筆で形を直した後、藻体にサラシまたはガーゼを被せて(写真3.1.18)、新聞紙に挟み、軽い重し(書籍など)を載せて乾燥させる(写真3.1.19)。なお、寒天質(図3.1.8 K、写真3.1.25の2)をもつ種(ハデフラスコモなど)以外は藻体が台紙に貼り付かないので、アラビアゴム糊などを使って貼り付けておくか、適当な大きさのビニール袋に収めておく。

　液浸標本は、雑物を取り除いた藻体をフォルマリンの約4％(原液を約10倍に薄めたもの)を入れた瓶に浸けておくだけでよい。ただしこの場合は、2年に一度くらいはフォルマリンを新しいものと交換する必要がある。たくさん採集したときは液浸の他に、念のため乾燥標本も作っておくとよい。なお、瓶の中には、忘れずに標本番号や採集地、採集年月日などを厚紙(ケント紙)に鉛筆で記入して入れておく(写真3.1.20)。

❺ 同　　定

　同定には、顕微鏡・実体顕微鏡が必要である。目視で全体の様子を観察した後、顕微鏡を使って、以下列記した「同定に必要な観点」の内容(術語など)をよく理解した後、同定に入る。この際、標本に、雑物や他の藻類が付いていると見にくいので、前もってピンセットや筆などを用いて取り除いておくとよい。

3章　ため池の生き物

【シャジクモ属同定の主な観点】（図3.1.7）

- 茎・小枝に皮層があるか、ないか(A・F・J)。
- 茎に刺細胞があるか、ないか。あれば、その形(尖っているか、乳頭状か)と大きさ(I)。
- 托葉冠の数(図3.1.9)が、1節から輪生している小枝と同数か、倍数か。はっきりしているか、痕跡的か(H)。
- 小苞や苞の数(図3.1.9)や雌器と比較した長さ(G)。
- 小枝の1節に付く性器の数と大きさ(C2)。性器が輪生小枝の基部に付くかどうか(C1)。
- 卵胞子の色・大きさ・螺旋縁の数(D)

【フラスコモ属同定の主な観点】（図3.1.8）

- 茎や枝から輪生する小枝の本数、小枝の形(A)。
- 最終枝がいくつの細胞でできているか(細胞数L)。最終枝の形(短縮しているL①か、いないL②③⑥か)。
- 最終細胞の形や大きさ(M)。
- 茎から出た最初の枝(第1分射枝)(A1)の長さとと分射枝全体の長さとの割合。
- 輪生する小枝が何回分枝するか(分枝回数)(A)。
- 性器(生殖器)が、小枝のいくつめの分岐点に着くか。雌雄が同じ場所に着くのか、別々に着くのか(C・写真3.1.28の2・3)。
- 雌雄異株かどうか。
- 体の一部が寒天質で覆われている(K)か、いないか。
- 卵胞子の大きさ、色、螺旋縁の数(D)、皮膜の模様(粒状O①・網目状O②・虫様状O③・乳頭状O④・繊維状等O⑤)。

　卵胞子膜の模様(図3.1.8 O、写真3.1.21)を観察するには、成熟した卵胞子(写真3.1.22 A)をスライドグラスに載せ、水を加えた後、カバーグラスをかけ、その上から指で押しつぶす(写真3.1.22 B)。さらに、カバーグラスを回転するように動かしたり、上げ下げすると、卵胞子の中の澱粉粒(写真3.1.22 B →印の白く見えるもの)が追い出される(写真3.1.22 C)。これを低倍率の顕微鏡下で確認した後、倍率をできるだけ上げて観察(写真3.1.21)する。この際、ピントを上に合わすか下に合わすかで模様が異

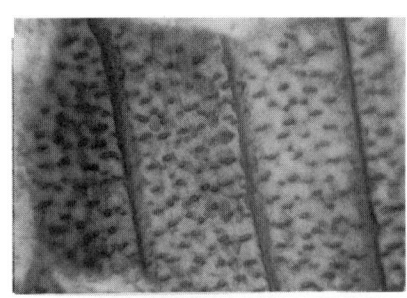

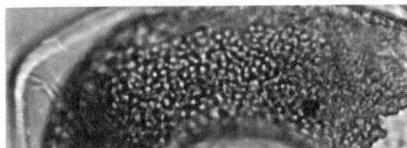

1 ため池の植物

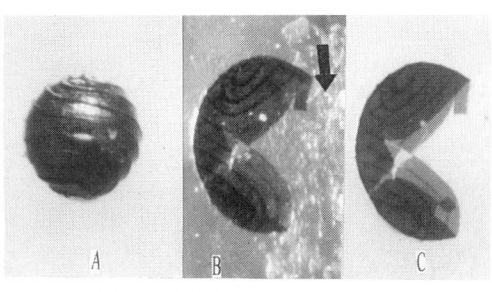

A：成熟した卵胞子
B：押し潰したところ（澱粉粒が見える）
C：卵胞子内の澱粉粒を追い出したところ
写真3.1.22　卵胞子はスライドグラスに載せ潰す

写真3.1.21　卵胞子膜の例
（上：虫様状、下：網目状）

なって見える種（例：アメリカフラスコモ等）もあるので注意する。

　同定のための文献は日本淡水藻図鑑の輪藻綱（今堀・加崎、1977）（写真3.1.19）がよい。これには、日本産輪藻類のほとんどの種の記載文と図ならびに検索表がでているので大変重宝である。また、日本産輪藻類総説（今堀、1954）も英和対訳術語解説などがあり貴重な文献ではあるが、今では手に入れにくい。なお、輪藻類の概要を知るには、現代生物学大系⑤下等植物（今堀、1966）やシャジクモの分類と生活史（加崎、1978）などが参考になる。その他、101頁に挙げた文献を参照するとよい。

　以下、写真3.1.23～29および図3.1.9に、主な種とその特徴を記す。

3章　ため池の生き物

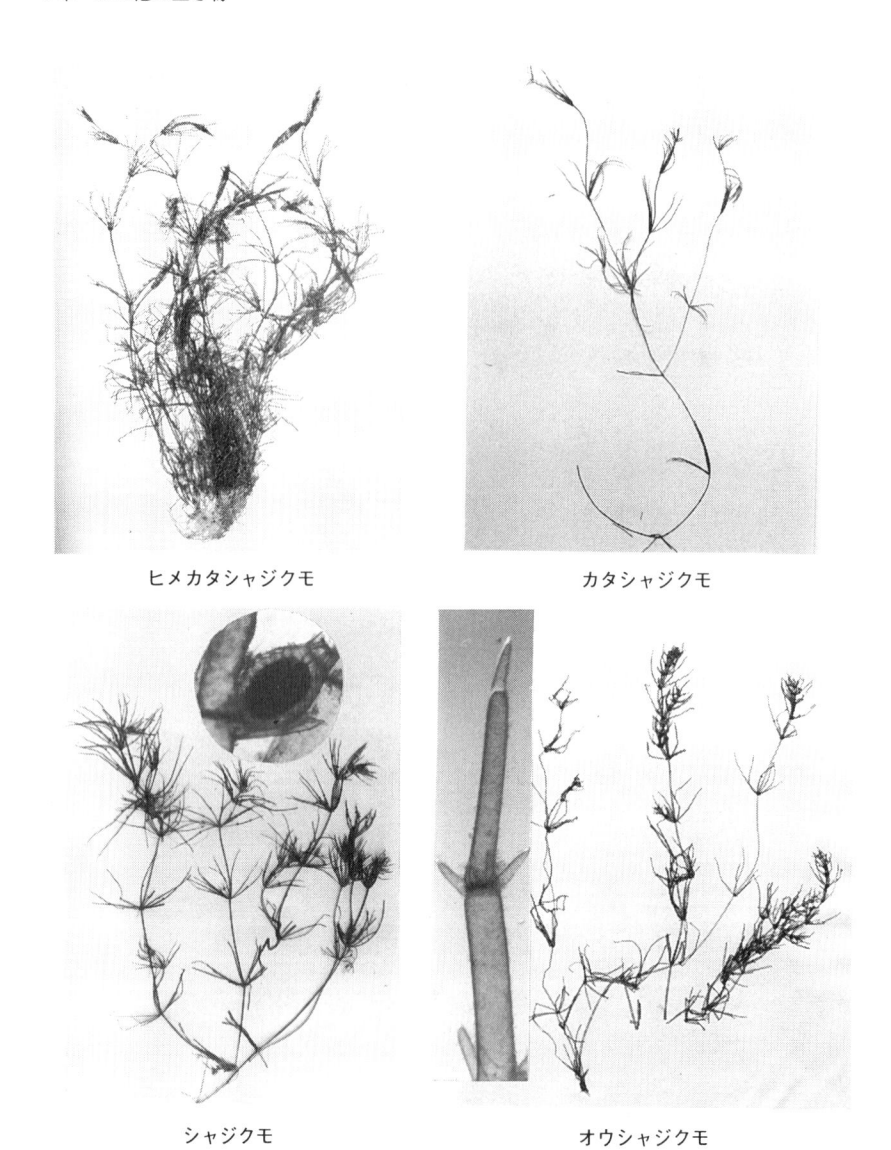

　　　ヒメカタシャジクモ　　　　　　　　　カタシャジクモ

　　　　シャジクモ　　　　　　　　　　　オウシャジクモ

ヒメカタシャジクモ：上下2列の托葉冠の下のものが退化的である。茎には皮層がある。
カタシャジクモ：ヒメカタシャジクモによく似ているが、托葉冠は上下とも退化的で棘状ではない。前種とともに池には比較的少ない種である。
シャジクモ：あらゆる水域に見られる。茎にも小枝にも皮層はない。
オウシャジクモ：シャジクモに似る。皮層なし。性器が小枝の基(小枝が茎から分岐するところ(図3.1.7のC1参照))にも付くこと、小枝の最終の部分が普通2〜3細胞からできていて、末端部がシャジクモのように冠状にならず、尖っていること(写真左)などが特徴。

写真3.1.23

1 ため池の植物

イトシャジクモ

オウフラスコモ

チャボフラスコモ

シンフラスコモ

イトシャジクモ：ケナガシャジクモ (図3.1.9) に似ているが、托葉冠がケナガシャジクモより多く、小枝の約2倍あることで見分けられる。
オウフラスコモ：小枝が1回しか分枝しないので、慣れない中は「分枝しない」とみて「シャジクモの一種」とする人がある。湖沼では1m近くにもなるが、写真のようなため池産のものは一般に貧弱で30cm前後である。小枝の長さは節間細胞よりも長い。
チャボフラスコモ：小枝は1回だけ分枝、第2分射枝は1細胞である。前種の最終細胞が急に尖っているのに対し本種は徐々に尖っている。トガリフラスコモに似ているが、本種の卵胞子膜は平滑で、特別な模様が見られないので区別できる。
シンフラスコモ：最終枝は2〜3細胞のものが多いが、よく観察すると棘のような短い1細胞の最終枝 (図3.1.8 L④) が見付かる。小枝は2〜3回分枝、性器は各節に付く。

写真3.1.24

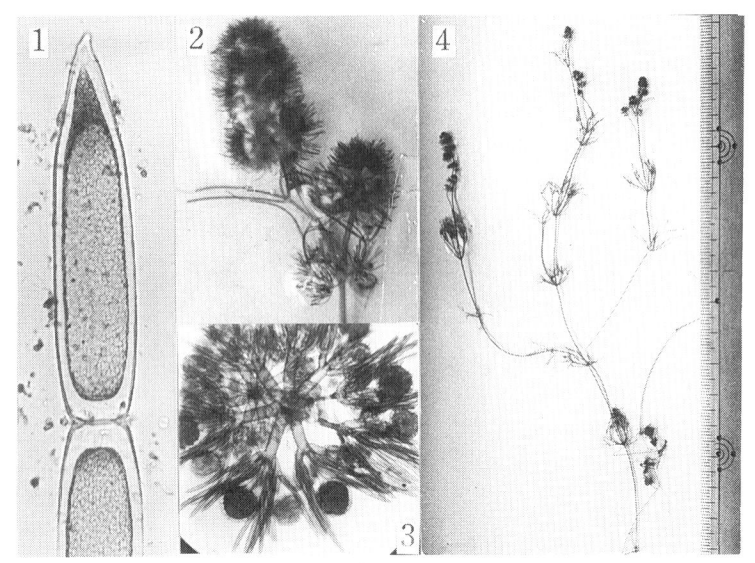

3章 ため池の生き物

ハデフラスコモ

ナガフラスコモ 　　　　　　　　チビフラスコモ

ハデフラスコモ：最終枝は1～3細胞。ソーセージ状の特異な最終細胞や寒天質を付けた丸っこい結実枝、その中に見られるオレンジ色で長い柄を持つ派手な雄器など多くの特徴をもっていて野外でも見分けられる。第1分射枝が他の分射枝に比べて長く太い。(1：ソーセージ状の最終細胞、2：寒天質を付けた結実枝、3：雄器の集まり、4：全形)

ナガフラスコモ：生の時、藻体を触ると、シャリシャリとした感触がある。最終枝は普通2細胞のようであるが、よく観察すると棘のような短い1細胞もある。3～5(7)回も分枝を繰り返すので、枝の先が不揃いに見える。

チビフラスコモ：最終枝の細胞数は常に2個。藻体は小さく10cm位まで。イトフラスコモと似ているが、卵胞子の膜の模様(本種は虫様状・イトフラスコモは網目状)で区別できる。

写真3.1.25

1 ため池の植物

ミゾフラスコモ

フタマタフラスコモ

ホンフサフラスコモ

ミノフサフラスコモ

ミゾフラスコモ：最終枝の細胞数は常に2個。名前の通り溝や水田に多い。チリフラスコモも溝に多く、外見もよく似ているが、最終枝の細胞数が2～3個なので区別できる。

フタマタフラスコモ：本種も溝などに生育することが多く、外見上も前種によく似ていて野外では区別できない。また、最終枝の細胞数も2個である。しかし、本種では1節に2個以上の雌器を付けるので区別できる。

ホンフサフラスコモ：鮮やかな緑色をしていて、池の底に群生することが多い。本種も最終枝の細胞数は常に2個。また、最終枝はどれも長い。卵胞子膜の模様は虫様状である。藻体が寒天質で被われることはない。

ミノフサフラスコモ：最終枝の細胞数は常に2個で、外見的に前種に似ているが、本種は藻体の若い部分が寒天質で被われる特徴がある。前種同様池底に群生することが多い。

写真3.1.26

3章　ため池の生き物

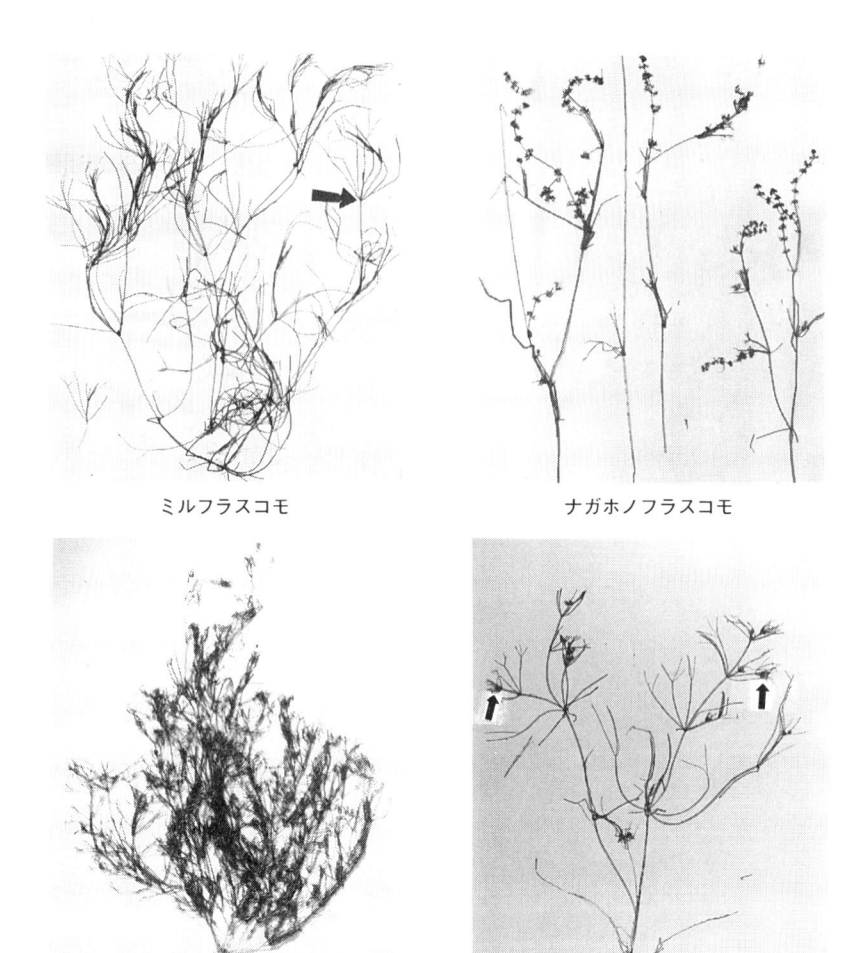

ミルフラスコモ　　　　　　　　　　　　ナガホノフラスコモ

キヌイトフラスコモ　　　　　　　　　　サキボソフラスコモ

ミルフラスコモ：最終枝の細胞数は常に2個である。また分射枝は、性器を付ける枝(結実枝)と付けない
　枝(不結実枝)とに分化している。結実枝は不結実枝の基部(→印)に小さく集合して付く。ジュズフラ
　スコモ・レンリフラスコモは外見上よく似ているが、本種は不結実枝の第2分射枝が他の2種に比べて
　長いので区別できる。
ナガホノフラスコモ：最終枝の細胞数は2個、結実枝が穂状となっていて、不結実枝とははっきり区別で
　きる(写真は最盛期を過ぎたもので、不結実枝がほとんど取れてしまったもの、穂状の結実枝はよく分
　かる)。本種は雌器が群生することがあるが、よく似たナガホノコフラスコモは群生しない。
キヌイトフラスコモ：藻体は比較的大きく(30 cm前後)なる割には弱々しい感じがする。最終枝は細長く
　2～3細胞からできている。外見上ホソバフラスコモに似ているが、卵胞子膜の模様(本種は粒状、ホソ
　バは網状)で区別できる。
サキボソフラスコモ：最終枝は2～3細胞から成る。最終細胞の下端が、その前の細胞の上端の幅の1/3
　以下という特徴(細くて小さい；サキボソの名の由来)がある。卵胞子に顕著な螺旋縁がある。結実枝
　(→印)は小さく頭状に付く。

写真3.1.27

1 ため池の植物

チリフラスコモ

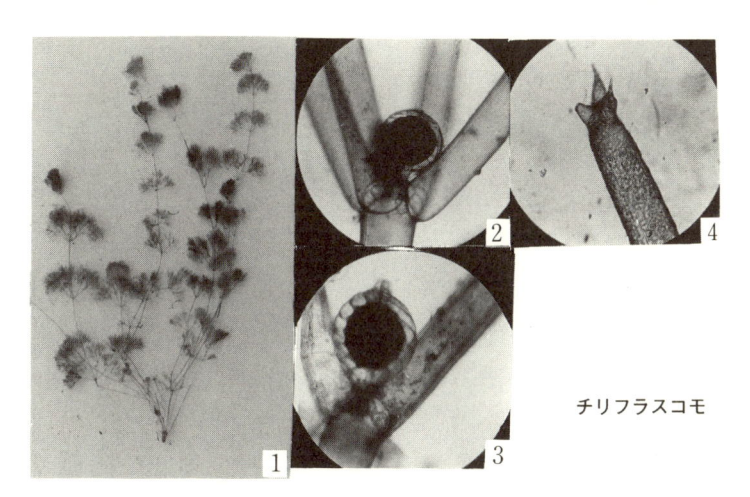

アメリカフラスコモ　　　　　　　　フラスコモダマシ

チリフラスコモ：最終枝は2〜3細胞から成り、短縮したものもある。フォルマリン漬けにすると、小枝が分散してちりぢりになることから和名が付けられた(今堀、1954)。雌器は普通は群生、稀には写真のように単生する。卵胞子の長さは次種より小さく(210〜330μ)、膜の模様は網目状である。池にはほとんど見られず、用水・水田等に多い。(1：全形、2：雄器、3：雌器、4：短縮した最終枝)

アメリカフラスコモ：最終枝の細胞数は2〜3個。生育場所は前種と同じ。前種同様、小枝が落ちやすく、そのため写真のように下方の枝が疎らになっていることが多い。卵胞子の長さは前種より大きく400〜450μ、模様は顕微鏡の焦点次第で粒状にも網目状にも見える。

フラスコモダマシ：最終枝の細胞数は3〜6細胞。結実枝は不結実枝の基部に付き、小さく、寒天質で被われている。不結実枝の中には分枝しないものがあり、4〜6細胞からできている。また、最終の分射枝のうちの1本(中央分射枝)は、他の分射枝(側生分射枝)より太めで長い。卵胞子膜は繊維状であるが、顕微鏡の倍率が低いとよく分からない。冬季に成熟した個体が採集でき、水田に張った氷の中から採集したこともある。

写真3.1.28

3章　ため池の生き物

オトメフラスコモ

オトメフラスコモ（副枝）

オトメフラスコモ：普通の小枝の基部（茎の節部）に副枝（図3.1.8 N）という小型の付属小枝（写真右→印）を輪生する様子は日本産の他のフラスコモには見られない特徴であり、同定は容易である。湖や干拓地の塩分を含む池などに生育し、普通のため池では見ていない。

写真3.1.29

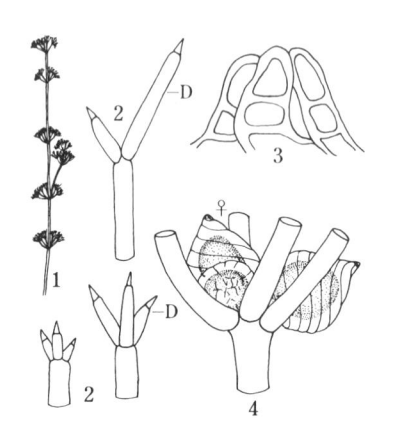

フタマタフラスコモ

ケナガシャジクモ

フタマタフラスコモ：前出（写真3.1.26）
1：全形、2：最終枝（D）、3：小冠、4：小枝の分岐部に付いた雌雄生殖器

ケナガシャジクモ：藻体全体の形はイトシャジクモ（写真3.1.24）と全く変わらない。しかし、托葉冠の数が、小枝の数とほぼ同数であることから、イトシャジクモと区別することができる。
1：小枝の節部に付いた雌雄生殖器と苞（B）・小苞（Be）、2：茎から輪生する小枝（Br）・托葉冠（St）と刺細胞（Sp）・皮層（Co）　3：卵胞子　4：小冠　5：茎の断面

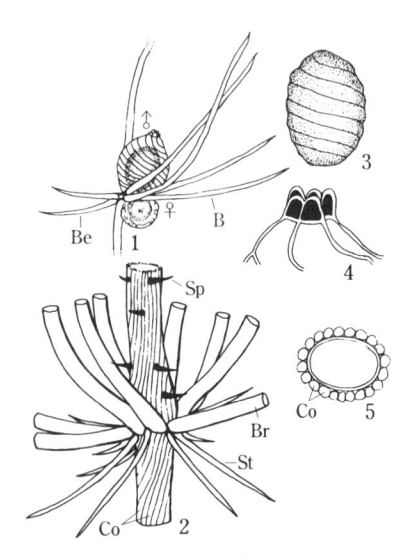

図3.1.9

引用・参考文献

Smith, G.M.（1950）：The fresh-water algae of the united statutes. McGraw-hill Book Company, INC.
広瀬弘幸（1959）：Charophyceae 輪藻綱、藻類学総説、pp.503-506、内田老鶴圃
今堀宏三（1954）：日本産輪藻類総説、pp.1-234、金沢大学理学部植物学教室
今堀宏三（1955）：シャジクモの採集と鑑定のてびき、藻類、pp.3-3
今堀宏三（1966）：輪藻植物門（Divison Charophyta）、現代生物学大系⑤ 下等生物、**A**, pp.225-247、中山書店
今堀宏三（1979）：静岡県の輪藻類、静岡県の生物、pp.209-215、日本生物教育会静岡支部
今堀宏三・加崎英男（1977）：輪藻綱、日本淡水藻図鑑、pp.761-829、内田老鶴圃新社
加崎英男（1958）：千葉県下の車軸藻類について、千葉県植物誌、pp.241-264、千葉県生物学会
加崎英男（1978）：シャジクモの分類と生活史、遺伝、**32**(8), 4-10、裳華房
Kasaki, H.（1964）：The charophyta from lakes of Japan. The journal of the Hattori Botanical Laboratory, No.27, pp.217-314、服部植物研究所
加藤　毅（1966）：福井県の輪藻類、福井県の生物、pp.31-55、福井県教育研究会理科部会
牧野富太郎（1916）：ふらすもハ須ラクふらすこもト改ムベシ、植物研究雑誌、**1**(2), 35
中野治房（1933）：植物生理及生態学実験法、pp.518-520、裳華房
大野睦子（1998）：北九州の水辺に生きる植物たち－埋め立て地の植物１、わたしたちの自然史、第64号、pp.1-9、北九州自然史友の会
須賀瑛文（1956）：愛知県における *Tolypella gracilis* Imahori（Charophyta）について、植物研究雑誌 **31**(9), pp.262-265
須賀瑛文（1962）：愛知県産輪藻類について、植物研究雑誌、**37**(3), 65-74
須賀瑛文（1971）：愛知県の輪藻類、愛知の植物、pp.191-203、愛知県高等学校生物教育研究会
須賀瑛文（1983）：ジュズシャジクモ沖縄県で発見、植物地理分類研究、**31**(1), 21
須賀瑛文（1994）：ため池の環境と輪藻類、身近な水辺－ため池の自然学入門、pp.109-115、合同出版
Wood, R.D. and Imahori, K.（1959）：Geographical distribution of Characeae. Bulletin of the Torrey Botanical Club., **86**(3), 172-183
上野益三（1973）：輪藻植物 *Charophyta*、日本淡水生物学、pp.106-112、図鑑の北隆館

（須賀　瑛文）

3章　ため池の生き物

2 ため池の動物

2.1 淡水海綿類

❶ 淡水海綿とは

　淡水海綿はその名が示すように、淡水に生息する海綿動物である。では海綿とはどのような動物であるかを簡単に説明すると、岩石や沈水木などの安定した基質に固着して生活し、体の仕組みは多細胞動物のなかでも最も簡単な仲間に属する（図3.2.1）。器官はなく、上皮組織とその内部の組織（中膠）からなり、筋肉組織も神経組織ももっていない。小孔からまわりの水と共に餌となる細菌などの微生物や有機物などを取り入れ、老廃物は水と共に大孔から排出するのである。水の流れはベン毛室のベン毛の動きによって引き起こされる。体は長さが1mmにも満たない針状の微小な骨片の束からな

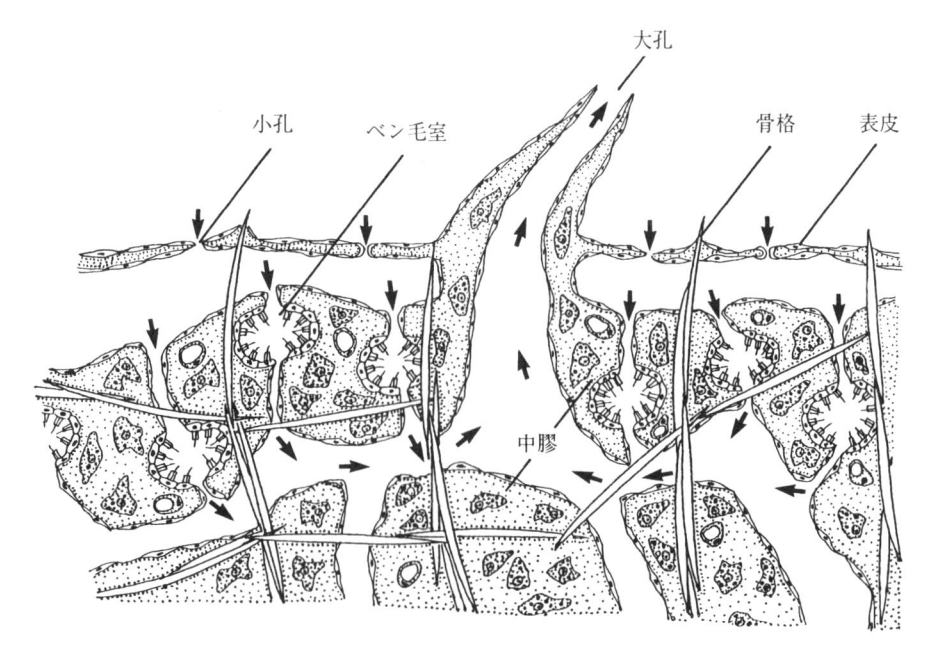

図3.2.1　淡水海綿の構造の模式図（矢印は水の流れ）

る骨格によって支えられている。

　淡水に生息する海綿は海産のものに比べるとはるかに種数は少なく、色も多様性に乏しい。体の形は多くのものが不定形で、生息地の水の流速や基質の形にも左右される。体色は色素細胞をもたないので回りの水の汚れ、すなわち取り込んだものの色に影響されることが多い。しかし緑色のものの多くは緑藻を共生藻として体内にとりこんだ結果の色である。このように淡水海綿は外見からは種による特徴が少なく、現場で出会っても専門家でも種名を答えることが難しい動物である。

　日本産の淡水海綿は湖、河川、ため池などに生息している。しかし流れの速い河川には流れの強さに耐えられる体の構造を持っていないため生息することができない。体を支えている骨格は海産の多くのものに比べるとその構造はもろく、弱く、また柔らかいものが多い。

　淡水海綿が固着する基質は止水域の場合、形を維持した構造物ならすべてといっていいほどである。すなわち岩石や石はもちろんのこと沈木、杭、浮木そして人工物のコンクリート、ロープや水に浸かった古タイヤ、発泡スチロール、ガラスビンや空き缶の表面にも固着し生活している。

❷ 生 活 史

　淡水海綿は有性生殖と無性生殖の両方を行なう（図3.2.2）。すなわち卵と精子による有性生殖と、もう一つは出芽とよばれる無性生殖の方法である。有性生殖は海綿の成長が盛んな6月から8月頃にかけて行なわれる。体内で卵が受精・卵割後、幼生となり、幼生は親海綿から離れて遊泳後、別の場所に付着し、変態して新しい海綿となる。

　無性生殖の出芽のひとつに、芽球（がきゅう）とよばれる耐性芽により子孫を増やす方法がある。この方法は海産の海綿にはほとんどみられず、淡水海綿の大きな特徴となっている。淡水は海水よりも凍りやすく、またpHなどの水質も不安定である。また淡水生物のうち特に固着性の動物の生息場所は乾燥という危険にもさらされる。そのような厳しい環境下で生き延び、淡水海綿が子孫繁栄をするために獲得したものがこの芽球である。芽球の中の細胞群は長期間の凍結や乾燥にも耐えうることができる。そして環境が好転すると芽球から発芽した細胞群は新しい海綿を形成するのである。

　芽球は直径約0.2～0.6mmの球形状で体内に数多く作られる。その形成時期は環境条件が海綿にとって悪くなる頃である。すなわち乾燥や凍結の危険性が訪ずれる前に芽球は完成していなければいけない。多くの種では水温が下がり始める秋口頃には芽球形成

3章 ため池の生き物

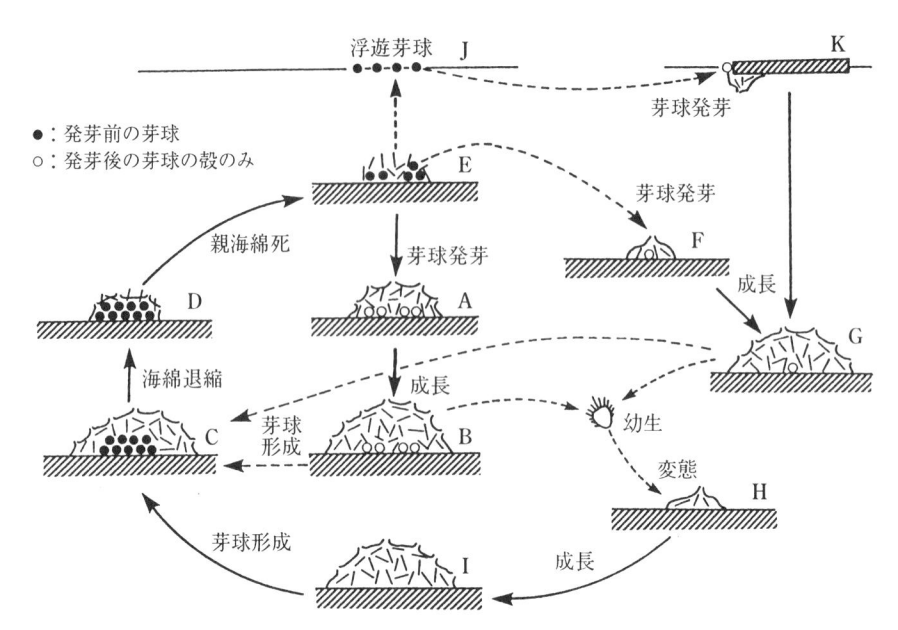

図3.2.2 休眠性の芽球を作る淡水海綿の生活環 （益田、1994より）

A：水温上昇と共に芽球が発芽し、新しい海綿を作る（春）、B：有性生殖により幼生放出（6月頃から）、C：水温低下する頃から芽球を作りはじめる、D：親の海綿は退縮を始める、E：親の海綿は死に、骨格の中に芽球が残る（冬）、F：水流などで離れた芽球が他所で発芽する、G：有性生殖により生じた幼生を放出する、H：幼生は付着し変態後、新しい海綿を作る、I：幼生由来の海綿が成長する、J：水位が下がり、乾燥した芽球は物理的な他力で離れると浮く、K：岸や浮遊物に付着し、発芽する（春）。

がみられる。そして芽球が作られた後、水温がさらに低下し始めると親の海綿の体は退縮をして、最後には多くの芽球を骨格の間に残して死ぬのである。従って多くの淡水海綿の寿命は1年以内ということになる。

骨格の間に残された芽球は翌春の水温上昇時まで骨格内に残されたまま留まり、そこで発芽するものもある。しかし多くは波の力などで骨格からはずれて落ちるか、または冬季は水位が減少し水面上にでて乾燥することも多い。その後、風雨などの力で骨格から離散した芽球は水の力で他所へと流れていくのである。特に一度乾燥した芽球は芽球の殻の中に空気を含み、再度、水に浸かっても沈まなくなる。このように水面上を漂っている芽球は浮遊芽球とよばれ、遠くまで水の流れに乗って運ばれるのである。このように芽球が元の親の場所から離れていくことは、新しい生息地を求めて種の分布を広げる意味を持っている。

芽球は発芽の性質から休眠性芽球と非休眠性芽球の2種類に分けることができ、種に

よってそれぞれ異なっている。休眠性芽球とは芽球形成後、一定期間の休眠を経た後、初めて発芽可能となる芽球で、多くは冬季がその休眠期間である。非休眠性芽球とは休眠期間を経なくとも親の体から離れると適度の水温さえあれば発芽可能な芽球である。後者の芽球を形成する種は少ないが、これらの種は冬季に退縮しても死滅せず、越冬していることがある。もし非休眠性の芽球を持つ親海綿が冬季に低水温のため死ぬのであれば、仮に芽球を形成していても正常な発芽時期以前の水温上昇時に芽球は発芽してしまい、新海綿となったとしてもその後の低水温により死んでしまい種を維持できなくなる。従ってこれらの種は冬季の低水温にも耐え、一部は越冬しているのである。

❸ 淡水海綿の種類

　海産の海綿は記載されている数だけでも5,000種以上あり、今後もっと増えると予想されている。淡水海綿は世界中で100種を少し越えるほどしか報告されていない。また淡水海綿の場合、世界共通種が多く、これは前述したように芽球がさまざまな方法で各地に運ばれ、生息域を広げた結果である。日本には表3.2.1に示すように、11属25種が報告されている。種の決め手は、骨片の形、特に芽球の殻を支えている芽球骨片と芽球の殻の構造にある。日本産25種のうち、ため池から確認されている種はヌマカイメン、ヨワカイメン、エンスイカイメン、シナカイメン、リュウコカイメン、アナンデルカイメン、センダイカイメン、フンカコウカイメン、ホウザワカイメン、カワカイメン、ミュラーカイメン、ジーカイメン、ミマサカジーカイメン、カワムラカイメン、ジャワカイメン、マツモトカイメンの8属16種である。その他の種は湖や河川から確認されている種である。

　ため池に生息する種はすべて芽球を作る。これはため池という環境は湖や河川に比べると、乾燥や凍結の危険性が高いなど環境条件が安定していないためと考えられる。琵琶湖のヤワカイメンや阿寒湖のアカンコカイメンは芽球を作らない。また琵琶湖の場合、浅い所に生息するヌマカイメンは芽球を作るのに対し、深い所のものは芽球を形成しない。これは水深の深い生息場所は乾燥や凍結の危険性もなく、芽球を形成する必要がないのであろう。ちなみに淡水海綿の固有種が多く、その量も豊富なところで知られるバイカル湖の場合、水量や水深など海と似た環境である。そのためごく水面近く以外は乾燥や凍結の危険性がないため、それより深いところにしか生息していないすべての固有種は芽球を形成しない。湖や河川には多く、ため池には少ないか、みられない種類もある。それはそれぞれの種が要求する生息条件の違いと考えられる。例えば河川や湖の場

3章　ため池の生き物

表3.2.1　日本産淡水海綿リスト（11属25種）

I.	ヌマカイメン属	Genus *Spongilla* （Lamarck, 1816）
	1）ヌマカイメン	*S. lacustris* （Linnaeus, 1758）*
	2）シカリベツカイメン	*S. shikaribensis*　Sasaki, 1934
	3）シロカイメン	*S. alba*　Carter, 1849
	4）オオツカイメン	*S. inarmata*　Annandale, 1918
II.	ヤワカイメン属	Genus *Stratospongilla*　Annandale, 1909
	5）ヤワカイメン	*S. clementis* （Annandale, 1909）
	6）アカンコカイメン	*S. akamensis* （Sasaki, 1934）
III.	ヨワカイメン属	Genus *Eunapius*　Gray, 1867
	7）ヨワカイメン	*E. fragilis* （Leidy, 1851）*
	8）エンスイカイメン	*E. coniferus* （Annandale, 1916）
	9）シナカイメン	*E. sinensis* （Annandale, 1910）*
	10）リュウコカイメン	*E. ryuensis* （Sasaki, 1970）*
IV.	ホウシャカイメン属	Genus *Radiospongilla*　Penney and Racek, 1968
	11）アナンデルカイメン	*R. cerebellata* （Bowerbank, 1863）*
	12）センダイカイメン	*R. sendai* （Sasaki, 1936）*
	13）フンカコウカイメン	*R. crateriformis* （Potts, 1882）*
	14）ホウザワカイメン	*R. hozawai* （Sasaki, 1936）*
V.	カワカイメン属	Genus *Ephydatia*　Lamouroux, 1816
	15）カワカイメン	*E. fluviatilis* （Linnaeus, 1758）*
	16）ゴウカワカイメン	*E. fortis*　Weltner, 1895
	17）ミュラーカイメン	*E. muelleri* （Lieberkühn, 1855）*
VI.	ジーカイメン属	Genus *Trochospongilla*　Vejdovsky, 1883
	18）ジーカイメン	*T. phillottiana*　Annandale, 1907*
	19）ミマサカジーカイメン	*Trochospongilla* sp.*
	20）ツツミカイメン	*T. latouchiana*　Annandale, 1907
VII.	カワムラカイメン属	Genus *Heteromeyenia*　Potts, 1881
	21）カワムラカイメン	*H. stepanowii* （Dybowsky, 1884）*
VIII.	ハケカイメン属	Genus *Pectispongilla*　Annandale, 1909
	22）ハケカイメン	*P. subspinosa*　Annandale, 1909
IX.	ジャワカイメン属	Genus *Umborotula*　Penney and Racek, 1968
	23）ジャワカイメン	*U. bogorensis* （Weber, 1890）*
X.	異形盤属	Genus *Heterorotula*　Penny and Racek, 1968
	24）マツモトカイメン	*H. multidentata* （Weltner, 1895）*
XI.	ヨコトネカイメン属	Genus *Sanidastra*　Volkmer and Watanabe, 1983
	25）ヨコトネカイメン	*S. yokotonensis*　Volkmer and Watanabe, 1983

*印は、ため池から記録あり。

合、溶存酸素量は多くのため池に比べ高いのが普通であり、河川のみに生息している種はもしかすると酸素要求量が高いのかもしれない。

❹ 日本に広く分布する淡水海綿

　北海道、本州、四国、九州のいずれからも報告されている種はヌマカイメン、ヨワカイメン、カワカイメン、ミュラーカイメン、カワムラカイメンの5種である。しかしこれらのうちヌマカイメンは中国、四国、九州地方からの記録は少なく、北方種といえる。逆に北海道からの記録のないものはアナンデルカイメン、センダイカイメン、フンカコウカイメンの3種である。センダイカイメンは日本以外からは朝鮮半島からの記録のみであるが、アナンデルカイメンとフンカコウカイメンは台湾以南からも記録されていることより南方種といえる。

　その他のヨワカイメン、カワカイメン、ミュラーカイメンは北半球に広く分布がみられるものである。

❺ 生息記録の少ない淡水海綿

　ため池での生息記録の少ない種類をあげてみる。ホウザワカイメンは宮城県、三重県、京都府の2県、1府のみ、ジャワカイメンは福岡県、佐賀県、大分県、香川県、岡山県の5県からのみでそれぞれの県内でも確認地点数は少ない。リュウコカイメンは岡山県と香川県のみだが、両県内の確認地点数はそれほど少ないとはいえない。またエンスイカイメンも福岡県、岡山県、香川県、茨城県の4県と少ないが、リュウコカイメンと同様に岡山県と香川県の確認地点数は少ないとはいえない。従って、この2種の生息はこれからの調査しだいでは他県からも報告されると考えられる。日本のため池からは生息記録がないが、ため池近くの水路を含めると少ないながら記録されている種類は、ハケカイメンが福岡県のみの1県、ツツミカイメンが滋賀県と岡山県の2県だけである。しかしこの2種は台湾ではため池から記録されているので、今後日本のため池からも報告される可能性がある。

❻ 淡水海綿の分布の変化

　淡水海綿は固着生活をする動物なので、自らの力で移動することができるのは幼生の時のわずかな距離のみである。従って大きな生息域の新たな拡大のほとんどは芽球によるものである。すなわち芽球が水の流れによって運ばれる場合や、芽球が他のものと一

緒に他の水域に運ばれる場合である。これは少し古くからの例としては漁業用の淡水魚の放流、例えば琵琶湖の稚アユを他の河川へ放流することなどで、芽球が稚アユと共に運ばれる場合が考えられる。また最近では河川・湖やため池などの土木工事により、芽球が土砂と共にまた工事機器に付いて他の水域に運ばれる場合も考えられる。

　生息域の縮小は水質の変化が大きな原因となっている。すなわち近年の家庭雑排水、近くの工場からの流入水や耕作地からの農薬や肥料を含んだ流入水により水質が変化し、海綿の生息に適さなくなると生息域は縮小される。海綿はある程度富栄養化した水域にも生息するが、過度に富栄養化した水域には溶存酸素の不足などで生息不可能となる。

　岡山県のため池における淡水海綿の分布調査において約10年前と今日の分布を比べてみた。その結果、ため池には以前にはみられなかったカワカイメンとマツモトカイメンの確認ため池数が大きく増加していた。これは芽球による自然な分布拡大だけでは説明できず、人為的な力によるものであると考えている。すなわちヒトが芽球を無意識に運んでいるのである。最近の釣りブームにより、ほとんどのため池にブラックバスやブルーギルの姿をみかける。これは人間が両種を放流してきた結果である。他所へ放流する際、魚はため池の岸辺の水とともに運ばれる。その時の水の中には芽球をはじめ苔虫類のスタトブラストや微生物などが含まれていて、人間は無意識にそれらも一緒に放流しているのである。

　逆に10年前にはそのため池の代表種として多く生息していたある種がまったく確認できなくなり、代表種が他の種に変わってしまったため池もある。そしてその近くには団地が造成され、生活水の流入がみられることも多い。

　このような分布の人為的な拡大や縮小の組みわせによる生息状況の変化を如何に考えていけばよいのだろうか。この問題は淡水海綿にかぎらず、他の生物においても同じことが言える。ある区域の生物相を人為的な行為で豊かにできれるのならばともかく、逆に貧しくすることは避けるべきである。ため池のように個々の区域面積が小さいところでは他生物の侵入は現存の生物相に大きな影響を与える。淡水海綿をはじめ人々の注目を浴びることなくひっそりと生息している生物にも温かい目を向けてやって欲しい。

引用・参考文献

Masuda, Y. (1990): Electron Microscopic Study on the Zoochlorellae of Some Freshwater Sponges. In: Ruetzler K. (ed.) New Perspective in Sponge Biology, pp. 467-471, Smithsonian Institution Press, Washington, D.C.

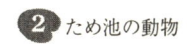

益田芳樹・佐藤國康（1991）：淡水海綿の話－その1－、兵庫陸水生物、**39・40**, 17-20
益田芳樹・佐藤國康（1993）：淡水海綿の話－その4－、兵庫陸水生物、**43**, 45-51
益田芳樹・佐藤國康（1994）：淡水海綿の話－その5－、兵庫陸水生物、**44**, 59-66
益田芳樹（1994）：淡水海綿、身近な水辺、ため池の自然学入門、pp. 40-49、合同出版
Masuda, Y.（1998）: A Scanning Electron Microscopy Study on Spicules, Gemmule Coats, and Micropyles of Japanese Freshwater Sponges. In: Y. Watanabe. N. Fusetani (eds), Sponge Sciences-Multidiscipipnary Perspectives, pp295-310, Springer-Verlag Tokyo
益田芳樹・佐藤國康（2000）：淡水海綿の話－その6－、兵庫陸水生物、**51・52**, 345-356
Penny, J.T. and Racek, A.A.（1968）: Comprehensive revision of a worldwide collection of freshwater sponges (Porifera: Spongillidae). United State National Museum Bulletin, **272**, 1-184
渡辺洋子（1982）：淡水海綿の生態と生理、遺伝、**36**(11), 54-60

（益田　芳樹）

2.2　淡水貝類

　全国に点在するため池は、水田耕作がはじまって以来、灌漑用水として利用するためにつくられてきた。ため池には、山地部の谷口に堤防を築いてつくるもの、丘陵地の谷をせき止めてつくるもの、平地に堤防をめぐらしてつくるものや、くぼ地をそのまま生かしてつくるものがある。これらの人為的につくられた水域は、時間の経過とともに自然と同化し、貝類をはじめとする多くの生き物たちを育んでいる。今でいう大型ビオトープである。水域が継続して管理されれば、貝類は生活の場として世代を重ねていける。ため池にすむ貝類の多くは、同じ止水環境である水田や湖などと共通している。これらの貝類は、たいていが黒色で、見ばえもよくない。そのため食用以外に採集の対象になることは稀である。

　最近の傾向として、ため池周辺の環境は、水利用の変化や水辺環境の整備により灌漑用としてばかりでなく、自然にふれあう憩いの場にかわってきている。

❶　淡水貝とは

　貝類は、体に石灰質の殻をもっている軟体動物の総称である。貝類の大半の種は海を生活の場所としているが、川や湖などの陸水環境にも棲んでいる。ため池、湖沼、水田、川、水路などの塩分を含まない水に適応している貝類を淡水貝と呼んでいる。日本では、巻貝（腹足類）と二枚貝の2つのグループ（綱）に所属する100種以上が知られている。それらは、広域に分布する在来種や狭い範囲に限り分布する固有種、国外から侵入してき

3章　ため池の生き物

た帰化種もみられる。ため池には在来種や帰化種の一部が生息している。

帰化種：日本にいなかった種が国外から運ばれ、繁殖している生物である。いったん国内に入ってくると、分布をさらに拡大し、在来種や生態系に大きな影響を及ぼすことがある。淡水貝では、スクミリンゴガイ、サカマキガイ、ハブタエモノアラガイなどが帰化種である。

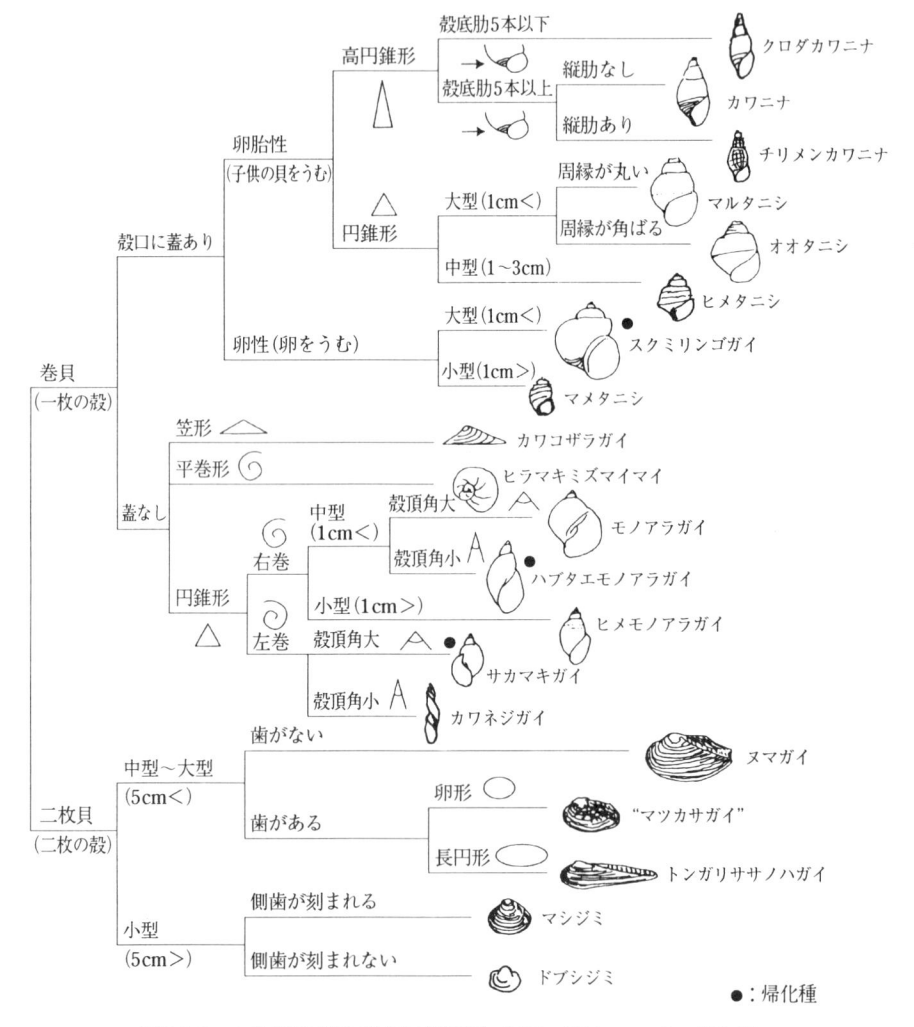

図3.2.3　ため池に棲む淡水貝検索図（松岡・松岡、2000を一部改変）

　　ヌマガイ、"マツカサガイ"などは、分類学的検討がされている。
　　帰化種についても、さらに検討が必要である。

固有種：限られた場所に生息する種である。たとえば、琵琶湖の固有貝類にはイケチョウガイ、マルドブガイ、ヤマトカワニナなどがいる。北陸の一部の河川に棲むフクイシブキツボ、ニクイロシブキツボなども固有種である。固有種は、レリックである古期固有種と新しい時代に分化した新期固有種とに分けられる。

　淡水貝の分類は、殻の形質を基本に使い、軟体部や生態の情報も加えた方法がとられている。日本のため池にみられる主な貝類の検索図を示す(図3.2.3)。

❷ 淡水貝の棲む場所

　ため池には水の吸入口と排出口があり、自然および人為的に水位が変動する。自然の地形を利用したものは、もとの地形により水域の外形や水底の形状が左右される。池の底は、流入する堆積物や水域内で生産された動植物の遺骸が堆積し、徐々に平坦になっていく。池の底層部は水の循環が起こりにくく、淡水貝には適した生息域ではない。そのため溶存酸素の豊富な浅い水域に、ほとんどの種が生息している。巻貝は、沿岸域の水生植物の繁茂する場所や基盤の岩石が露出している場所にも棲んでいる。

　沿岸域は、淡水貝類にとっても主要な水域であるが、水質や水位の変動の激しい場所でもある。水底の砂・泥の中にもぐり生活している二枚貝にとって、急な水位変動は致命傷になる。また、水の汚れも淡水貝の生存に影響をおよぼしている。汚れの高い方から強腐水性、中腐水性、貧腐水性と大きく三段階に区分され、図3.2.4のように水の汚れ具合によって種の生息領域に違いがあることが報告されている(波部・森、1975)。この生物学的水質階級では、少し汚れた水域(中腐水性β)からよごれた水域(中腐水性α)に生息する種類が最も多くなっている。

❸ 淡水貝の生活史と分布拡散

　淡水貝は、分類群により生活様式が異なっている。中腹足目のタニシ科とカワニナ科は雌雄異体で卵胎生である。両者とも育児嚢で胎貝が成長し、稚貝として産みおとされる。そのため、育児嚢に胎貝をもった雌の個体であれば、1個体でも繁殖することができる。カワニナでは、1個体の育児嚢に数100個の胎貝をもっている。殻口を蓋でしっかりと閉じる巻貝は、水鳥の足先に挟まると遠くに運ばれる可能性がある。有肺類のモノアラガイ科、ヒラマキガイ科、サカマキガイ科、カワコザラガイ科などは水生植物近くにも多く生息し、水中の茎や葉の裏に卵塊を産む。卵塊や稚貝は、水鳥の足に付着する機会が高まり、遠くの水系に運ばれることも可能である。新しいため池がつくられる

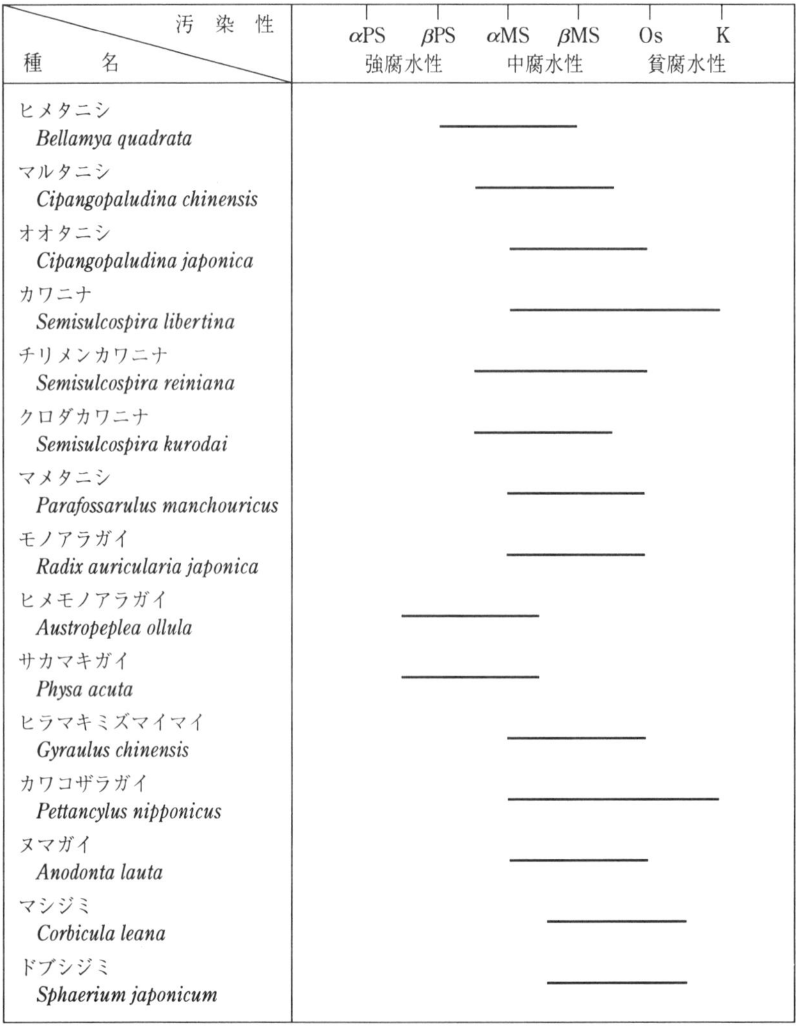

種　名 ＼ 汚染性	αPS	βPS	αMS	βMS	Os	K
	強腐水性		中腐水性		貧腐水性	
ヒメタニシ *Bellamya quadrata*			————			
マルタニシ *Cipangopaludina chinensis*			————	————		
オオタニシ *Cipangopaludina japonica*			————	————		
カワニナ *Semisulcospira libertina*			————	————	————	
チリメンカワニナ *Semisulcospira reiniana*			————	————	————	
クロダカワニナ *Semisulcospira kurodai*			————	————		
マメタニシ *Parafossarulus manchouricus*			————	————		
モノアラガイ *Radix auricularia japonica*			————	————		
ヒメモノアラガイ *Austropeplea ollula*		————	————			
サカマキガイ *Physa acuta*		————	————			
ヒラマキミズマイマイ *Gyraulus chinensis*			————	————		
カワコザラガイ *Pettancylus nipponicus*			————	————	————	
ヌマガイ *Anodonta lauta*			————	————		
マシジミ *Corbicula leana*				————	————	
ドブシジミ *Sphaerium japonicum*				————	————	

図3.2.4　淡水貝の水質階級（波部・森、1975を一部改変）

と、いち早く侵入するのもこの仲間である。実際に鳥により卵塊ないし稚貝が運ばれているところの確認は難しいが、チャールズ・ダーウィンが、『種の起源』の中で、養殖池のカモの足に、モノアラガイの仲間の稚貝を付着させる実験を行っている。さらに、イギリスの地質学者のチャールズ・ライエルが、ゲンゴロウの仲間にカワコザラガイの仲間（*Ancylus*）が付着していたことを紹介している。有肺類の移動には、水鳥が大きく関

❷ ため池の動物

与しているのは確かであろう。
　イシガイ科の二枚貝は、寄生生活をするグロキジュウム幼生を経て、稚貝となる。まず、雄が水中に放出した精子を雌の個体が入水管から取り入れ、鰓内で受精し、鰓の水管でグロキジュウム幼生となり、10日前後で水中に放出される。放出されたグロキジュウム幼生(写真3.2.1)は、魚類の鰭や鰓に付着して寄生生活をおくる。半月ほどで魚から離脱し、稚貝となり底生生活者となる(図3.2.5)。種によって、寄生する魚、部位、

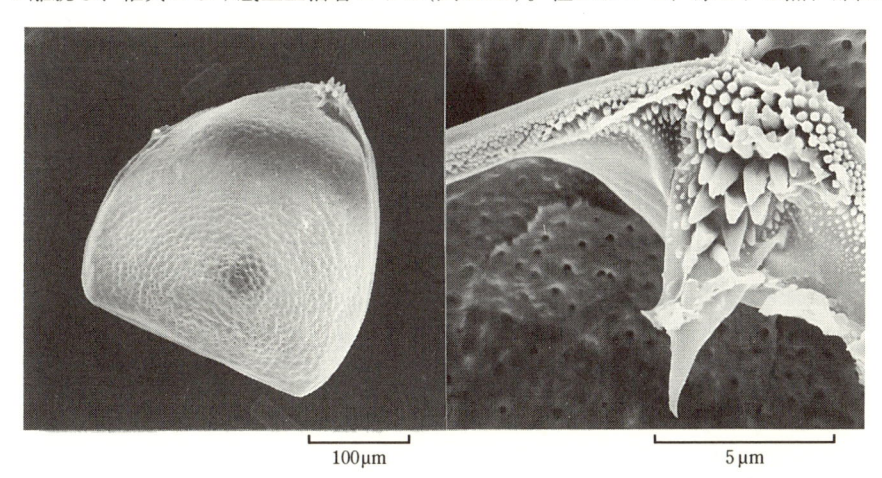

写真3.2.1　ヌマガイのグロキジュウム幼生

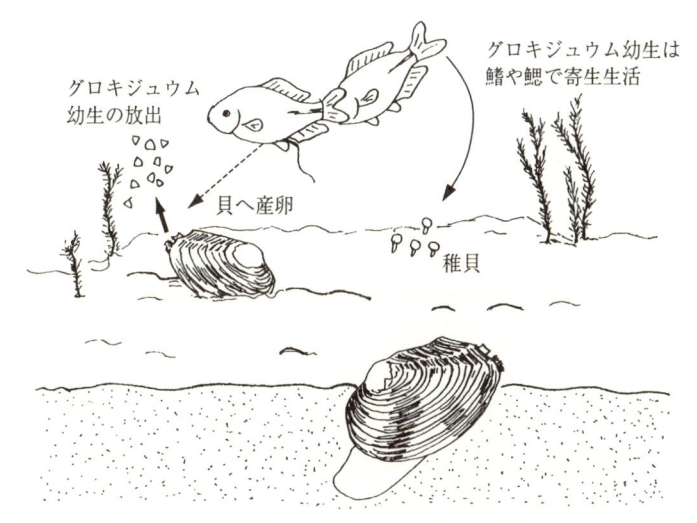

図3.2.5　イシガイ科二枚貝とコイ科魚類との生態関係

そして寄生期間は異なるが、イシガイ科の分布拡散する時期であることには違いない。魚以外の分布拡散の方法として、オーストラリアの淡水性二枚貝(*Mutelidae*)の一種がカモの足に挟まれているのが観察されており(Cotton, 1961)、鳥による移動も重要な手段であろう。水系のつながりのないため池では、後者の手段が使われているように思われる。

　マメシジミ科のニッコウマメシジミは、池塘の水を飲みにきた馬の毛に付着し移動することが青森県八甲田で観察されている(佐藤、1967)。マシジミ科のマシジミ、マメシジミ科のマメシジミ、ドブシジミは、二枚貝では珍しく卵胎生であり、稚貝を直接産む。淡水貝の繁殖方法に卵胎生が発達しているのは1個体での分布拡散を可能にした戦略なのかもしれない。

❹ 貝類の採集法

　ため池は、一般に透明度も低く、岸から急に深くなっている場合もあることから採集には危険が伴う。ため池は立ち入りを禁止しているところも多いので、十分な事前の調査と、池の状況に合わせた採集道具、装備が必要となる。許可が得られれば水位が下がった時が、採集には適している(写真3.2.2)。貝類の調査には、季節ごとに観察が必要な生態学的研究や、軟体部の情報が必要な遺伝学的研究があるが、個々の目的にあっ

写真3.2.2　水位が下がったため池 (豊橋市手洗池)

❷ ため池の動物

❺ 巻　貝

　ため池に生息する巻貝は、エゾマメタニシ科、タニシ科、カワニナ科、リンゴガイ科、モノアラガイ科、ヒラマキガイ科、サカマキガイ科、カワコザラガイ科に所属している。

　エゾマメタニシ科のマメタニシは、中国大陸から日本列島にかけて分布し、タニシよりはるかに小型で、殻表面に数本の螺肋(らろく)があり、石灰質の蓋をもっている。肝吸虫の中間宿主となる。

　タニシ科は、琵琶湖固有のナガタニシ以外のマルタニシ、オオタニシ、ヒメタニシの3種がため池にみられる。マルタニシは、水田(中腐水性)でもみられ、ため池ではオオタニシと共存することがある。オオタニシは、自然環境が良好に保たれているため池に生息する。マルタニシよりややきれいな水域(中～貧腐水性)まで棲んでいる。ため池やそれから流れでる水路などに普通にみられるヒメタニシは、タニシの中では最も小型である。他の2種より、汚れた水(強～中腐水性)でも高密度に繁殖している。もともと、このヒメタニシは南方系の種で、昭和31年(1956)に、やや汚れの目立ちはじめた淀川で確認されている。昭和46年(1971)には群馬県が北限であったが(五味、1971)、平成2年(1990)に青森県の姉沼で繁殖しているのを観察している。帰化種の可能性が高い。

　カワニナ科は、山側の比較的きれいなため池(貧～中腐水性)にカワニナとチリメンカワニナが、東海地方以西の平地のため池(中腐水性)にはクロダカワニナが棲んでいる。初夏にはゲンジボタルが乱舞する小川がカワニナの生息場所としては一般的であるが、山間部にあるため池ではカワニナやチリメンカワニナも確認できる。カワニナは、横川吸虫やウエステルマン肺吸虫の中間宿主となる。

　スクミリンゴガイは、南米原産のリンゴガイ科の巻貝で、最初は"ジャンボタニシ"の名で、食用として輸入されたものである。ところが、食用としての市場がなりたたず、養殖池が放置され、各地で野生化し増えつづけている。暖地の平野部のため池では、水辺の石や植物の茎などにピンク色の桑イチゴ状卵塊をうみ、繁殖しているところがある。

　モノアラガイ科は、モノアラガイ、ハブタエモノアラガイ、ヒメモノアラガイなどがため池をはじめ一時的な水たまり(強～中腐水性)でもみることができる。モノアラガイはユーラシア大陸に広く分布している。平安時代の歌集の中に、モノアラガイの生態を

よくあらわした「はちす葉の上はつれなき裏にこそ　ものあら貝はつくといふなり」の歌があり、日本でも古くからため池の住人であったことがわかる。棘口吸虫類とカモ住血吸虫の中間宿主となることが知られている。モノアラガイよりもほっそりした殻のハブタエモノアラガイは、近年ため池や防火用池などで見かけるようになった。ヒメモノアラガイはモノアラガイよりもかなり小型で、強～中腐水性の水域で普通にみかける。肝てつや棘口吸虫類の中間宿主となる。ヨーロッパ原産の帰化種である左巻きのサカマキガイ（サカマキガイ科）は、かなり汚れた水域（中～強腐水性）にみられる。これら有肺類は成長が早く、透明な卵塊をうみ繁殖力は旺盛である。

　ヒラマキガイ科のヒラマキミズマイマイは、アンモナイトのような平巻きで、その径が5mm以下と小さい。中～貧腐水性の水生植物や水底の沈積物表面に付着して生活している。時には、水面を浮遊する。ヒラマキガイ（*Planorbis*）を食べる動物は意外と多く、脊椎動物だけでも20種もの利用者がいることがわかっている。カワネジガイは、ネジ状に巻き上がった殻をもち、左巻きで、殻高が10mm以下と小型である。限られた場所からしか報告されていない。

　カワコザラガイ科のカワコザラガイは、中～貧腐水性のため池に生息している。笠形で小型（殻は5mm以下）であるが、スイレンなどの浮葉植物の葉裏や、水底の沈静物の表面をみると探すことができる。

❻ 二 枚 貝

　二枚貝は、イシガイ科、シジミガイ科、マメシジミガイ科の3科が知られている。

　ため池に棲む二枚貝の代表はイシガイ科で、ヌマガイ（ドブガイ）、"マツカサガイ"（ヨコハマシジラガイ等を含む）、イシガイ、トンガリササノハガイが確認されている。

　ヌマガイは沼貝と書くように、ため池（中～貧腐水性）の代表的な大型二枚貝である（写真3.2.3）。ヌマガイなどのイシガイ科の二枚貝は、雌雄異体で、幼生期を寄生してすごす一方で、タナゴの仲間に卵を産みつけられる母貝の役割を果たしている。両者はともに利益をえる共生関係がなりたっている。さらに、殻の中（外套腔）に寄生するミズダニの仲間が知られ、複雑な生態関係が狭い中にも展開している。

　"マツカサガイ"は中～貧腐水性のため池に棲んでいるが、非常に少なくなっている。中～貧栄養水域に棲むトンガリササノハガイは東海地方が東限で、市街地のため池からはほとんど絶滅している。シジミガイ科のマシジミは、汽水にすむヤマトシジミの殻に似るが、荒い成長線をもち、若い個体では黄色味がかった色をしている。しかし、老成

写真3.2.3 泥にもぐったヌマガイ（名古屋市琵琶ヶ池、現在消滅）

するとどちらも黒色となる。中〜貧腐水性の川や水路のものは、殻が20mm以内のもの多いが、ため池では大きく成長し、50mmを越える場合がある。

マメシジミガイ科では、ドブシジミが知られている。殻は薄く卵胎生の二枚貝で、中〜貧腐水性のため池にみられることがある。

引用・参考文献

Cotton, B.C. (1961)：South Australian Mollusca. Pelecypoda. W.L. Hawes, Government Printer, Adelaide, Australia
ダーウィン，C.（堀　伸夫　訳）(1859)：種の起源、上下巻、槇書店
五味禮夫（1971）：自然とともに、煥乎堂
波部忠重・森　主一（1975）：生物指標種としての貝類、pp.178-188、日本生態学会環境問題専門委員会編、環境と生物指標2－水界編－、共立出版株式会社
松岡敬二・松岡孝子（2000）：ため池にすむ貝類、pp.58-63、森　勇一　編、いきいき生きもの観察ガイド、風媒社
佐藤光雄（1967）：青森県動物誌、東奥日報社
柳沢十四男・井上義郷・中野健司（1979）：寄生虫・衛生動物・実験動物、講談社

（松岡　敬二）

2.3 真正蜘蛛類(クモ類)

❶ クモ類の生息環境としてのため池

日本には約1,300種の真正蜘蛛類(以下、クモ類と呼ぶ)が記録されているが、昆虫類や魚類・両生類などと異なり、ため池そのものに依存するものは知られていない。完全な水中生活をするものとしてはミズグモ(*Argyroneta aquatica*)があるが、現在までに人工のため池では見付かっていない。

しかし、ため池を生活の場とする昆虫類は多く、それらを求めて池の周辺に集まってくるクモ類は多い。これらのクモは、ため池を水辺としてとらえているだけであって、ため池でなければ生活ができないわけではなく、小川でも水田などでもよいのである。

そこで、ため池の水域を仮に水面域と水辺域の二つに分け(厳密には二つの水域に住むクモは重複することが多い)て、その付近で見かける種について述べることにする。

❷ ため池で見られるクモ類

① 水面域

ため池の水面には、ヒルムシロ・ヒシ・トチカガミ・オニバス・ヒツジグサなどの浮葉植物が繁茂する。環境の悪化した池にはホテイアオイのような浮遊植物も見られる。さらに、岸辺に近づくとガマ・ヨシ・マコモなどの抽水植物群落になる(この範囲を水

写真3.2.4　イオウイロハシリグモ
（*Dolomedes sulfureus*）♀・スジボケ型
大型の徘徊種で水辺から草原まで広く生息する。

写真3.2.5　キクヅキコモリグモ
（*Pardosa pseudoannulata*）♀
湿地や水田などに多数生息する。卵囊を付けている。

2 ため池の動物

面域とする)。

　浮葉植物の上には、キシダグモ科のスジブトハシリグモ(*Dolomedes pallitarsis*)やイオウイロハシリグモ(*D. sulfureus*)(写真3.2.4)、コモリグモ科のキクヅキコモリグモ(*Pardosa pseudoannulata*)(写真3.2.5)やキバラコモリグモ(*Pirata subpiraticus*)(写真3.2.6)が獲物を求めて止まっている。また、これらのクモは水面をアメンボのように走ることができ、ハシリグモの仲間は水中に潜ることもできる。

　ヨシやガマの群落内にはフクログモ科のハマキフクログモ(*Clubiona japonicola*)(写真3.2.7、写真3.2.8)が、ガマの葉先を三角形に曲げて住居(図3.2.6)を作って、その中で卵嚢を守っている。フクログモ科のクモの中には、同じような住居を造るもの(後述)もあるが、形が微妙に違っている(図3.2.6)。

　このほか、葉間にはアシナガグモ科のアシナガグモ(*Tetragnatha praedonia*)(写真3.2.9)やヤサガアシナガグモ(*T.*

写真3.2.6　キバラコモリグモ
(*Pirata subpiraticus*) ♀
池沼や湿地、水田などに生息する。

写真3.2.7　ハマキフクログモ
(*Clubiona japonicola*) ♀
主に池沼や湿地の草地を徘徊する。

写真3.2.8　ハマキフクログモの生息する環境
産室にガマの葉をよく利用する。

3章 ため池の生き物

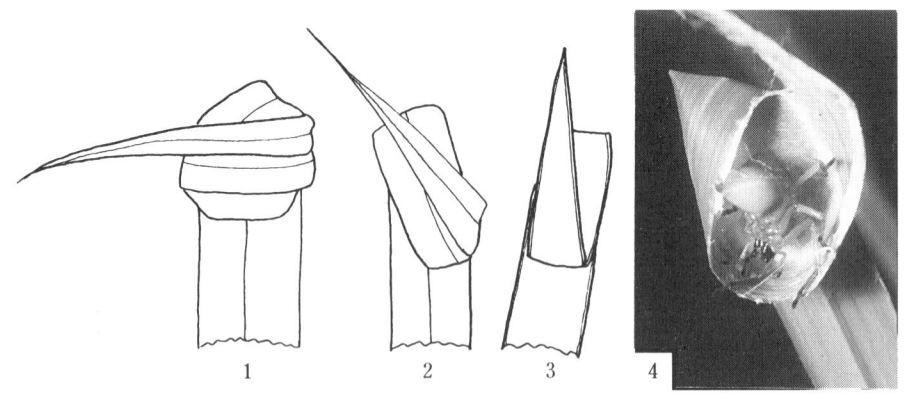

図3.2.6 フクログモ科3種の住居
1：カバキコマチグモ(ススキ)、2：ヤマトコマチグモ(チガヤ)、3：ハマキフクログモ(ガマ)、
4：カバキコマチグモの住居を開いたところ(ススキ)、(　)内は住居の材料。
(1～3は、野外でスケッチしたもの。葉先が上向きか下向きかによって三角形の形が異なる。)

写真3.2.9　アシナガグモ
(*Tetragnatha praedonia*) ♀
水辺の草にとまっている。

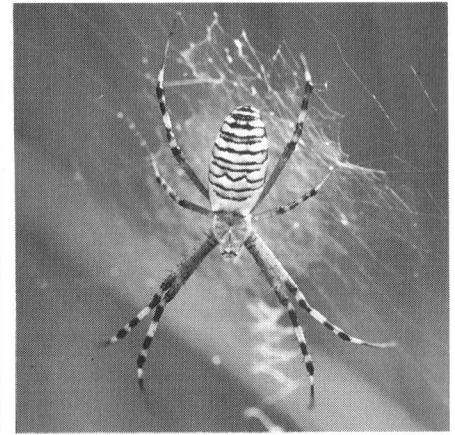

写真3.2.10　ナガコガネグモ
(*Argiope druennichii*) ♀
草原に円網を張り、夏に成体になる。

maxillosa)が水平円網、コガネグモ科のナガコガネグモ(*Argiope bruennichii*)(写真3.2.10)やナカムラオニグモ(*Araneus cornutus*)(写真3.2.11)などが垂直円網を張っている。

② 水辺域

ため池には、池に続いて湿地が発達していることがある。また、完全な湿地ではないが土中の水分が比較的よく保たれていて湿地的な場所もある(このようなところを水辺

2 ため池の動物

写真3.2.11 ナカムラオニグモ
(*Araneus cornutus*) ♀
草原に円網を張り、網の端に住居をつくる。

写真3.2.12 イナダハリゲコモリグモ
(*Pardosa agraria*) ♀
主に河川敷や湿地、水田に生息する。
腹に子グモをのせている。

域とする)。水辺域にはカヤツリグサ科・ホシクサ科の植物やイネ科のオギなどの植物が多いが、場所によっては水面域で見られるガマ・ヨシなどの抽水植物が入り込むこともある。また、少し乾いてくると、逆に陸上のススキ・メリカンカルカヤ・セイタカアワダチソウなどの背の高い植物が侵入していることもある。

写真3.2.13 ヤハズハエトリ
(*Mendoza elongata*) 上:♂、下:♀
♀と♂との色彩は大きく異なるが、体型は似ている。ススキの草原を好んで生息する。

このような環境にはコモリグモ科のイモコモリグモ(*Pirata piratoides*)・キクヅキコモリグモ・イナダハリゲコモリグモ(*Pardosa agraria*)(写真3.2.12)やキシダグモ科のイオウイロハシリグモ・ハエトリグモ科のヤハズハエトリ(*Mendoza elongata*)(写真3.2.13)・マミジロハエトリ(*Evarcha albaria*)(写真3.2.14)などの徘徊性のクモが多い。また、背の高い草の間にはナガコガネグモ・ナカムラオニグモなどの造網性のクモやカバキコマチグモ(*Cheiracanthium eutittha*)やヤマトフクログモ(*Clubiona japonica*)の住居兼産室(図

121

3.2.6)が見られる。

　カバキコマチグモ・ヤマトコマチグモ・ハマキフクログモ(水面域の項参照)の3種はいずれも細長い葉の先を折り曲げて、三角形をした住居や産室を作るが、三角形の形は微妙に違っている(図3.2.6)。特に、ヤマトコマチグモの住居の形には変化が多い。また、利用する植物は、カバキコマチグモは、圧倒的にススキが多く、ハマキフクログモはガマの葉が多い。ヤマトフクログモは一番選択性が少なく、ススキ・チガヤなど数種のイネ科植物を利用する。

写真3.2.14　マミジロハエトリ
(*Evarcha albaria*) ♂
よく草地を飛び跳ねている。
♂は頭部前端の毛が白いのが特徴。

❸ 標本の作り方

　サンプル瓶に約80％のエチルアルコール(日本薬局法・消毒用エタノールをそのまま使用)を入れて、液浸標本にする。ホルマリンを使ったり、昆虫のように乾燥標本にすると同定ができない。液浸標本の液中には、クモと一緒に、厚紙(ケント紙くらいの厚さ)に採集年月日・採集場所・採集者・学名または和名などを鉛筆で書いたものを入れておく。ボールペンなどで書くと字が消えてしまうので使用しないこと。

❹ クモ類の同定について

① 図鑑で調べる時の注意

a．図だけを見て種名を決めないこと。図鑑には解説や記載文があるから、図と併せてこれらの文をよく読むこと。
b．図鑑には、日本のクモすべてが記載されているのではない。よく似たクモで図鑑にないものも多いことを頭に入れておくこと。無理をしてどれかに当てはめようとすると大変な間違いをすることがある。
c．クモは同じ種でも色や斑紋の違うものがある。また、同じ種でも、雌雄で大きさや色・模様の違うもの(写真3.2.13)が多いので注意すること。
d．外形・大きさ・色・模様だけで安易に種名を決めるのは危険。実体顕微鏡などを

❷ ため池の動物

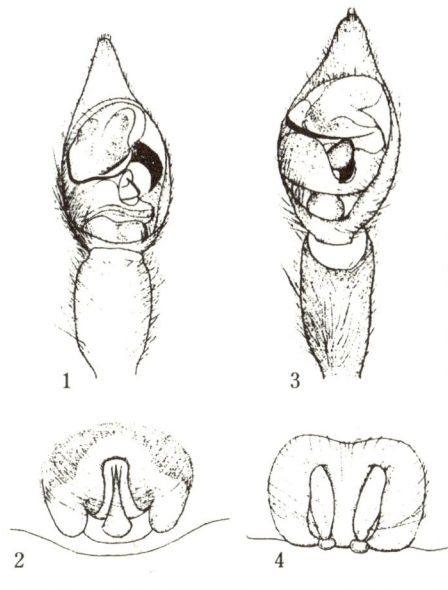

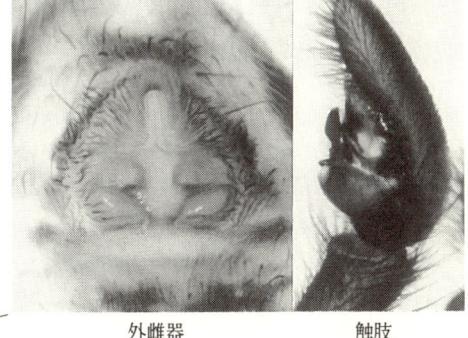

図3.2.7　クモの触肢(♂)と外雌器のスケッチ
キクヅキコモリグモ　　　　1：♂触肢、2：外雌器
イナダハリゲコモリグモ　　3：♂触肢、2：外雌器

写真3.2.15　ウヅキコモリグモの触肢(♂)と外雌器
外雌器　　　触肢

　使って、雄の触肢や雌の外雌器(図3.2.7、写真3.2.15)の形態を見ることが肝要である。それゆえ、採集に当たっては、触肢や外雌器が未発達の亜成体や幼体はできうるかぎりさけ、成体を採るように心掛ける。

e．自分で種を決めかねるときは、無理して名前を当てはめず、アシナガグモの1種・オニグモ？・*Cybaeus* sp.などとしておき、専門家に同定を依頼すること。

f．図鑑を使うに当たっては、専門用語などの解説をよく読み、十分理解しておく。

② 　図鑑を調べて分からないときは専門家に聞く(同定依頼の際の注意)

a．クモの標本を、サンプル瓶等にアルコール(75％)を口までいっぱいにした中にいれ、瓶が割れないように工夫して専門家に郵送する。瓶の中には、標本番号・採集場所・年月日・採集者名を鉛筆で書いた紙を必ず入れておく。なお、一つの瓶には1個体ずつ入れ、一度にたくさんの標本を送らないこと。

b．送った標本は、同じ種があれば残しておき、同じ標本番号を入れておく。同じ控えの標本のない場合は、全体と部分の詳細のスケッチ(図3.2.7)か写真(写真3.2.16)を作っておく。これは、次回に同じ種を採集したときに、自分で同定するための資料である。

123

c．原則として標本の返送は要求しない。同定は手間のかかる仕事である。その上、手間のかかる返送を要求するのは失礼である。標本は、お礼として同定者に差し上げる。
d．同定の催促をしない。同定者は、同定が仕事ではない。
e．返信用の封筒に自分の〒番号・住所氏名を書いて入れておくことを忘れないこと。
f．同定していただいたら、必ずお礼状を出すのは常識。

③ 参考になる図鑑等（主なもの）

a．図　鑑
- 写真日本クモ類大図鑑　　　偕成社
- 原色日本クモ類図鑑　　　　保育社
- 学研の図鑑 クモ　　　　　学習研究社
- クモ基本50　　　　　　　森林書房
- フィールド図鑑 クモ　　　東海大学出版会

b．その他
- クモの観察と研究　　　　ニューサイエンス社
- クモの話　　　　　　　　北隆館
- クモのはなしⅠ．Ⅱ　　　技報堂出版
- クモの一生　　　　　　　偕成社
- クモの生物学　　　　　　学会出版センター

④ 参考になるホームページ（主なもの）
- http://www.asahi-net.or.jp/~dp7a-tnkw/（谷川明男氏）
- http://village.infoweb.ne.jp/~hispider/（池田博明氏）

⑤ 学会・同好会

各地方にはいくつかのクモ類の同好会がある。これらの同好会に入会して、教えてもらうのもクモを知る近道である。なお、本格的に勉強したい者は、日本蜘蛛学会に入会することをお勧めする

- 日本蜘蛛学会　　事務局：つくば市観音台3－1－1
　　　　　　　　　　　　　農業環境技術研究所個体群動態研　究室内　田中幸一
- 東京蜘蛛談話会　本　部：東京都新宿区百人町3－23－1
　　　　　　　　　　　　　国立科学博物館動物研究部　小野展嗣 方
- 中部蜘蛛懇談会　事務局：岡崎市井田町字荒居47－6　板倉泰弘 方

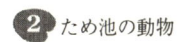

- 三重クモ談話会　本　部：四日市市前田町23-2　太田定浩 方
- 和歌山クモの会　事務局：海南市日方1156　東條　清 方
- 関西クモ研究会　本　部：茨木市西安威2-1-15　追手門学院大学 生物研究室内

引用・参考文献

緒方清人（1989）：ため池のクモ、ため池の自然、**9**, 5-6
須賀瑛文（1994）：クモ類、身近な水辺-ため池の自然学入門、pp.51-61、合同出版
八木沼健夫（1975）：クモの観察と研究、pp.1-103、ニュー・サイエンス社
吉田　真（2000）：同定依頼のマナーについて、くものいと、**28**, 20-21
谷川明男（2000）：日本産クモ類目録(2000年版) KISHIDAIA, **78**, 79-144

（須賀　瑛文・緒方　清人）

2.4　トンボ類

　トンボは、雄略天皇にまつわる古の勝虫としての評価や豊葦原瑞穂国に多産したであろうことも相俟って、昔から今日に至るまで人々に親しまれてきた（写真3.2.16）。数あるトンボデザインの品々の中でも、東京高輪の泉岳寺に残る大石主税のものと伝えられる古びた蜻蛉図柄の手袋は、昨今の乱れた世情にあって深く胸を打つものがある。また、トンボは研究が進んでいる分類群の一つであり、種類数が少なく（1999年現在、偶産種を含み214種・亜種）、大型で比較的同定し易い。水域、陸域の両方を生活圏としている。これらの要素から、環境の指標として扱われることが多い。

写真3.2.16　大正12年発行震災切手

❶ 既報告の要旨

　トンボと池や水田との関係について、既に多くの研究報告がある。これらの業績の主な論旨を、便宜上ミックスして要約してみると、次のようになる（守山、1996；長田ら、1992, 1997；田口、1997；高崎、1994；上田、1998他）。
ａ．ため池は止水性トンボの重要な発生源（以下発生とは幼虫が生育し羽化するの意）で

ある。
b．発生または飛来成虫の種類、量は池のいわゆる自然度、すなわち、所在する地勢、池の構造、池内外の草本、周囲の木本、水質等により左右される。
c．孤立した池からの発生は衰退に向うおそれがあり、個体群維持には成虫が交互に行き来できる1km程の間隔で複数の水域(部分個体群)が存在する動的ネットワークの状態が必要である。都市化はこれを切断することであり、田園、里山の保全はこれを維持することになる。トンボのように飛翔力の高い動物では、個体群動態を考えるうえで、個体の移動、分散を考慮しなければならない。
d．水田は規則性をもった一時的水溜と解され、発生種は、ため池発生種に含まれる普通種で、それぞれ、春、夏、秋に見られる種と多化性種の四つのライフサイクルパターンの利用が認められる。
e．農村環境のビオトープが都市空間に様々な生物を供給する機能（供給ポテンシャル）を持つ。伝統的農村環境→混在的環境→都市的環境の順に定着種は減少し、質的にも一時的水溜利用者、移動性の強い種の占める割合が大きくなる。このような種の存在を自然復活と過大評価してはならない。
f．池沿岸部の草本、木本の状態を植被率、開水面率という数値で表し、トンボの種構成との関係を検討した結果、植生構造の各要素が欠けるに従い、種数は減少し、植被率が0とか100％に近いような極端な植生構造に対応する種もあった。

❷ ため池を利用するトンボの種類

トンボ幼虫の生育環境を大別すると、流水域と止水域に分けられ、それらは、大よそ次のように細分される。

流水域：渓流、中小河川、大河、細流
止水域：湖、大池、池沼、湿地、水田、水溜、植物体に溜まった水、汽水、人工水域
　　　　　（濾過池、貯水池、プール、鉢、容器中の水等）

種によっては、いろいろなタイプの止水域にまたがり、さらには緩流にも生息し、逆に流水性の種でも湖や川の塞き止めでできた滞水域の岸近くで生育する。このように適応の巾は広く、はっきり分けることは困難であるが、本州のため池および直結した岸の湿地ならびに里山に所在するため池の周辺の水域を主たる生育地の一つとする種を表3.2.2に掲げる。調査対象地区の大よその分布状況の見当がつけられるように区分した。縦線の仕切りが無い区分は、ほぼ本州全域に分布していること、縦線で仕切られた空白

2 ため池の動物

表3.2.2 本州のため池と周辺水域に出現するトンボ（2000年現在）

地区		中　国	近　畿	東　海	北陸・信越	関　東	東　北
た め 池	本体	キイトトンボ、アオモンイトトンボ、アジアイトトンボ、クロイトトンボ、ムスジイトトンボ、セスジイトトンボ、オオイトトンボ、ホソミイトトンボ(東北一部)、モノサシトンボ、アオイトトンボ、コバネアオイトトンボ(局)、オオアオイトトンボ、オツネントンボ、ホソミオツネントンボ、コサナエ、ウチワヤンマ、アオヤンマ、カトリヤンマ、ヤブヤンマ、オオルリボシヤンマ、マルタンヤンマ(東北一部)、ギンヤンマ、オオギンヤンマ(偶) クロスジギンヤンマ、トラフトンボ、タカネトンボ、オオヤマトンボ、シオカラトンボ、オオシオカラトンボ、ヨツボシトンボ、コフキトンボ、ショウジョウトンボ、ナツアカネ、アキアカネ、マユタテアカネ、マイコアカネ、リスアカネ、ノシメトンボ、コノシメトンボ、ネキトンボ(東北一部)、キトンボ、オオキトンボ(局)、コシアキトンボ、ウスバキトンボ(定着種に準じる)、ハネビロトンボ(偶)、チョウトンボ					
		ベニイトトンボ(中国一部)				ベニイトトンボ	
				エゾイトトンボ(東海一部)、オオトラフトンボ(東海一部) (局)			
		タイワンウチワヤンマ(局)、ベッコウトンボ(全地区一部) (局)		オオセスジイトトンボ(北信一部) (局)、マダラヤンマ(局)	オオモノサシトンボ(東北・北信一部) (局)		
		フタスジサナエ・オグマサナエ・タベサナエ(いずれも北信一部)、ナニワトンボ(東海・北信一部)					
		タイリクアカネ(東海一部)					タイリクアカネ
		マダラナニワトンボ(局)					マダラニワトンボ(局)
	付帯湿地	モートンイトトンボ、サラサヤンマ、ルリボシヤンマ、ハラビロトンボ、シオヤトンボ、ハッチョウトンボ、ヒメアカネ					
		コフキヒメイトトンボ（一部）(局)					
		ネアカヨシヤンマ(局)					
細流、側溝	流入流出する	ヤマサナエ、オニヤンマ、ミヤマアカネ					
		ニシカワトンボ(関東一部)					
		ヒガシカワトンボ(東海一部)					
水溜、湿地、細流	集水域林内	ムカシヤンマ、ミルンヤンマ、サラサヤンマ、ハネビロエゾトンボ、タカネトンボ					

(局)：産地が局地的、(○○一部)：その地区では一部の県のみに分布が限られる、(偶)：恒常的に飛来する偶産種

(高崎、1994を改変)

地区には分布していないことを示す。本州で記録されている偶産種を含む種数は120種強である。本州におけるため池本体を主たる生息地の1つとする60種、岸に生ずる付帯湿地に生息する9種を併せ約70種58％がため池に依存する。九州のそれは、約65種61％、四国のそれは、約60種62％と見られる。

もちろん全てのため池で、これらの全てが見られるわけではない。一般にため池では、何種位の成虫が見られるか東海地方の実例を表3.2.3に示す。目的を持って、特定の池に通いつめる場合と、ある地域に所在する複数のため池を調査のため巡回するのでは、

表3.2.3　東海地方のため池で見られたトンボ種類数

地　　　域	地　　形	調査池数	種類数 最多	種類数 最少	種類数 平均	調査者・調査年等
三重県上野市	丘　　陵	20	27	5	10	石田　1980
岐阜県笠松町無動寺	河　川　敷	近接5カ所を一括	38	28	33	安藤　1987 2000補正(5年の平均)
岐阜県笠松町米野	河　川　敷	1	—	—	37	相田　1990
名古屋市守山区	丘　　陵	1	—	—	32	安藤　1987
岐阜県関市	平地・丘陵	16	35	1	10	柴田　1994
愛知県日進市愛知用水貯水池	丘　　陵	1	—	—	42	鵜殿　1994 1996補正
名古屋市名東区・千種区 愛知県日進市・長久手町	平地・丘陵	20	45	4	20	高崎　1994 2000補正
愛知県瀬戸市	丘陵・低山地	7	39	3	25	高崎・横地　2000

(高崎、1994を改変)

おのずと発見種数にひらきが生ずるが、東海地方の平地から低山帯にかけて所在するため池で見られる成虫の種数は、所謂自然度が総合的に高い環境では、ほぼ40種、自然度がかなり低いか、例えば林内の過度に鬱閉された池のように環境要素が片寄っている場合は数種にとどまる。30種に達するくらいなら、その池と周囲の総合的自然環境は、一応の多様性を備えた良好なものと考えてよいであろう。高崎(1994c)は、種数に普遍性、狭適応性等種の質を加味して存在意義を評価することを提案している。

❸ 池と周囲の状態とトンボ相

① 産卵場所としてのため池

トンボの生態にあって産卵は重要な要素である。雄も雌が産卵のため飛来する場所を知っていて、交尾のため待機する。池がそのトンボの産卵に適する環境や産卵対象物を欠く場合は、必然的にその種はその池から発生しないことになる。種毎の産卵習性の違いは、池毎に依存する種構成が異なる最大の要因であろう。産卵場所と該当する種の例を模式的に図3.2.8に整理する。

水生植物はイトトンボ、カワトンボ、ヤンマのような植物組織内産卵種の対象物とな

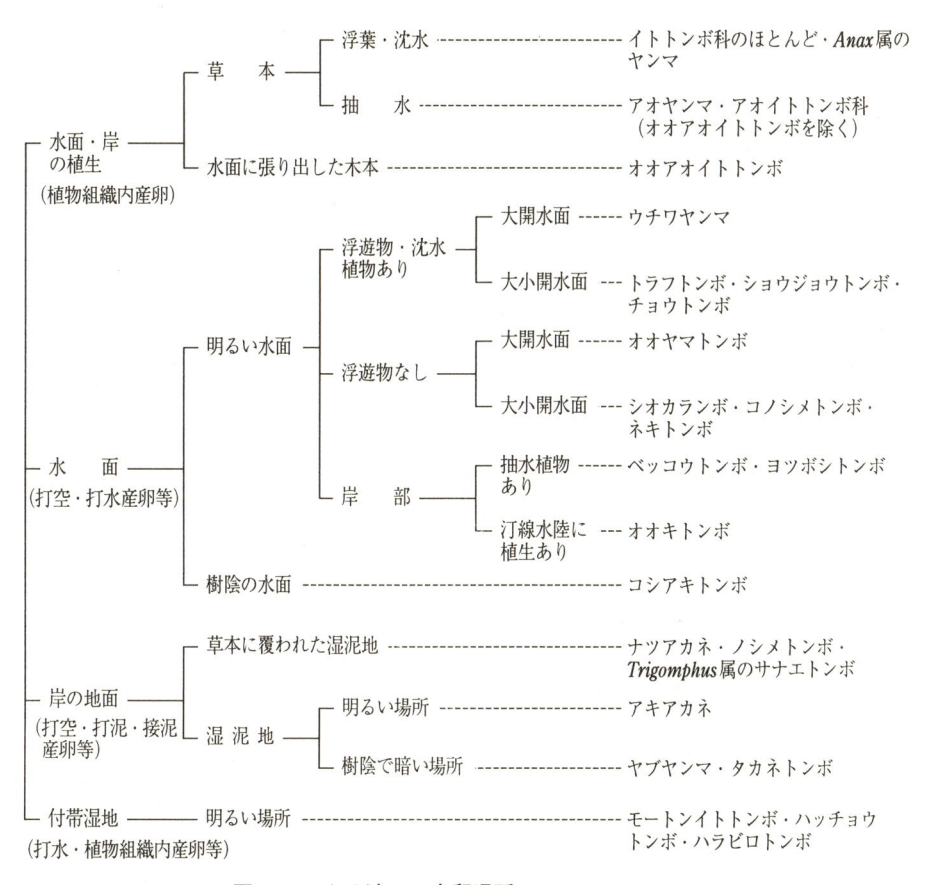

2 ため池の動物

```
水面・岸 ─┬─ 草　本 ─┬─ 浮葉・沈水 ──────── イトトンボ科のほとんど・Anax属の
の植生　　│　　　　　│　　　　　　　　　　　　ヤンマ
(植物組織内産卵)　　　├─ 抽　水 ──────── アオヤンマ・アオイトトンボ科
　　　　　│　　　　　　　　　　　　　　　　　　(オオアオイトトンボを除く)
　　　　　└─ 水面に張り出した木本 ──────── オオアオイトトンボ

水　面 ─┬─ 明るい水面 ─┬─ 浮遊物・沈水 ─┬─ 大開水面 ────── ウチワヤンマ
(打空・打水産卵等)　　│　植物あり　　　└─ 大小開水面 ──── トラフトンボ・ショウジョウトンボ・
　　　　　　　　　　　│　　　　　　　　　　　　　　　　　チョウトンボ
　　　　　　　　　　　├─ 浮遊物なし ──┬─ 大開水面 ────── オオヤマトンボ
　　　　　　　　　　　│　　　　　　　　└─ 大小開水面 ──── シオカラトンボ・コノシメトンボ・
　　　　　　　　　　　│　　　　　　　　　　　　　　　　　ネキトンボ
　　　　　　　　　　　└─ 岸　部 ─┬─ 抽水植物 ────── ベッコウトンボ・ヨツボシトンボ
　　　　　　　　　　　　　　　　　│　あり
　　　　　　　　　　　　　　　　　└─ 汀線水陸に ──── オオキトンボ
　　　　　　　　　　　　　　　　　　　植生あり
　　　　　└─ 樹陰の水面 ──────── コシアキトンボ

岸の地面 ─┬─ 草本に覆われた湿泥地 ──────── ナツアカネ・ノシメトンボ・
(打空・打泥・接泥　　　　　　　　　　　　　　　　　Trigomphus属のサナエトンボ
産卵等)　　├─ 湿泥地 ─┬─ 明るい場所 ──────── アキアカネ
　　　　　　　　　　　└─ 樹陰で暗い場所 ──────── ヤブヤンマ・タカネトンボ

付帯湿地 ─── 明るい場所 ──────── モートンイトトンボ・ハッチョウ
(打水・植物組織内産卵等)　　　　　　　　　　　　トンボ・ハラビロトンボ
```

図3.2.8　ため池での産卵場所（高崎、1994を改変）

写真3.2.17　打水産卵（コノシメトンボ） 　　写真3.2.18　打空産卵（マダラナニワトンボ）

129

3章　ため池の生き物

写真3.2.19　植物組織内産卵
　　　　　（ホソミオツネントンボ）

写真3.2.20　接泥産卵（ヤブヤンマ）

る他、幼虫の隠れ場や羽化時の足場として重要である。水面に浮上または露出している木片、枝、発泡スチロールなどのゴミ、浮上した植物プランクトンの塊なども、組織内産卵種や、卵を物に付着させるコシアキトンボのような種の産卵対象になる。空中から卵をばら撒く（打空産卵）か、水面に産下（打水産卵）する場合でも、水面か水面直下に何らかの浮遊物を必要とするトラフトンボ、ショウジョウトンボなどがあるし、ネキトンボ、コノシメトンボは浮遊物が無くても産卵する（写真3.2.17～写真3.2.20）。

②　池の所在位置

　海岸低湿地帯から低山帯に至る地勢の変化に伴い、分布する種も変化する。地勢は池のトンボの基本的種構成に関与するが、多様性はむしろ池とその周囲の総合的環境に由来する。

③　岸の構造と周囲の環境

　コンクリート護岸が最も顕著な例であるが、土の岸でも丈高のヨシ、マコモや陸上植物が岸を覆い屹立している池ではトンボの多様性は望めない。砂泥地のなだらかな傾斜が陸から池底に向って続く遠浅の形状で、岸の陸生草本、抽水、浮葉、沈水植物が程よい密度で連続的に存在する岸構造が最も良い。さらに、岸から適度の距離をおいて、周囲に林とか草原を伴えば、羽化成虫の休息や成熟のための摂食の場となる。岸に付帯する湧水や流入水により形成された湿地の存在は、さらに多様性を増す。それが向陽湿地であれば、ハッチョウトンボを代表として、モートンイトトンボ、ハラビロトンボ、ヒメアカネ等、樹陰にある場合はサラサヤンマ等が発生する。

　岸構造とその周辺の状態に狭適応性を示す種の例として、ベッコウトンボの場合は、水深の浅い泥底部に沖へ向って拡張しつつある丈の低い疎なヨシ、ヒメガマ、マコモ等

の抽水植物群落がある程度の面積を有し、さらには後背に何がしかの草地を伴うことである。オオキトンボは、大きな水面の開けた浅い岸に、水中には水草か水没した陸生植物、それに続く陸地に丈の低い草本の広がりがある岸沿いで好んで連結産卵し、雄はパトロールする。マダラナニワトンボは、中部以西では一般に丘陵地の痩せたアカマツ林に囲まれた遠浅の池に生息する。イネ科等の陸上植物が半ば水没し、水面にも顔をだしているような浅い湿地様の水面の上や岸の湿った砂泥の裸地上で連結産卵する。

平地、丘陵地に存在するこのような限られた環境条件を有するため池の激減に伴い、かかる狭適応種は相互飛来、拡散定着できる場を失い、国内では数える程の産地しか残存しない。ベッコウトンボとマダラナニワトンボは、国のレッドデータブックの「絶滅危惧Ⅰ類」に、オオキトンボは「同Ⅱ類」に指定されている。

④ 集水域と流路

里山に所在するため池では、その上手の雑木林が集水域になる。この林内には半日陰の小さな水溜、細流、細流により生じた小湿地など多様な小水域が存在することが多い。数十センチ巾の細流上をハネビロエゾトンボ雄が時々ホバリングしながら探雌飛翔を繰り返す。ミルンヤンマもこのような細流に棲む。ミズギボウシが咲き、トウゲシバが密生する緩傾斜の湿地では、木漏れ日の中ムカシヤンマが羽化する。小水溜では、サラサヤンマ、タカネトンボの幼虫が育っている。これらのトンボは池の周りの林縁にも姿を見せる。

谷戸のため池へ流入する水路、田へ流出する水路、谷津田の側溝などの小さな清流には、オニヤンマ、ミヤマアカネ等（写真3.2.21）の流水性種が棲む。ため池とこれらの関連水域、さらに水田が一体となって豊かな里山のトンボ相を構成する。

写真3.2.21　昭和62年発行：オニヤンマ（左）
　　　　　　昭和61年発行：ミヤマアカネ（右）

⑤ 水　質

トンボの種と水質との関係についてシビアな体系的データの蓄積は無い。トンボ採集の傍ら水質もそれなりに詳しく調べることは時間や手間的に、また、BOD, P, N等を継続的に測定することは、経費的にもほとんど不可能である。せいぜいpHか簡易CODの測定を行なうことができる程度で、水色、透明性、植生等による目視的、経験的判断に基づく、やや曖昧な記述に止まっているのが現状である。

表3.2.4　鯉の存在が羽化数に及ぼす影響

年＼槽No.	②	③	④	⑤	⑥	⑦	⑧	計
94	1,969	3	34	18	421	1,354	927	4,726
95	748	11	2,917	22	1,549	88	215	5,550
96	110	4	540	16	229	437	438	1,774
97	430	4	0	18	0	0	53	505
98	1,595	0	0	0	0	0	0	1,595
99	682	1	1	0	0	0	0	684
計	5,534	23	3,492	74	2,199	1,879	1,633	14,834

□：鯉不在を示す　　■：鯉存在を示す　　　　（高崎、2000）

⑥　天敵として存在する魚

　稚魚はヤゴの餌となる反面、肉食性魚は成長するとヤゴの大敵となる。農山村で昔から飼養されているコイまで云々することはできないが、見場の良い環境保全実績を好む自治体等のコイの放流や、利益とレジャー至上の無思慮な外来魚の放流は、ヤゴのみならず本来の生態系に大害を与えている。従来、トンボ生育環境における魚害の報告は多いが数値で示されたものは余り見ないので、次の2例を挙げる。

　他要因もあるが、主としてコイの存在がトンボ羽化量に対し相当の影響を与える例を表3.2.4に示す。6年間にわたり、7面の貯水槽群から羽化した脱殻を計数したものであるが、枠に縁取りのある部分がその年コイの存在する槽であり、無地の存在しない槽より著しく羽化量が少ない。

　前園（1999）は外来魚のいる池6箇所、いない池3箇所で得られたコシアキトンボの脱殻数を比較し、最大100倍の差があった例と、外来魚は出入りできるがヤゴは出ることができないエンクロージャーにコシアキトンボ幼虫各20頭を入れ、3箇所の池に3個づつ設置したところ、外来魚のいない池では約半数が残存したが、いる池では0に近く、有意の差があった例を報告している。同時に実施したブラックバスとブルーギルの胃内容物の調査では、ヤゴの占める割合は前者5.9％、後者21.1％と報告している。

　なお、羽化直後を襲う最大の敵はセキレイ類とツバメである。

❹　ため池に類似する人工水域

　谷津田の放棄田の一部を掘り下げ、浅い池化した水域は人工池であるが、限りなく自然の池に近い。草を刈り植生の進出をコントロールした廃湿田と一体となって、雑木林

から水田時代と変わらぬ豊富な水の供給を受けながら、このような旧谷津田は里山の貴重なトンボ発生源となっている。愛知県岡崎市の例では、水田時代の記録がないので比較はできないが、在来から定着している流水性3種、湿地性数種を含み31種の成虫が谷戸内で見られた。

ため池の規模に近い濾過池、貯水池、学校プール等の大きな人工水域は、拡散飛来、羽化消長、生育可能な下限の環境、或いは水中天敵の少ない環境の有効利用等、止水性トンボに係る基礎的研究の場として意外に有用性がある。岡崎市に所在する工場の大小8面計4,000㎡の緩速濾過池、貯水槽群からは、均翅亜目5種、不均翅亜目13種が年毎の消長を見せながら羽化し、別に均翅亜目3種、不均翅亜目5種が飛来した。

プールは6月の水抜き清掃に続く、7、8月のトンボの利用不適期間以外は、消防法に基づく通年の貯水という規則性のあるサイクルをもつ水域である。石垣島の亜熱帯性2種、二、三の特異例を含め、今迄に少なくとも19種の生息が知られ、多くは移動性の強い種である。著者の関与している名古屋市街地の1小学校では、一夏でギンヤンマ幼虫1,000頭以上を救出している。

❺ ため池のトンボを調べる

ため池とトンボの基本的関係については前半で述べた。本項ではアセス等調査の一対象としてトンボを扱うことになった場合を想定した具体的な事柄について触れたい。

① 成虫について

a．池から発生していることの推定

分布調査は、成虫によることがほとんどで、トンボもその例外ではない。池に限っての調査では、果たしてその池から羽化したか、単に飛来したのかの区別が大切でありかつ難しい。①同一種が多数見られた、②羽化直後か1日経過後くらいの未熟な個体がいた、③雄が岸に沿って何かを探すように飛翔する探雌行動をしていた、または雄が水辺に突出した植物などの先端に止まり縄張りを張っていた、④連結または交尾したペアがやってきた、⑤産卵行動が見られた、⑥常に成虫が見られる、⑦その環境は産卵に適すると判断できたなどの条件に該当すれば、特段の厳密さが要求されない限り、その池で発生し得ると推定しても大過ないであろう。

幼虫の生息場所に劣らず、成虫の休息、摂食、生殖のための空間は重要である。ある池で、あるトンボを目撃したということは、その池と周囲の環境は、その種にとって適する生活場所であると言える。例えその池から発生した確証は無くとも、池を含

む環境の評価をする際には計上するのが妥当である。

　成虫は常に水辺に居る訳ではない。池で羽化した成虫は、成熟するまでの間水域から離れることが多い。極端な例はアキアカネの夏季における山地への移動であるが、普通は周辺の林や草原に移り、成熟すると池畔に戻って来る。羽化は思っているよりも早い時期に始まっており、調査が出遅れにならないよう気を付ける必要がある。

b．天候・時刻の影響

　成虫調査で重要なことは、調査結果が天候・時刻により大いに左右されることである。曇天、強風は不可である。普通種のイトトンボやシオカラトンボは余り時刻に左右されず、シオカラトンボは早朝日の出前にもう路上で活動しているが、一般的には、晴、無風の午前中が最適である。午後後半には池畔から姿を消すことが多い。秋季打水産卵するコノシメトンボなどアカトンボ類は、11時から12時のわずか1時間を中心に数多く出現し、その前後ではほとんど産卵を見ない。流水性サナエトンボは河畔に朝方多い。ヤブヤンマ、マルタンヤンマ、ネアカヨシヤンマ、ミルンヤンマ、カトリヤンマ等黄昏活動性のヤンマは、盛夏から秋口にかけ、日の出前と夕方ツバメの摂食飛翔が終わり、さらに暗くなりコウモリが出現し始める前までの明るさの間に多く飛翔する。カトリヤンマは地上すれすれにほとんど見えないくらい暗くなるまで飛ぶ。

　エゾトンボ類やハネビロトンボは日照に敏感で雲で日が翳った途端に姿を消し、やがて日照が回復すると再びどこからともなく現れる。

　調査は、晴天昼過ぎまでを基本とし、さらに種毎の習性を勘案して補足し完全なものとする。

c．池における成虫の棲み分け

　池の岸の状態は一様ではない。そのために場所によりほとんど成虫を見かけなかったり、居る成虫の種類が異なったりする。一般に遠浅の部分の水面に浮葉などがあり、抽水植物の丈が余り高くなく、岸はある程度開け、岸から適度に離れて樹林が存在するような部分に成虫は種、量ともに多い。局所的にしか見られない種もあるので、可能な限り池の全周を回り、同時に後背の草地や林も探して見落としが生じないように努める。イトトンボの羽化初期では、水面に姿はなく岸の草や潅木に静止していることが多い。同じ池でも、オオルリボシヤンマは池の水面から高いヨシ帯にかけて、ルリボシヤンマは草丈の低い湿地状部の上空とそれぞれ飛翔空間を棲み分けている。

d．近似種の対応

　目撃したトンボが全て採集できれば良いが、これはなかなか難しい。トンボ成虫は

比較的鑑別し易いが、遠方からの目撃では迷う場合が少なくない。丸味を持った飛び方をするか、稲妻状に直線的に飛ぶか、直ぐ止まるか、全然止まろうとしないか、同じ場所を往き来するか、止まる時は水平に止まるか、ぶら下がって止まるかなどの行動の様式も判定する時の一助となる。しかし、同じ種でも動作が全く違う時もあるので要注意である。一例として、ウスバキトンボ雄は、通常は群れて路上をのんびり漂っているが、薄暮池上を電光石火のスピードで飛び回り全く別種の感がある。

　遠い水面の浮葉上にいる*Ischnura*属や*Cercion*属のイトトンボの区別は困難なので、辛抱強く岸に寄って来るチャンスを待って採る。春から初夏に出現する小型の*Trigomphus*属のサナエトンボも互いによく似ている。フタスジサナエとオグマサナエはよく一緒にいるし、さらにタベサナエ、コサナエを加えた本属全4種（写真3.2.22、写真3.2.23）が見られる場所さえある。唯1頭だけ採って、産する種を即断してはならない。案外似た種が2種以上混じっている場合があるので、一応目についたものは全て採ってみた方が良い。ハネビロエゾトンボとエゾトンボも丘陵地に同所的に産し、紛らわしい組み合わせである。前者は、林内の細流上を、後者は向陽湿地上を飛ぶことが多いが、小空地や路上を共通の空間として飛ぶ場合も少なくない。飛翔場所だけでは完全な区別ができない。い

写真3.2.22　オグマサナエ(左)とタベサナエ(右)の羽化

A：コサナエ
B：フタスジサナエ
C：オグマサナエ
D：タベサナエ

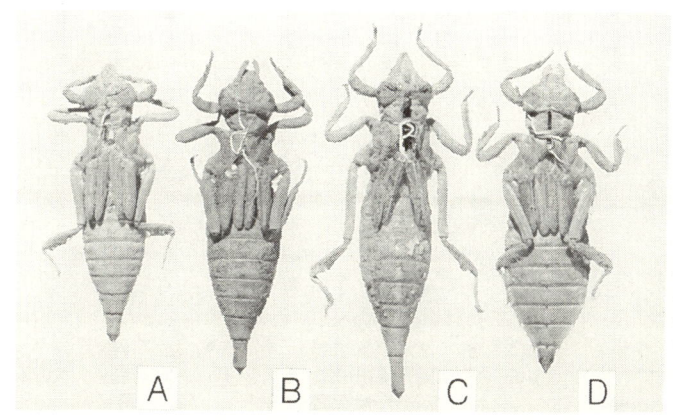

写真3.2.23　*Trigomphus*属4種の脱殻

ずれにしても固定観念に捕われることなく、疑わしきは必ず採ってみるべきである。

目撃記録は、後日確かめる術が無く、記録は時に書き誤ったり、うっかりフルネームで書かず、ホソミと書いただけで、ホソミイトトンボかホソミオツネントンボか思い出せない事態もある。近頃の感情的保護思想に惑わされること無く、確実を期すために毅然として採集すべきである。失われ行くため池の将来へ残す貴重な記録は、実在標本に裏打ちされた信頼性あるものとしたい。

② 幼虫について

a．幼虫と脱殻の採集

ヤゴを採るには、前縁が直線状で池底に接する部分の多いD型ネットを使うのが効果的である。ヤゴは、池底の泥や落葉の下に浅くもぐっているもの、表面にいるもの、イトトンボや多くのヤンマのように沈水植物や水中の枯木などにつかまっているものと様々であるので、泥をすくうことと、水草をサッと浚うことの両方が必要である。普通は、岸からタモが届く範囲の浅い部分で採集されているが、それで十分であろう。*Stylurus*属のサナエトンボなど一部の種を除いてはどの程度深部までいるのかよく

写真3.2.24 水際で羽化するウチワヤンマ(サナエトンボ科)の脱殻

写真3.2.25 抽水植物に登り羽化するマルタンヤンマの脱殻

写真3.2.26 岸壁面のウスバキトンボの脱殻群

2 ため池の動物

判っていない。トンボは不完全変態をする昆虫であるので幼虫から直接成虫になる。その時脱いだヤゴの殻を脱殻または羽化殻という。サナエトンボ類の脱殻は岸の地面や水辺の植物の根際など水面すれすれの低い位置にあるが、ほとんどのトンボの脱殻は岸の植生の比較的低い位置に付いている。オニヤンマ、ヤブヤンマ、コヤマトンボ、オオヤマトンボのような大型種の一部は岸から何メートルも離れた樹幹や、さらに幹をかなり高く登って羽化している（写真3.2.24～写真3.2.27）。脱殻

写真3.2.27 樹上のオオヤマトンボの脱殻

を探すには、池畔のいろいろな所に目を配る必要がある。皮肉なことではあるが、コンクリート護岸や石組みに止まった脱殻が一番楽に発見できる。脱殻の近くにいた成虫が、その主と即断してはならない。無関係なことがしばしばある。

脱殻を定期的、継続的に丹念に集めることにより、河川と違い範囲が限定された池沼や人工水域では、羽化消長ばかりか羽化総量を調べることもできる。一般に、ヤゴの生息密度は高くなく、むしろ脱殻を探した方が作業としては楽である。

b. 同 定

脱殻は、鑑別の決め手となる終齢幼虫の特徴をそのまま示し、幼虫と全く同等の価値があり、液浸よりも標本としての楽しさがある。それに若齢幼虫での種レベルの識別は、一部特徴

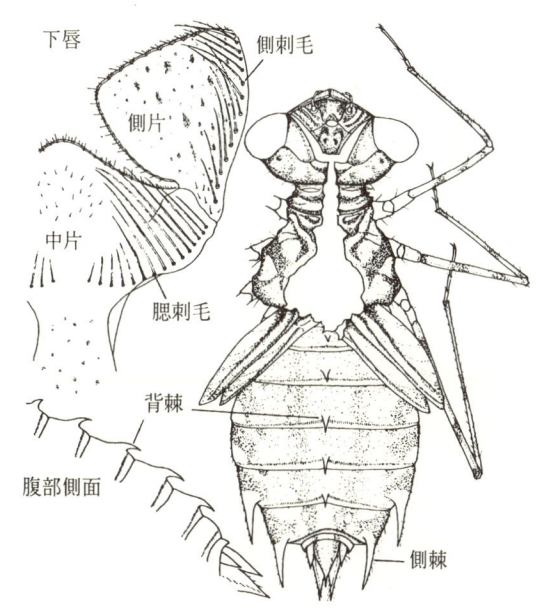

図3.2.9 ヒメリスアカネ（原図、1981）

137

3章　ため池の生き物

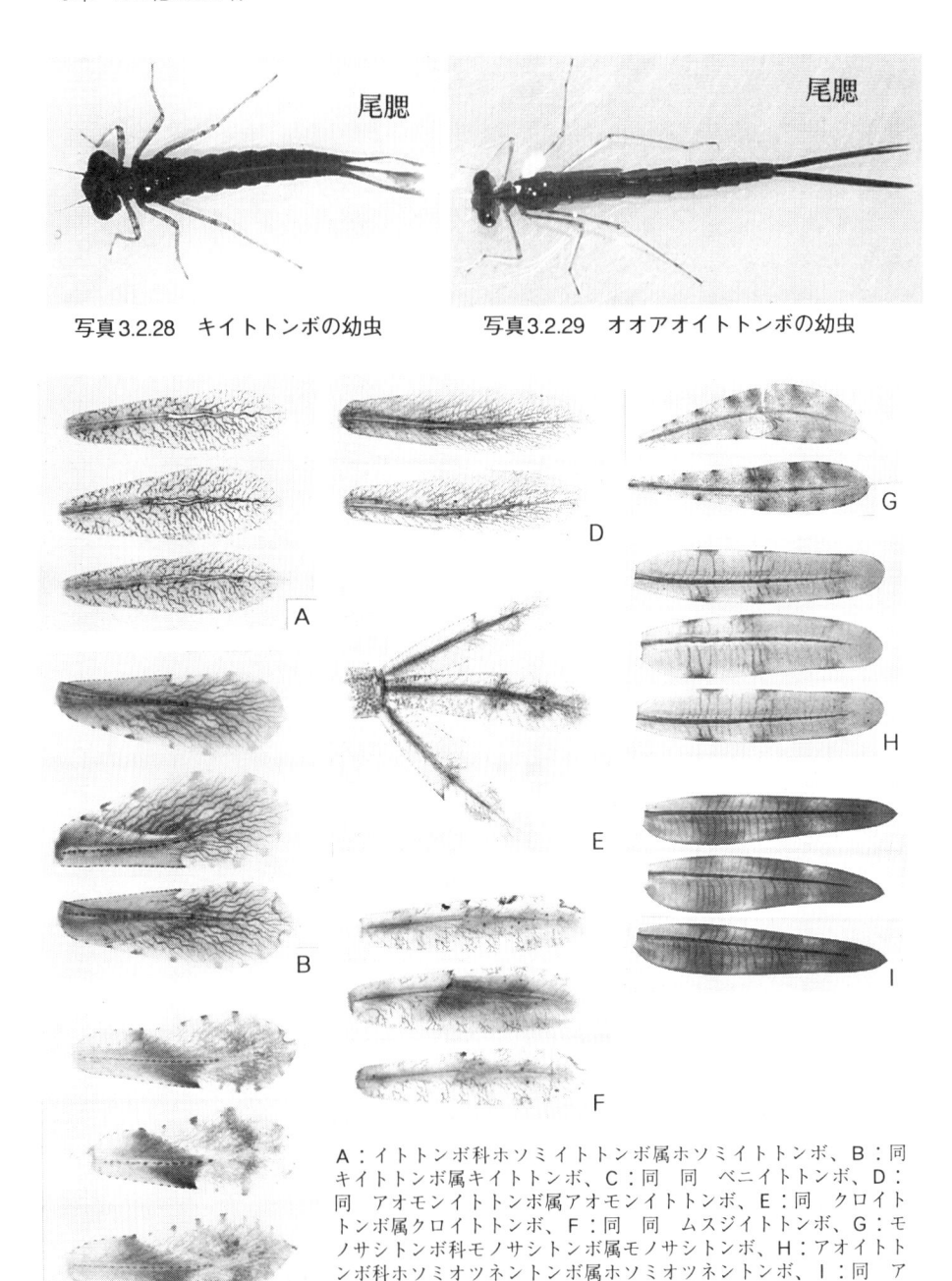

写真3.2.28　キイトトンボの幼虫

写真3.2.29　オオアオイトトンボの幼虫

A：イトトンボ科ホソミイトトンボ属ホソミイトトンボ、B：同キイトトンボ属キイトトンボ、C：同　同　ベニイトトンボ、D：同　アオモンイトトンボ属アオモンイトトンボ、E：同　クロイトトンボ属クロイトトンボ、F：同　同　ムスジイトトンボ、G：モノサシトンボ科モノサシトンボ属モノサシトンボ、H：アオイトトンボ科ホソミオツネントンボ属ホソミオツネントンボ、I：同　アオイトトンボ属オオアオイトトンボ

写真3.2.30　イトトンボ幼虫の中央腮と側腮1または2枚

> 2 ため池の動物

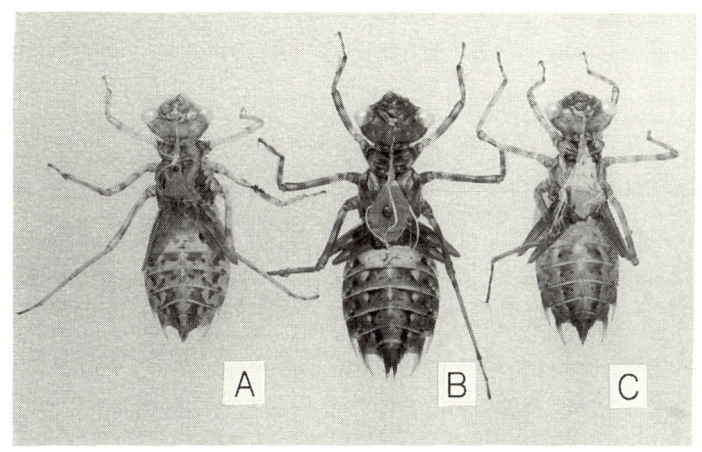

A：コノシメトンボ
B：ネキトンボ
C：アキアカネ

写真3.2.31　**Sympetrum**属3種の脱殻

ある種以外極めて困難である。

　幼虫の形態は科レベルでは明瞭に異なり、容易に区別できるが、イトトンボの亜科内または属内、サナエトンボ科の一部、エゾトンボ亜科、トンボ科の各亜科内での識別は困難な場合が多い。鑑別のメルクマールとして、従来から下唇の形状、その中片、側片の各刺毛数、腹部の背棘や側棘の形状や数が重視されてきたが、個体差があるため、この点だけに頼ると間違いが生ずることもある（図3.2.9）。イトトンボでは尾鰓の形、気管の紋様が重視され、亜科レベルまではこれで識別可能であるが（写真3.2.28、写真3.2.29）、属間または属内では尾鰓は酷似し、紋様などの個体差も大きく、識別はかなり難しい。ため池に生息するイトトンボ各科の若干属の尾鰓を示すが（写真3.2.30）、イトトンボは成虫で同定するとしておいたほうが無難で、定着性の観点からもその池からの発生として大過ない。

　幼虫、脱殻は生息場所の泥色を呈するなど、同一種でも見た目の色はかなり異なる場合がある。腹背には種固有の斑紋を現すが、規則性に欠けるため識別点としては重要視されていない。しかし、グループによっては、脱殻を現場で一見した時の目安としては結構有用性がある。例えば写真3.2.31で示す同所的に発生するアカネ3種は、ほぼ斑紋だけで区別できる。

139

3章 ため池の生き物

引用・参考文献

安藤　尚（2000）：濃尾平野の木曽川堤外河跡湖群のトンボ17年の消長、佳香蝶、**52**(204), 53-63
浜田　康・井上　清（1985）：日本産トンボ大図鑑、講談社
井上　清・谷　幸三（2000）：トンボのすべて　改訂版、トンボ出版
石田勝義（1996）：日本産トンボ目幼虫検索図説、北海道大学図書刊行会
苅部治紀（2000）：マダラナニワトンボの生息状況、TOMBO、**42**(1-4), 26-30
Maezono, Y. (1999)：Top-down effects induced by exotic fishes on native lentic communities. (Master's thesis), Laboratory of Wildlife Biology, The University of Tokyo
松良俊明（1999）：小学校プールになぜヤゴ（タイリクアカネ幼虫）が棲むのか、昆虫と自然、**34**(10), 13-17
守山　弘（1996）：雑木林の歴史性と蝶類、日本産蝶類の衰亡と保護第4集、pp.77-90
長田光世・田畑貞寿（1992）：トンボの生息環境からみた水辺空間の環境復元について、千葉大学園芸学部学術報告46号、pp.35-45
長田光世・飯島　博・守山　弘（1997）：湿性緑地の植生構造とトンボの対応関係に関する基礎的研究、日本造園学会誌、**60**(5), 547-552
田口正男（1997）：トンボの里－アカトンボにみる谷戸の自然－、信山社サイテック
高崎保郎（1993）：ため池のトンボを調べる人のために(1)、ため池の自然、**18**, 9-10
高崎保郎（1994a）：ため池のトンボを調べる人のために(2)、ため池の自然、**19**, 13-15
高崎保郎（1994b）：ため池のトンボを調べる人のために(3)、ため池の自然、**20**, 4-6
高崎保郎（1994c）：トンボ、ため池の自然学入門（ため池の自然談話会編）、pp.62-73、合同出版
高崎保郎（1997）：ため池の衰退を反映するベッコウトンボの滅亡、ため池の自然、**26**, 1-6
高崎保郎（1998）：愛知県瀬戸市万博予定地のトンボ相、佳香蝶、**50**(198), 33-41
高崎保郎（2000）：愛知県瀬戸市および長久手町万博予定地のトンボ相（第2報）、佳香蝶、**52**(201), 1-10
高崎保郎（2000）：人工貯水池群におけるトンボの動態7年、月刊むし、(353), 22-29
鵜殿清文（1996）：愛知池のトンボ、中日本トンボの会発表要旨
上田哲行（1998）：ため池のトンボ群集・水田のトンボ群集、水辺の環境保全（江崎保男・田中哲夫編）、pp.17-33, pp.93-110、朝倉書店
渡辺賢一（1993）：ベニトンボの幼虫をプールから採集、TOMBO、**36**(1-4), 34
横地鋭典（1999）：愛知県瀬戸市海上町周辺のトンボの記録、佳香蝶、**51**(197), 4-6
横地鋭典（1999）：愛知県瀬戸市海上町周辺のチョウの記録(1)およびトンボの記録(2)、佳香蝶、**51**(200), 57-62

（高崎　保郎）

2.5 半翅類（異翅類）

❶ 水生半翅類はカメムシの仲間

半翅目（Hemiptera）は、セミやウンカ・ヨコバイなどを含む同翅亜目（Homoptera）とカメムシの仲間である異翅亜目（Heteroptera）とからなる。水生昆虫として扱われる半翅類はすべて異翅亜目のものであるため、水生昆虫だけを扱う著書では半翅目でなく異翅目（カメムシ目・Heteroptera）の表題で扱われることも多い。カメムシの仲間なので、水生半翅類にもいろんな臭いを出す種が含まれる。

水生のカメムシ類は、系統的に大きく二種類に分けることができる。アメンボのように水面に適応して進化した仲間（半水生カメムシ類・Gerromorpha）とタイコウチなど水中に進出した仲間（水生カメムシ類・Nepomorpha）である。

❷ アメンボ類

① アメンボ類（半水生カメムシ類）の進化

アメンボはなぜアメンボになったのだろうか。水面に進出し、池や小川や海の上を優雅に滑って生活するために少しずつ進化していったのだろうか。翅の進化において、充分に飛べない翅を持っていたとしてもそれは邪魔になるだけで、少しずつ翅が長くなる進化があったとは考えにくい。同じように、少しずつ水面に適応していくようなアメンボの進化はあり得ない。

図3.2.10はデンマークのアナーセンが描いたアメンボ類の系統樹である。ここでは、アナーセンによるアメンボ類の進化の概要を筆者なりに紹介させていただこうと思う。

② アメンボ類の祖先形

体が小さい昆虫にとって、水はわれわれが考える以上に恐ろしいものだ。いったん水面に落ちて体が濡れてしまうと、水の凝集力（水分子が電気的に引き合う力）によって体を水面から引き剥がすことができなくなり、溺れてしまうか、水中の天敵に食べられるかどちらかになるからである。

アメンボの祖先は体全体に密に毛を生やすことで体を濡れにくくした。アメンボ類の体毛には2種類あり、1種類は他の昆虫にも普通に見られる剛毛でありアメンボの体表面に粗く長い毛を生じている。もう一つの短い毛は先端部がUターンして体側に向かっており、長く粗い剛毛の間に密生している。この2種類の毛が水をはじく働きをしているわけだが、とりわけ密生している先端がフックした短毛の役割が大きいと考えられる。

3章　ため池の生き物

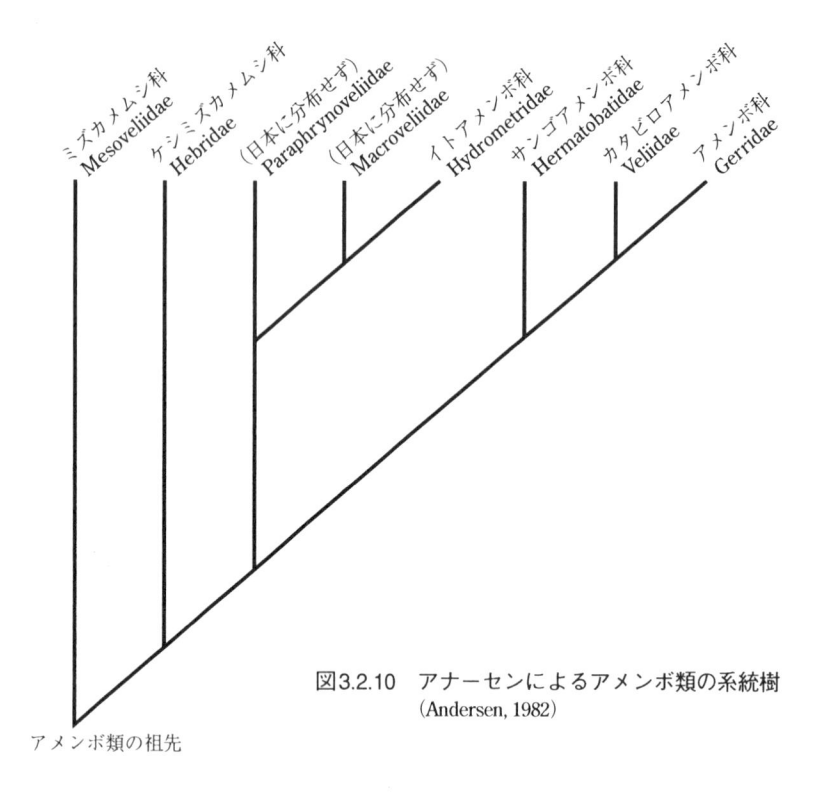

図3.2.10　アナーセンによるアメンボ類の系統樹
(Andersen, 1982)

系統樹の末端（左から右）:
- ミズカメムシ科　Mesoveliidae
- ケシミズカメムシ科　Hebridae
- （日本に分布せず）Paraphrynoveliidae
- （日本に分布せず）Macroveliidae
- イトアメンボ科　Hydrometridae
- サンゴアメンボ科　Hermatobatidae
- カタビロアメンボ科　Veliidae
- アメンボ科　Gerridae

アメンボ類の祖先

体が水をはじくようになった水辺にすむ小さなアメンボ類の祖先から、すべてのアメンボの仲間が進化したと考えられている。

③　水草の上で生活するミズカメムシ

ヒシはどこの池にでも普通に見られる浮葉植物である。ヒシを食べる代表的な昆虫はヒシハムシで、ヒシハムシが発生するとヒシは穴だらけに食べられ実もつけずに枯れてしまう。このヒシハムシの天敵がアメンボの一種ミズカメムシ(*Mesovelia* spp.)（ミズカメムシ科・Mesoveliidae）だ。ヒシハムシが発生したヒシの中を目の細かい網ですくうと、3mmほどの緑のカメムシがたくさん採れる。これがミズカメムシで、アメンボの祖先から最初に分かれた仲間である。

ミズカメムシのように水生植物上に進出した仲間では、水生植物上から水面に落下することも多く、水面を横切って水生植物の間を往復することも必要である。そこで問題となるのが、水面からいかに水草などに脱出するかという問題である。

142

④ 水の壁

原始的なアメンボ類は、みんな身体が小さい。肢の短い原始的なアメンボ類は水面から十分な浮力が得られないため、小さな身体でないと水面に浮くことができないからだ。

たとえ毛を生やすことで水面につかまらなくなったとしても、小さな昆虫にとって水面を脱出するのは容易なことではない。なぜなら、水と陸上との間には、図3.2.11に示すような垂直に近い水の壁ができるからである。

図3.2.11 アメンボが水の壁を登る様子（Andersen, 1982）
小さな矢印は水面を引き上げていることを、白抜きの矢印は昆虫が進む方向を示す。

みんながメスシリンダーの読み取り方を勉強したとき習ったはずだ。メスシリンダーのヘリの部分は水がガラスに引きつけられて上方へ引き上げられているから、メスシリンダーの目盛りは中央部分の一番低い水面で読み取らなければならないと。小さな昆虫類は一旦水面に落ちてしまうと、この水の壁を登ることができず、水面から脱出できなくなってしまうのだ。

⑤ 昆虫を水の壁の上に押し上げる力

多くの昆虫類がこの水の壁をいとも簡単に登る方法をあみだした。水面を下に膨らんだ凹にゆがめる方法である。ハネカクシの仲間は、水に落ちると尾の部分で水面を持ち上げる。ドロムシの仲間は水をはじく身体で水面を押し下げ、口で水面を持ち上げる。そのような方法で水面を凹にゆがめると、その昆虫は瞬時に水の壁の頂上に押し上げられてしまうのである（Baudoin, 1955；宮本、1955）。

簡単な実験をしてみよう。アルミホイルで小さな長方形を作り、アルミホイルを様々な形にわん曲させて水を張ったシャーレに浮かべてみよう。凹に歪めたアルミホイルはすぐにシャーレのヘリにくっついてしまい、凸に歪めたものは決してシャーレのヘリに近づかないはずだ。水面に浮かぶ物体が形成する水面と水の壁とを一致させることで、水表面を最小にしようとする表面張力が働くからである（伴、1984）。

⑥ 肢の爪で水面を引っ張る

図3.2.11に示すように、アメンボ類は肢の爪で水面を引き上げる方法を選んだ。ハネカクシのように尾ではなく、ドロムシのように口でもなく、肢の爪で水面を引き上げる

3章　ため池の生き物

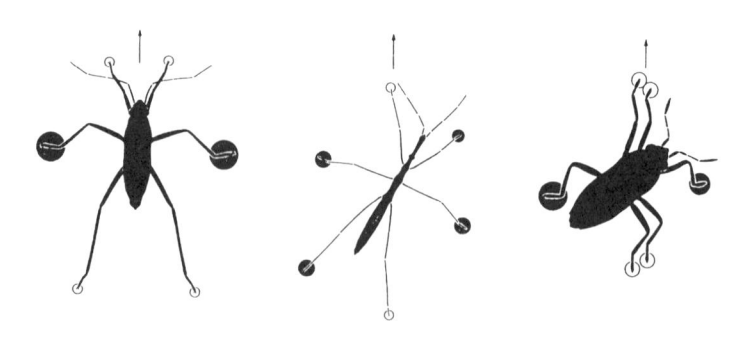

図3.2.12　アメンボ類の上陸行動（Andersen, 1982）
黒丸は水面を押し下げていることを、白丸は水面を引き上げていることを示す。

ことにした。このことがアメンボ類を真の水面生活者へと進化させたように思われる。

アメンボを水面に浮かべておいて、部屋を暗くして上からペンライトを当ててやると、水面の凹凸を観察することができる。凹になった水面は光束を広げるために黒いスポットを、凸になった水面は光束を収束させ白いスポット映し出すからである（伴、1984）。

図3.2.12には、アメンボの種類によって上陸行動に違いがあることを示している。最も原始的なミズカメムシの仲間は、前肢と後肢で水面を引き上げ、中肢で水面を押すことで水の壁を登る。イトアメンボやカタビロアメンボの仲間では、片方の前肢（あるいは前肢と中肢）と反対側の後肢（あるいは中肢と後肢）で水面を引き上げ、他の肢で水面を押し下げることによって凹の水面を作り水の壁を登るのである。

⑦　左右の肢を交互に出して水面を歩く仲間

図3.2.13にミズカメムシの歩行を示す。足が短いアメンボの仲間はすべて陸上のカメムシと同じく左右の足を交互に出して歩行する。

岸辺の水草の間を目の細かい網ですくうと、まるでナナフシを小さくしたような昆虫が採れる。これがイ

図3.2.13　肢を交互に出して歩くミズカメムシ
（Andersen, 1982）

黒い肢が体を支えており、白抜きの肢を移動させている。行動は下から上へ移行している。

144

トアメンボ(*Hydrometra* spp.)(イトアメンボ科・Hydrometridae)で、大きなものでも体長が14mmほどにしかならない。

水田の水面をすくうと、1〜2mmの黒いけし粒のような虫がたくさん採れる。これはケシカタビロアメンボ(*Microvelia* spp.)(カタビロアメンボ科・Veliidae)といい、夏季の水田で非常に高密度に達するため、ウンカやヨコバイ類の有力な天敵とされている。

これらの比較的肢の短いアメンボを水槽に入れて観察してみると、すぐに水のへりに寄ってきて水面から脱出しようとすることがわかる。アメンボの仲間でありながら、あまり水面上にはいたくないらしい。

次に述べるように、大型のアメンボの進化には肢の伸長が不可欠と思われるが、肢の発達と伸長は、爪で水面を押したり引き上げたりする壁登り行動によって促進されたと考えられる。アメンボ類は、水面から逃げよう逃げようとしているうちに、水面に適応して水面で生活するようになったとも考えることができる。

⑧ 左右の長い肢を同時に動かすアメンボ

アメンボの仲間(アメンボ科・Gerridae)は少しずつ身体を大型化し、最後にオオアメンボ(*Gerris elongatus*)のように大型のアメンボが誕生したと考えられるが、身体の大型化には肢の伸長が不可欠であった。水をはじく長い肢の比較的長い部分で水を押さえることによって初めて、大型化した身体を浮かすのに十分な表面張力が得られるからだ。

長い肢を水表面につけていると、左右の肢を交互に動かして歩行することができなく

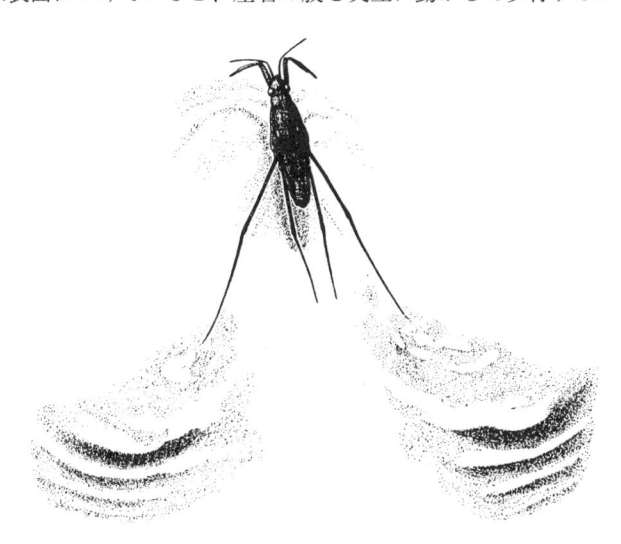

図3.2.14 左右の肢を同時に動かしてジャンプするヒメアメンボ (Andersen, 1982)

なり、左右の肢を同時に動かしてオールのように水をかいて進む運動しかできなくなる。これが最も進化したアメンボの姿である。図3.2.14に示したように、左右の肢を同時にかいてジャンプすることもできる。

池や川に普通に見られるアメンボには、もはや水の壁を登るために水面を歪める行動は見られない。しかしながら、進化の第一段階で得られた水をはじく身体と第二段階で得られた水を引きつける爪とが、アメンボの水面での生活を可能にしたのである。

❸ カメムシ類
① 水中に適応したカメムシ類
アメンボ類の進化についてはアナーセンの精力的な研究によってかなり解明されたが、水に潜って生活している水生カメムシ類の進化についてはほとんどわかっていない。

この項では水生カメムシ類の進化について、生態的な適応が生理的な変化をもたらしたのではないか、という観点から、主に呼吸法について再考してみたい（伴、1982）。

② 盤鰓(プラストロン)呼吸
水生カメムシ類の中で、際だって特殊と思われている呼吸方法が、盤鰓、すなわちプラストロン呼吸である。この呼吸法は、池に棲むコバンムシ(*Ilyocoris exclamationis*)(コバンムシ科・Naucoridae)や渓流に棲むナベブタムシ類(*Aphelocheirus* spp.)(ナベブタムシ科・Aphelocheiridae)だけに発達していると考えられている(両種群は別々の科に分類される場合もあるが、同じ科に分類されることもある)。

コバンムシの腹部下面には、水をはじくフックした毛が密生している。水中では、水の表面張力によって水は密生した毛の内部に入ることができない。毛の間に蓄えてある空気が消耗しても水はこの部分に侵入できないため、毛の間に陰圧を生じ、水に溶けている酸素を毛のすき間に取り入れることができる、と言われている。実際、コバンムシやナベブタムシは呼吸のために浮上することがない。

③ 泡をつけている甲虫類の呼吸法
話が半翅類から離れてしまって恐縮だが、泡をつけている甲虫類の呼吸については興味深いことがわかっている。

ゲンゴロウやガムシは腹面やおしりにつけた泡の表面から酸素を取り入れているというのだ。泡の中には空気すなわち酸素と窒素が含まれており、酸素を消費すると酸素分圧が下がって水中の酸素が気泡中に移行するらしい(小山、1977)。

もしそれが本当なら、プラストロン呼吸などというものはそれほど重要でないことになる。身体に付けている空気の部分に特に陰圧を生じなくても、窒素が残されていて酸素分圧が低ければ酸素を取り込むことができることになるからである。

④ タイコウチ・ミズカマキリの呼吸法

タイコウチ科（Nepidae）のタイコウチ（*Laccotrephes japonensis*）（写真3.2.32、写真3.2.33）やミズカマキリ（*Ranatra chinensis*）（写真3.2.34）は、長い呼吸管で水面から空気を取り入れており、空気呼吸であると考えられている。では、タイコウチやミズカマキリは水中では呼吸できないのだろうか。

タイコウチ・ミズカマキリ・ヒメミズカマキリ（*Ranatra unicolor*）の3種は水中で越冬する。越冬中は代謝が低下しているからそれほど酸素が必要ないのだろうが、それでもいくばくかの酸素を水中から受け取っているはずである。

筆者が琵琶湖の内湾でヒメミズカマキリの研究をしていたとき、ヒメミズカマキリの産卵場所はヒシのスポンジ状の葉柄であった。そのため、ヒメミズカマキリは6月にヒシの葉が水面に展開するまでは冬眠していたことになる（伴ら、1988）。冬眠といっても5月まで水底でじっとしているわけなので、水中で呼吸ができるのではないかと思い、バケツにヒメミズカマキリ10個体ほどを入れ、浮上できないように水面との間を金網で仕切っておいた。

3月から4月にかけて1カ月以上生きていたことは確かだが、あまりまじめに観察して

写真3.2.32　タイコウチ（幼虫） 　　写真3.2.33　タイコウチ（成虫） 　　写真3.2.34　ミズカマキリ（成虫）

いたわけではないでの、1カ月半後には全個体死亡していた。酸素不足のためと思われるが、琵琶湖の湖水中であったらもっと生きられたと思う。

ミズカマキリにしろタイコウチにしろ、十分な量ではないかもしれないが、ある程度の酸素は水中から得ているものと思われる。

⑤ 腹を上にして生活するマツモムシ

マツモムシ(*Notonecta triguttata*)(マツモムシ科・Notonectidae)は、いつも腹を上にして泳いでおり、水中に潜るときには、腹部腹面の中央部と辺縁部から生えた長毛を編み合わせて、その長毛と腹面との間に蓄えた空気で呼吸している。たいてい水面に浮いているおり、腹部末端の空気孔で水面から空気を取り入れている。

しかしながら、冬季にはマツモムシも空気交換できない場合が多い。池の表面が結氷してしまうからである。

写真3.2.35 二本の中肢と尾毛で水面を支えて波を感知するマツモムシ(成虫)

筆者が観察していた滋賀県の池では、結氷期間は数カ月に及び、その間マツモムシは氷の下で泳ぎ回っていた(写真3.2.35)。水中に溶けている酸素を充分に取り込んでいたようである。プラストロン呼吸でなくても泡の表面から酸素を取り入れることができるのであるから、腹部につけた気泡の表面からも酸素を吸収することはできるはずである。

⑥ 餌の取り方が呼吸法を決める?!

マツモムシがお尻を水面に出し、腹を上にして泳いでいるのは、水面の餌を捕るためである。

マツモムシは泡の浮力で体が浮き上がってしまうのを、左右の中肢で水面を持ち上げて体を沈めているのであるが、もう一つ、お尻に生えている長毛を水面に広げて、二本の中肢とお尻の毛の三点で体を支えると同時に、水面の波を感知しているのである。この三点で水面の異常(波)とその方向を知り、波を起こしているであろう水面落下昆虫に殺到し、屈強な前肢と中肢で獲物を捕らえて体液を吸収するためである。

琵琶湖の内湾で観察した結果、ヒメミズカマキリが捕らえて食べていた餌の半分以上がアメンボとミズカメムシ、すなわちアメンボ類で、水面下に生息する動物はわずか30％にすぎなかった(伴ら、1988)。

タイコウチやミズカマキリの仲間は、アメンボ類を含む豊富な水面上の餌を利用するために、水面に呼吸管を出して空気を取り入れるようになったのだと思われる。呼吸管を水面に出しているのは、後肢の先端と呼吸管の先端の三点で体を固定し、呼吸管を水面につけることで体を水面直下に保っているものと考えられる。

コバンムシは全く餌の取り方が違う。アカムシユスリカを餌に与えようと思えば、マツモムシやミズカマキリでは、ピンセットで頭の上方に持っていき捕えさせる必要があるが、コバンムシだけは水底に沈めておけば自分で潜り探して食べる。

ここで強調したいことは、水生カメムシ類の多くが水表面で生活しているのは、空気呼吸という生理的制約によってそうなったのではなく、潜在的には水中で呼吸することが可能であるにもかかわらず、水面上の餌を利用するために空中の酸素を利用する方向に進化したのではないか、ということである。

⑦ ミズムシ科（フウセンムシの仲間）

ミズムシの仲間（ミズムシ科・Corixidae）は、かつてフウセンムシと呼ばれ、紙片と一緒にコップに入れておくとコップの底に沈んだ紙片を持ち上げることを繰り返して、見ているものを飽きさせない水生昆虫として親しまれていた。

比較的大型のミズムシ類で、これまで生態の一部でも観察の機会があった種は、京都市の深泥池（みぞろがいけ）に高密度に生息していたミヤケミズムシ（*Xenocorixa vittipennis*）だけである。

ミヤケミズムシは、水面に近い浅い部分では決して採集されず、胸までの長靴をはいて水深1mほどの沈水植物の間を探らないと採集できなかった。水面から離れて生活することと、最初に述べたように水に潜りたがる習性から、この種も腹面につけている泡を通して溶存酸素を取り入れているものと思われる。

筆者はこれまで、水中で何もつかまらずに定位して生活できる水生カメムシ類はコマツモムシの仲間（マツモムシ科・*Anisops* spp.）（写真3.2.36）だけとしてきたが、ミヤケミズムシなどの大型のミズムシ類も、深い水中では水草につかまらずに生活している可能性が大きい。腹部に付けている泡も、深い水中では水圧で圧縮されて大きな浮力が生じない大きさに縮小していると考えられるからである。

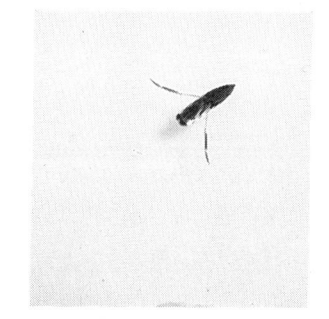

写真3.2.36　水中で何もつかまらずに定位できるコマツモムシ（成虫）

3章　ため池の生き物

　小形のコミズムシ類(ミズムシ科・*Sigara* spp.)は、水槽中では水面に上がって腹面に空気を取り込む行動が見られるが、水田では水の取り入れ口付近に上流に向かって高密度に並んでいることが多いので、やはり水中の酸素を利用していると推測される。

　ミズムシ科の仲間もマツモムシ科のコマツモムシも、時には空中の酸素にたよることがあるにせよ、主に水中の酸素を利用しているものと考えられる。

⑧　絶滅していく水生カメムシ類

　大型のミズムシ類については、30年前に筆者が京都に来た当時ですら、深泥池のミヤケミズムシ以外では、大津市南部の池でミズムシ(*Hesperocorixa distanti*)2個体を採集した以外には、近畿地方で見つけたことはない(九州や東北地方ではかなり採集することができた)。東海地方では、生まれてこのかた1個体も採集したことがない。

　コバンムシもかなりな珍虫とされ、筆者が近畿にいた20年前では、琵琶湖の一部と深泥池でしか採集できなかった。今では絶滅しているだろう。大型のミズムシ類やコバンムシがこれほど早く絶滅してしまったのは、これらの種が水中の酸素を利用する種であったからなのではないだろうか。富栄養化による溶存酸素の減少が、これらの種群を絶滅に追いやったと考えられる。ミヤケミズムシのように、水中の深い部分でしか生きられない水生カメムシ類に対しては、その影響は絶大であったと想像される。

　絶滅危惧種と騒がれながらも、年々分布を拡大しているタガメ(*Lethocerus deyrollei*)(コオイムシ科・Belostomatidae)(写真3.2.37)をしりめに、ごく普通種と思われていたコミズムシの仲間さえも急速に姿を消している。ほとんどの種が空気呼吸であるとする水生カメムシ類の常識を疑うことなしに、このことを説明するのは難しい。

写真3.2.37　お尻を水面に出して呼吸するコオイムシ(成虫)

⑨　大型の水生カメムシ類

　生態系の頂点を占める種であるにもかかわらず、すくなくとも愛知県ではタガメは分布を広げている。他の水生カメムシ類が着実に絶滅に向かう中で、なぜタガメは復活しつつあるのだろうか(写真3.2.38、写真3.2.39)。

　コバンムシやミズムシ類が減ってきたことからもわかるように、水中で泡の表面から水中の酸素を取り込む方法は、鰓のように接触面積を広げることができないため、効率

の悪い呼吸法である。そのため、タガメのように大型で体の体積に対する体表面の割合が小さな種では、この方法で充分な酸素を吸収することは難しい。同じコオイムシ科でも体が小さいコオイムシ(*Diplonychus japonicus*)のほうは、タガメに比べてずっと水に潜る傾向が強く、水中で巻き貝などの餌を集めるのが得意である。

写真3.2.38　タガメ(成虫)　写真3.2.39　タガメ(幼虫)

大型のタガメが陸上で越冬し、水中で越冬できないのも同じ理由からと思われる。陸上ならば、空気から十分な酸素が得られるからである。タイコウチ科の中ではヒメタイコウチ(*Nepa hoffmanni*)だけが陸上で越冬するのも体積と体表面積の関係から説明できる。

同じ休眠でも、気温が高い夏眠となると、もう少し条件が悪い。高温条件下では、酸素消費量が増え溶存酸素量は逆に減るからである。夏に雨が少ない地中海地方では、水生カメムシ類も夏眠する。筆者が観察した南フランスのリヨンでは、コバンムシの仲間とヒメタイコウチの一種(*Nepa cinerea*)が水のない石の下で一緒に夏眠していた。冬眠と違って気温が高い夏眠の場合には、日本では水中で冬眠しているコバンムシも陸上で休眠しなくてはならないのだろう。

⑩　卵のプラストロン呼吸

水中に生活するカメムシ類の卵はどのように呼吸しているのだろうか。

これまで最もよく研究され、水中で呼吸できるとされてきたのがタイコウチ科の卵である。写真3.2.40に示したように、タイコウチ科の卵には片方の端に多くの糸状の突起が付いている。ヒントンは、図3.2.15に示した糸状突起の内部構造から、多孔質となっている先端側でプラストロン呼吸を行なっているとした。

筆者等が高校の生物部でヒメタイコウチの研究をしていたとき、やはり卵についている糸状突起が気になって実験をしてみた。根本から完全に切除してみたが、卵からの孵化は正常に行なわれた。近隣の中学生は糸状突起の先端側を接着剤で固め、大学生はワセリンを塗ってみた。結果はすべて正常な孵化であった(伴ら、1988)。

3章　ため池の生き物

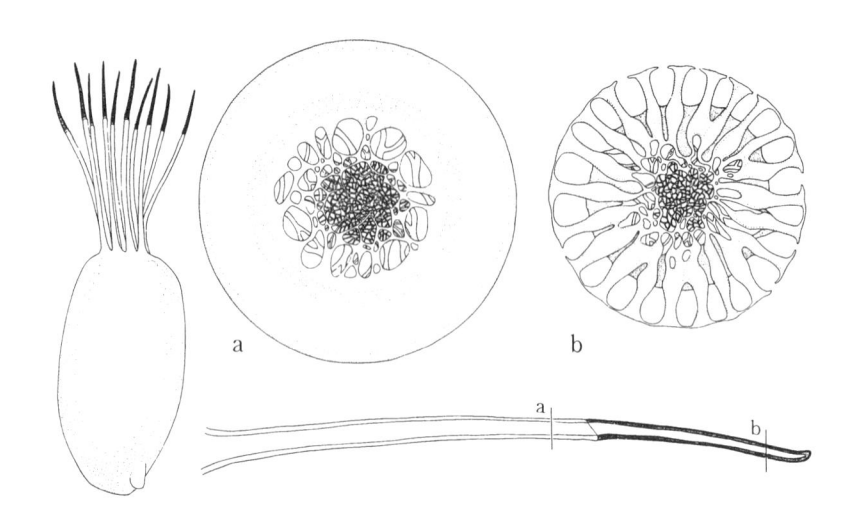

図3.2.15　ヨーロッパ産 *Nepa cinerea* の卵の糸状突起の内部構造 （Hinton, 1970）
卵本体に近い部分は中空になっており（a）、先端側は多孔質のプラストロン構造になっている（b）。

　ヒメタイコウチでも糸状突起の先端側は胚の発生につれてわずかではあるが肥大してくるので、多孔質部分ができていると思われる。しかしながら、そのような形態的特徴とは裏腹に、卵の糸状突起は呼吸に役立っておらず、ヒメタイコウチ・タイコウチ・ミズカマキリでは、卵は水中では孵化できない（伴、1997）。
　ヒメミズカマキリだけは、長い糸状突起の先端側が大きく肥大し、水中でも発生・孵化が可能である。

⑪　産卵生態が卵の生理を決める
　すでに述べたように、ヒメミズカマキリはヒシの葉柄のような植物の組織内に産卵する（写真3.2.41）。産卵された状態では糸状突起の部分は空中に露出しているため、水中で呼吸する必要はない。しかしながら、急に水面が上昇したり水生植物の組織が劣化すると卵は水没するので、その

写真3.2.40　糸状突起のあるヒメタイコウチの卵

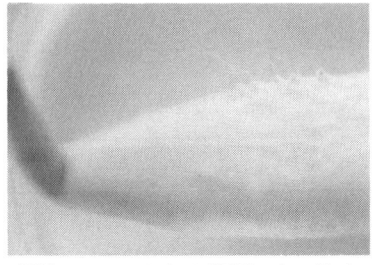

写真3.2.41　ヒシの葉柄に産み付けられたヒメミズカマキリの卵

場合に水中でも呼吸できることが必要である。

　ヒメタイコウチ・タイコウチ・ミズカマキリはいずれも陸上の土の中に産卵する。その場合に、糸状突起とその付け根の部分が空気にさらされるため、卵が水中で呼吸する必要はない。

　糸状突起のプラストロン構造から判断すれば、タイコウチ科の卵は潜在的には水中で呼吸可能なはずである。しかしながら、その能力が発現されるか退化するかという進化の方向は成虫の産卵生態によって決定されたものと思われる。

❹ 丁寧な野外での観察を！

　水生昆虫の呼吸法は、水生昆虫の生活の中では比較的わかっているとされてきた。気管鰓や気泡など、呼吸のためと思われる外部形態が顕著だからである。しかしながら、呼吸器官と思われるものがはっきりしない種類も多く、それらの種では呼吸は主に体表から行なわれていると思われる。

　鰓呼吸と思われている水生昆虫の鰓をどの程度除去したらその種の生活に影響が出るのだろうか。鰓の役割がどの程度重要か、などということは、何もわかってはいないのである。水生昆虫の呼吸法についても、わけ知り顔で解説してきた身としては、恥ずかしい限りである(伴、1982)。しかし、この文章さえ、次の文章では否定して書き直さなくてはならないのだろう。

　真実は丁寧な観察からしか明らかにされない。できれば野外で丁寧な観察を続けることにより、水生昆虫の真の姿を明らかにする努力が求められている。

引用・参考文献

Andersen, N.M.（1982）：The Semiaquatic Bugs, p.455, Scandinavian Science Press, Denmark
伴　幸成（1982）：どうして昆虫が水の中で生きられるのだろう、アニマ、**113**, 30-35
伴　幸成（1984）：アメンボの水面歩行術、アニマ、**138**, 30-31
伴　幸成（1997）：タイコウチ科の卵の進化、インセクタリウム、**34**, 188-193
伴　幸成・柴田重昭・石川雅宏（1988）：ヒメタイコウチ、p.142、文一総合出版(東京)
Baudoin, R.（1955）：La physico-chemie des Arthropodes aeriens des miroirs d'eau, des rivages marins et lacustres et de la zone intercotidale, Bull biol. Fr. Berg., **89**, 16-164
Hinton, H.E.（1970）：Insect Eggshells, Sci. Am., **223**, 84-91
小山富康（1979）：アクアラングをつけた虫たち－気泡による呼吸の謎－、アニマ、**77**, 24-28
宮本正一（1955）：半水棲昆虫における表面張力による水際部移動について、昆虫、**23**(2), 45-52

（伴　　幸成）

3章 ため池の生き物

2.6 トビケラ類

トビケラは幼虫とさなぎの時代にはすべて水生生活を送っている。幼虫は円筒形のイモムシ型で、頭部はキチン化している。胸部各節に肢があり、おのおの1個の爪を持つ。前胸背板は、キチン板で覆われる。腹部は9節で、膜質である(谷田、1985)。腹肢はないが、第9腹節にはよくキチン化した尾肢がありその爪は強固である。ため池で見られるものは筒型の可携巣を作るエグリトビケラ上科(Limnephiloidea)に属す。この巣の形態は分類の標徴として有効である。トビケラが見られるため池は、通常、生活廃水などが流入していなく水質が良好であり、池の一部には、わき水が見られる場合が多い。いわば、きれいな池の指標として位置づけることができる。次にため池で見られるトビケラの主なものを巣の形態を中心に紹介する。

❶ ホソバトビケラ（*Molanna moesta*）

砂粒を絹糸でつずりあわせた大変特徴のある盾型の巣で、16mmほどの長さである。側方に翼部が広がる(吉村、1970)。ほふく運動で移動し、植物片などを食べる．冬期には池の深い所に移動して越冬することが知られている(写真3.2.42)。

❷ コバントビケラ（*Anisocentropus immunis*）

水中の落ち葉を楕円形に切り取り、背腹に各1枚あわせた形の巣を作る(写真3.2.43)。15mmほどの長さであり、巣の材料は比較的しっかりした落ち葉で、図では広葉樹の落

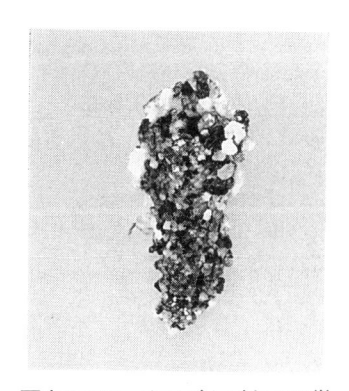

写真3.2.42 ホソバトビケラの巣

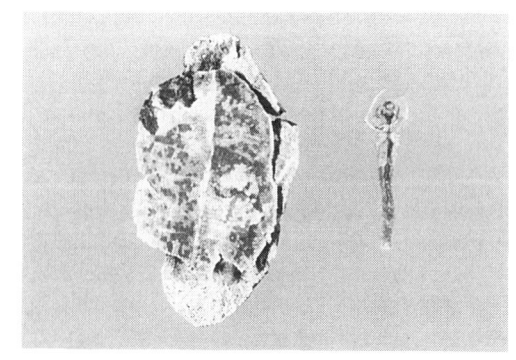

写真3.2.43 コバントビケラの巣(左)と幼虫(右)

ち葉であるがイネ科の植物を利用する場合もある。池で落ち葉が溜まっている場所で観察していると、落葉片が動き出し、コバントビケラを見つけることができる。

❸ エグリトビケラ (*Nemotaulius admorsus*)

植物片などで作られた巣筒の背腹にほぼ円形に切り取った落ち葉を2～5枚取り付けた巣である(写真3.2.44)。30mmほどの長さである。クヌギの落葉などを餌としているが、魚や昆虫の死骸も食べる(吉村、1974)。

写真3.2.44　エグリトビケラの巣

❹ アミメトビケラ (*Oligotricha fluvipes*)

巣は短冊形の葉片をらせん状に配列した長さ30mmほどの円筒形の巣である(写真3.2.45)。比較的大型の種で採集時に巣を放棄することが多いため、巣は採集されても

写真3.2.45　アミメトビケラの巣

写真3.2.46　マルバネトビケラの巣(左)と幼虫(右)

幼虫が見当たらないことがある。

❺ マルバネトビケラ (*Phryganopsyche latipennis*)

針葉、草の茎、など細長いものと葉片などで長さ40mmほどの円筒形の巣を作る。この巣は柔軟で、屈曲自在で表面は粗雑にみえる(写真3.2.46)。ため池ではわき水のあるような水質のよい所に生息する。

引用・参考文献

谷田一三 (1985)：毛翅目、日本産水生昆虫検索図説、川合禎次編、pp.167-215、東海大学出版会
吉村昭雄 (1970)：カスリホソバトビケラ幼虫の生態、昆虫と自然、**5**(7)、16-18
吉村昭雄 (1974)：エグリトビケラ幼虫の生態とさなぎ、昆虫と自然、**9**(11)、18-21

(杉山　章)

2.7　甲虫類　―東海地方を例に―

　甲虫類は、昆虫類の中でも最も繁栄しているグループで、地球上の至る所、多種多様な環境に適応をはたしている。ため池をはじめとする水圏へも多くのグループが進出しており、いわゆる水生甲虫といわれるもの(生活の大半を水圏で過ごす、ないしは生活史の中の一時期を水圏に依存する種)は、23科にも及んでいる。また見過ごされがちだが、池の周辺部は、水生甲虫ばかりでなくゴミムシ類など湿性環境を好む多くの甲虫類の生息の場として重要である。しかしながら、平野部や丘陵地など人の生活に近接な環境にあるため池は、用水施設の充実など耕作様式の改変にともない急激に減少している。残されたため池も農薬や生活廃水の流入、コンクリート護岸による改修によって、甲虫の生活場所としては、その機能を失いつつある。

　最近になってようやく生物の生息場所としてのため池の価値が再認識されだしているが、残念なことに、ため池やその周辺地域に生息する甲虫群集について科学的に調査されるようになったのは最近のことで、過去のデータは、断片的な記録やわずかに残された標本のみである。近年のため池を巡る環境変動が甲虫相にどのような影響を与えたのか、今となっては正確な実態がつかめないのが残念である。

　ここではため池とその周辺に生息する甲虫類と、近年の衰亡種について、特に筆者らがフィールドとして調査している東海地方での例を中心に述べる。

❶ 水生甲虫類

　池・沼には、止水性の水生甲虫を中心に多くの甲虫類が見られるが、そのすべてがため池に生息しているわけではない。代表的な止水性の水生甲虫には、コツブゲンゴロウ科、ゲンゴロウ科、ミズスマシ科、ガムシ科に属する種が上げられる。これらの種は、池の形態、日当たりや水深、位置する地理的条件、水質、生育する水生植物の違いなど、水域環境の微妙な違いによって生息する種が異なっている。一般には、規模が小さく岸辺が遠浅で、多くの水生植物が見られる池ほど種類数、個体数ともに多く見られる。

　ため池は普通、岸辺が急峻で、水深が深く、水生甲虫類の生息に適した場所とは言いがたい。特に土木技術が進歩した近年に作られた大型のため池は、どれも似通った構造を持ち、生態学的に見れば単調で、攪乱された場所である。大規模で整備されたため池には、ヒメゲンゴロウ、コシマゲンゴロウ、マメゲンゴロウ、チビゲンゴロウ、キベリヒラタガムシ、スジヒラタガムシなど単調な水域にも生息でき、広域に分布するいわゆる「普通種」といわれる種しか見いだすことができない。もう少し環境が安定し、岸辺にも水生植物が繁茂し、湿地的な環境が出現すれば、ケシゲンゴロウ、マルケシゲンゴロウ、コツブゲンゴロウ、クロズマメゲンゴロウ、ヒメガムシ、コガムシ、ガムシなども出現するようになる。水面にヒシやガガブタなどの浮葉植物が見られれば、ヒシハムシや平野部ならイネネクイハムシ、丘陵地ならガガブタネクイハムシなどのハムシ類が出現する。

①　ため池から姿を消した水生甲虫類

　山間部に残る古く小規模なため池には、ゲンゴロウ、クロゲンゴロウ、シマゲンゴロウなどの中・大型種のゲンゴロウ類が見られることがある。現在では、平野部、丘陵地などのため池にこのような大型・中型のゲンゴロウ類が見られるのは、ごくまれになってしまったが、かつては、これらの大型、中型のゲンゴロウ類は、ため池や水路、水田など人里の周辺水域ではむしろ目立つ存在であったことは、年輩の方々からおりにふれて伺う話である。

　豊橋市自然史博物館には、東海地方の甲虫類のまとまったコレクションとして、穂積俊文博士ならびに森部一雄博士が寄贈されたコレクションが保管されている。穂積コレクションには、穂積俊文博士が、1941年から1944年にかけて名古屋市各地で採集されたゲンゴロウ科、コツブゲンゴロウ科の標本が含まれており、戦前の東海地方の甲虫類の標本としては恐らく最もまとまったものである。他方の森部コレクションには、1959年に森部一雄博士が当時勤務されていた名古屋市守山区志段味の病院近くの街灯に飛来

3章　ため池の生き物

表3.2.5　豊橋市自然史博物館ゲンゴロウコレクション

コレクション名	穂積コレクション			森部コレクション
産地	港区土古町	千種区茶屋が坂	守山町（現守山区）	守山区志段味
採集年	1942〜1944年	1941〜1942年	1941〜1942年	1959年
ツブゲンゴロウ科				
コツブゲンゴロウ	10		1	
ムツボシコツブゲンゴロウ※	15			
ゲンゴロウ科				
ゲンゴロウ+	2	1		
コガタゲンゴロウ*	1		1	2
クロゲンゴロウ+	2	1		
マルガタゲンゴロウ※	1			1
シマゲンゴロウ+	1		3	2
スジゲンゴロウ*			2	6
マダラシマゲンゴロウ※				1
コシマゲンゴロウ			2	15
キベリクロヒメゲンゴロウ	1			
ヒメゲンゴロウ	1	1	1	
チビゲンゴロウ				10

注）数字は個体数。

した甲虫類を一年を通して定期的に採集された標本が保存されていて、この中には多くのゲンゴロウ科が含まれている。

　表3.2.5は、このコレクションに含まれるゲンゴロウ科、コツブゲンゴロウ科をまとめたものである。ほんの50年ほど前のデータであるのに、現在の名古屋市周辺域で採集される水生甲虫とは、ずいぶんと顔ぶれが異なっていることがお分かりいただけるであろうか。この中で*印を付けた種、コガタノゲンゴロウ、スジゲンゴロウは現在では名古屋市はおろか日本列島からの絶滅が危惧されている種である（写真3.2.47）。※印のマダラシマゲンゴロウ、マルガタゲンゴロウ、ムツボシツヤコツブゲンゴロウは、現在では東海地方ではごくわずかな生息情報しかもたらされていないもの。+印のゲンゴロウ、クロゲンゴロウ、シマゲンゴロウは、少ないながらまだ愛知県内に生息地があるものの名古屋市からはほぼ完全に姿を消したもの。無印は現在でも名古屋市内で発見される種である。これらの採集記録からも、かつて名古屋市内のような平野部にも中・大

2 ため池の動物

コガタノゲンゴロウ　　　スジゲンゴロウ　　　クビナガキベリアオゴミムシ

写真3.2.47　標本写真

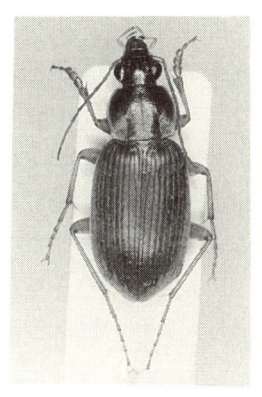

型種のゲンゴロウがさほど珍しくなかったことが伺える。また、逆の見方をすれば、姿を消した「衰退組」はムツボシツヤコツブゲンゴロウを除けばいずれも中・大型種である。

　これらの標本が採集された環境については、今となっては詳しくは分からないが、採集地がいずれも名古屋市内であることから、手つかずの自然状態にある池・沼ではなく、ため池かそれを取り巻く水路や水田などの人里環境であったと思われる。これらの種の衰退には水域の減少、悪化にその原因を求めることができるが、ゲンゴロウ、クロゲンゴロウ、シマゲンゴロウのように少ないながらも現在でも山村を中心に生息地が残っている種とコガタノゲンゴロウやスジゲンゴロウのように日本列島そのものから姿をほぼ消してしまった種の違いがあることには注目しなければならない。

　両者の相異の一つの要因として、スジゲンゴロウ、コガタノゲンゴロウは、ともに東南アジアに広い分布域をもつ南方系の種で、日本列島は分布の北限にあたり国内での主生息地は温暖な平野部が中心であったことが考えられる。一方のゲンゴロウ、クロゲンゴロウ、シマゲンゴロウといった種もやはり温暖な地域に生息する種であることに変わりはないが、スジゲンゴロウやコガタノゲンゴロウに比べるとやや北まで分布域を広げている。従って、平野部で生息環境が失われた後にも、開発の手が及ばなかった山間部（寒冷な）で生き残ることが可能であった。いなくなってしまった現在では両者の微妙な分布域や生息環境の相異などを実験的に確認することは難しくなってしまったが、平野

部のため池の消滅が温暖な平野部に偏って分布していた水生甲虫の生存にとって決定的なダメージを与えた可能性は否定できない。

❷ ため池の周辺部に見られる甲虫
① 新発見が相次ぐ低湿地
　ため池の周辺部のヨシなどが繁茂する岸辺は、湿性環境を好む甲虫類が見られる。ヨシが繁茂していればその葉上にクロモンヒラナガゴミムシ、ミズギワアトキリゴミムシ、ジュウサンホシテントウ、ジュウロクホシテントウ、ヤマトヒメテントウ、ヤマトヒメメダカカッコウなどが生息する。またヨシの株が密生したところではアリモドキやキスイムシ、デオキスイムシなどの微細な甲虫類の隠れ場所や越冬場所として利用されている。

　池・沼や河口部、あるいは湿原などにみられるヨシなどの湿性植物群落は比較的最近まで甲虫研究者には見過ごされていたが、調査の手が入るようになって次々と新しい発見がもたらされている。テントウムシ科では、1996年に福井県の湿原で発見されたナカイケミヒメテントウを始め、ヤマトヒメテントウ、ババヒメテントウ、クロスジチャイロテントウなど、今までごく珍しいと考えられていた種がこうした湿地と深い関連があることが分かってきた。アリモドキ科では、1994年に霞ヶ浦からワタラセミズギワアリモドキが発見されているし、ヒゲナガゾウムシ科でも1986年にミツモンヒゲナガゾウが発見されている。先にあげたヤマトヒメメダカカッコウも比較的最近になって名古屋市内の庄内川河川敷で最初に発見された種で、低地の河川敷やため池の周辺のヨシ原に生息する種である。

② 水辺に生息するゴミムシ類
　水辺の湿潤な環境には多くのゴミムシ類が見られる。水際のヨシ原の腐植質の下には微小なミズギワゴミムシ類が豊富に見られ、トックリゴミムシ類やミズギワゴミムシ類が生息する。尾張旭市にある濁池では稀少種のクビナガキベリアオゴミムシ、ホソツヤナガゴミムシも見つかっている。また、瀬戸市定光寺町の山間地にある小さなため池の湿潤な落葉層の中からは、セトナガゴミムシという当地域の固有種が発見されている。水際に生息する種は水辺の生活によく適応し、水没したまましばらくの期間耐えることができ、半水生ともいえるような生活を送っている。水際の湿潤な地域から少し岸へ上がると、アオゴミムシ類やゴモクゴミムシ類などが豊富に生息している。

　また、森林性の種にとっても、森の林縁部となる池の周辺部は好適な生活場所で、樹

上性のモリヒラタゴミムシ類なども、林の中心部よりはこうした林縁部に多く見られる（写真3.2.48）。

表3.2.6は、筆者（蟹江）の調査と文献調査から、愛知県下の4カ所のため池から確認されたゴミムシ類をまとめたものである。各池毎に示した数字は調査精度の差があるため一概にどの池に多様性があると判断することはできないが、ゴミムシ類は全ての種が小動物などを捕食する食物連鎖の上位に位置する甲虫であることからゴミムシの種類数の多少が環境の指標として捉えることができるものと思われる。表3.2.7は、それぞれの池で確認された種を、生息環境別に評価したものである。湿潤な環境に生息地が限定さ

1：入鹿池
　貯水量が少なく湖底が露出し、池の周辺はイネ科の植物がわずかに生える程度で乾燥している。湿地性のゴミムシ類の生息には適さない。
2：太良上池
　廃棄物の埋め立てにより池の大半が消失している。
3：濁池
　池の周辺にはまだ雑木林やヨシなどの湿地性植物群落が残されているが、生息するゴミムシ類に大きな変動が見られる。
4：大道平池
　緑地公園内にあり大きな環境の改変は見られないが近年の調査がなされておらず詳細は不明。

図3.2.48　現在の池の景観（いずれも平成12年撮影）

3章　ため池の生き物

表3.2.6　尾張丘陵地のため池から記録されたゴミムシ（1）

		入鹿池	太郎上池	大道平池	濁　池	立石池	神　池	その他
1	カワチマルクビゴミムシ（A） *Nebria lewisi* Bates				○			
2	ミヤマメダカゴミムシ（C） *Notiophilus impressifrons* Morawitz				○			
3	ヒメヒョウタンゴミムシ（A） *Clivina niponensis* Bates				○			
4	コヒメヒョウタンゴミムシ（A） *Clivina vulgivaga* Boheman			○		○	○	
5	ムネアカチビヒョウタンゴミムシ（A） *Dyschirius batesi* Anderewes					○		
6	ヒラタキイロチビゴミムシ（B） *Trechus ephippiatus* Bates	○						
7	フタボシチビゴミムシ（B） *Lasiotrechus discus* (Fabricus)		○					
8	ウスイロコミズギワゴミムシ（A） *Paratachys pallescens* (Bates)				○			勅使池
9	ウスオビコミズギワゴミムシ（A） *Paratachys sericans* (Bates)		○	○	○	○	○	勅使池
10	クリイロコミズギワゴミムシ（A） *Tachyura fumicata* (Motschulsky)				○			
11	マエグロコミズギワゴミムシ（A） *Tachyura tosta* (Andrewes)			○		○	○	機織池
12	ヨツモンコミズギワゴミムシ(A) *Tachyura laetifica* (Bates)				○			
13	アトモンミズギワゴミムシ（A） *Bembidion nilloticum batesi* Putzeys			○	○	○		白地池
14	ヨツボシミズギワゴミムシ（A） *Bembidion morawitz* Csiki					○		
15	キアシヌレチゴミムシ（B） *Patrobus flavipes* Motschulsky	○			○			
16	ホソツヤナガゴミムシ(A) *Abacetus leucotelus* Bates				○			
17	アシミゾナガゴミムシ（B） *Pterostichus sulcitarsis* Morawitz	○			○			
18	コホソナガゴミムシ（D） *Pterostichus longinquus* Bates							白地池
19	オオクロナガゴミムシ（B） *Pterostichus prolongatus* Morawitz				○			
20	コガシラナガゴミムシ（C） *Pterostichus microcephalus* (Morawitz)	○			○			
21	ヒメセボシヒラタゴミムシ（D） *Platynus suavissimus* (Bates)		○					
22	セスジヒラタゴミムシ（B） *Platynus daimio* (Bates)		○		○			
23	オグラヒラタゴミムシ（C） *Platynus ogurae* (Bates)			○		○	○	
24	ハラアカモリヒラタゴミムシ（C） *Colpodes japonicus* (Morawitz)		○					
25	セアカヒラタゴミムシ（C） *Dolichus halensis* (Schaller)				○			

表3.2.6 尾張丘陵地のため池から記録されたゴミムシ (2)

		入鹿池	太郎上池	大道平池	濁　池	立石池	神　池	その他
26	ナガマルガタゴミムシ（C） *Amara macronota ovalipennis* Jedlicka	○						
27	ニセクロゴモクムシ（C） *Harpalus simplicidens* Schauberger	○						
28	キイロチビゴモクムシ（C） *Acupalpus inornatus* Bates		○		○			
29	ツヤマメゴモクムシ（C） *Stenolophus iridicolor* Redtenbacher						○	
30	ナガマメゴモクムシ（C） *Stenolophus agonoides* Bates							白地池
31	クロサマメゴモクムシ（D） *Stenolophus kurosai* Tanaka		○					
32	ミドリマメゴモクムシ（C） *Stenolophus difficilis* (Hope)		○					
33	キベリゴモクムシ（C） *Anoplogenius cyanescens* (Hope)				○			
34	コガシラアオゴミムシ（B） *Chlaenius variicornis* Bates				○			
35	ムナビロアオゴミムシ（C） *Chlaenius sericimicans* Chaudoir				○			
36	コキベリアオゴミムシ（B） *Chlaenius circumdatus* Brulle			○	○			
37	アオゴミムシ（B） *Chlaenius pallipes* Gebler				○			
38	オオアトボシアオゴミムシ（C） *Chlaenius micans* (Fabricius)	○						
39	アトボシアオゴミムシ（C） *Chlaenius naeviger* Morawitz	○			○			
40	ヒメキベリアオゴミムシ（B） *Chlaenius inops* Chaudoir				○	○	○	
41	クビナガキベリアオゴミムシ（A） *Chlaenius prostenus* Bates			○	○			
42	オオトックリゴミムシ（A） *Oodes vicarious* Bates	○	○		○			白地池
43	ヤマトトックリゴミムシ（A） *Lachnocrepis japonica* Bates				○			
44	トックリゴミムシ（A） *Lachnocrepis prolixa* (Bates)				○			
45	ナカグロキバネクビナガゴミムシ（B） *Odacantha puziloi* Solsky				○		○	
46	チャバネクビナガゴミムシ（B） *Odacantha aegrota* (Bates)		○		○	○	○	白地池
47	クロモンヒラナガゴミムシ（B） *Hexagonia insignis* (Bates)		○					
48	ミズギワアトキリゴミムシ（B） *Demetrias marginicollis* Bates		○					
49	ホソアトキリゴミムシ（C） *Dromius prolixus* Bates							白地池
50	ミイデラゴミムシ（B） *Pheropsophus jessoensis* Morawitz		○		○			

注) 和名の後のアルファベットは、それぞれの種の生息環境を示す。

3章 ため池の生き物

表3.2.7 尾張旭丘陵地の五つのため池から確認されたゴミムシ類の生息環境別比較

	(A)	(B)	(C)	(D)	総種類数	比率
入鹿池　犬山市	1	4	5	0	10	55
太良上池　小牧市大草	2	6	3	2	13	73
大道平池　尾張旭市新居	6	1	1	0	8	88
濁池　尾張旭市旭ヶ丘	14	11	7	0	32	78
立石池　愛知郡長久手町	6	2	1	0	9	89
神池　名古屋市守山区志段味	3	3	2	0	8	75
その他（白地池・小牧市，勅使池・豊明市，機織池・日進市）							

(A) 水際の湿潤な環境　(B) 水辺付近の草地　(C) 広範な環境　(D) 生態不明
比率は(A＋B)÷(総種類数－D)(％)で求めた。

れる種（自然度の高いため池への依存度が高い種）と広範な環境に生息する種との割合を比較することにより、水辺生態系の撹乱の度合を知ることができる。

　この20年ほどの間にオサムシはじめ多くのゴミムシ類が極端に減少する傾向が続いている。この傾向は、特に平野部の水辺環境に生息する種に顕著に表れている。30種のゴミムシ類が確認されている尾張旭市の濁池は調査回数が多いことを考慮しても飛び抜けてゴミムシ類の種数が多く、愛知県下では良好な環境を保っているため池であることが伺える。しかしながら、その後過去2, 3年の間に行なった調査では確認できた種は驚くほど減少し、わずかな優占種が見出されるに過ぎなくなっている。見た目でこそ池の景色は変わっていないものの、池を取り巻いていた雑木林や湿地が次々に宅地開発され、大きな影響を受けていることがうかがえる。また小牧市の太良上池にいたっては産業廃棄物の処分地として池の大半が埋め立てられ、わずかに残された鉛色の水面からは昔の面影は微塵も想像できない。その他の池も大なり小なり開発の影響を受けており、現在生息する種でさえいつまで現状を維持できるか、危惧される状態が続いている。

（蟹江　昇・長谷川道明）

2.8　双翅類概説

　双翅類（Diptera）に属す昆虫は、その種類と数において圧倒的に多く、ため池で見られる水生昆虫においても膨大な種数である（橋本、1985）。多くの種数が得られることは、ため池の水質などの環境に関連した情報が潜在的に多い昆虫群と考えられ、解析方法によっては大変有用な昆虫群であると思われる。しかし、水生の双翅類とされる昆虫は、

幼虫期には水中で過ごすが、さなぎ期は湿った場所や陸上へ移動し、成虫は、ほとんど陸上で生活する場合が多いため、一般的な水生昆虫の採集方法では成虫が得られないこともあり分類が大変難しい昆虫群でもある。従って、細かな分類は限られた専門家以外にはできないので、ここでは幼虫の形態による分類がおおよそ可能な科レベルを中心に紹介したい。

水生昆虫を採集した場合、まず目レベルでの検索では、キチン化した、はっきりとした脚がないという特徴をポイントに他の目とは区別することができる。次に、頭部の形態で3亜目に分類できる。すなわち、長角亜目（Nematocera）では頭部がキチン化した頭殻に覆われ、大顎は水平に作動する。頭部はガガンボ科以外は胸部に引き込まれることはない。短角亜目（Brachycera）では頭殻は長角亜目に比べて発達が悪く退化的ある。大顎は垂直方向に作動する。頭部は後半部またはその全体が胸部内に引き込まれる。環縫亜目（Cyclorrhapha）では頭殻は膜質化し、退化的でその付属器も発達していない。

ため池などの止水域で採集される双翅目の幼虫は、次にあげる科が主なものである。

長角亜目では、ガガンボ科、チョウバエ科、ホソカ科、カ科、フサカ科、ユスリカ科、ヌカカ科。短角亜目では、アブ科、ミズアブ科。環縫亜目では、ショクガクバエ科である。

それぞれの科ごとにその幼虫の特徴を解説する。ただし、ユスリカ科は独立して近藤により解説する。

❶ ガガンボ科（Tipulidae）

多くの種を含むグループで一部のものが水生ないし半水生である。幼虫の頭部は頭函を形成しているが、後方と腹面はやや退化し、不完全である。通常、頭部の大部分は胸節の中に引き込めている。大部分の種は尾端に呼吸盤をもち、その中央に一対の気門がある。さらに、大多数の種では、肛門鰓があり、多少とも体内に引き込めることができる（図3.2.16）。

❷ チョウバエ科（Psychodidae）

幼虫は10 mm未満の円筒状で、原脚等はない。頭部は小さいが、完全に分化しており、前胸部に引き込まれることもない（図3.2.17）。後端気門性で比較的太短い尾端に呼吸管を持つ。よく見られるホシチョウバエ（*Psychoda alternata*）やオオチョウバエ（*Telmatoscopus albipunctatus*）の生息場所は大変汚れた汚水溜めのような環境である。

3章 ため池の生き物

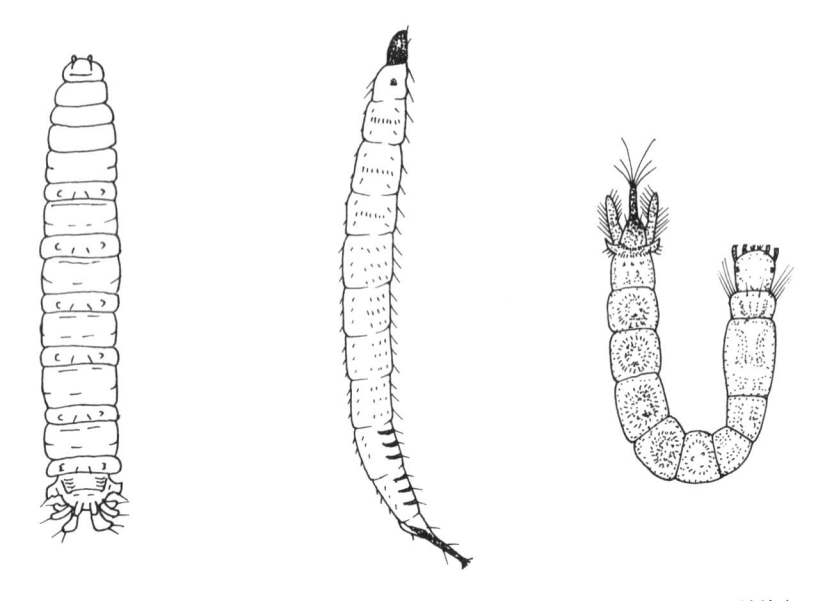

図3.2.16　ガガンボ科幼虫　　図3.2.17　チョウバエ科幼虫　　図3.2.18　ホソカ科幼虫

❸　ホソカ科（Dixidae）

幼虫は7～8mm未満のボウフラ状で、頭部はよくキチン化している。触角は1節でゆるく内側に曲がる。前胸の前縁には長剛毛が並んでおり、この配列は種ごとに一定の特徴がある。尾部の気門を取り囲んで付属物があり、複雑な形をしている（図3.2.18）。幼虫は生きているときは、水面で石や水草の茎にU字形の姿勢で付着しており、移動は尾部と頭部を交互に動かし、すべるように水面を移動する．採集後の液浸標本ではまっすぐに伸びU字形はしてない。

❹　カ　　科（Culicidae）

幼虫はボウフラと呼ばれ、ほとんどすべての止水域に生息する。頭部は概して大きく、眼、口器、触角はよく発達している。胸部環節は合一して広く、腹部環節とともに多くの剛毛を持っている。ため池で見られるものは、イエカ類（*Culex*）とハマダラカ類（*Anopheles*）である。イエカ類は比較的長い尾端の呼吸管で水面下に懸垂し、、頭部を下にして、水中の浮遊物や水底の腐植物を餌としている。ハマダラカ類は短い呼吸管を持ち、水面直下に水平に位置し、水中の藻類やその他の浮遊物を集めて餌としている（図

❷ ため池の動物

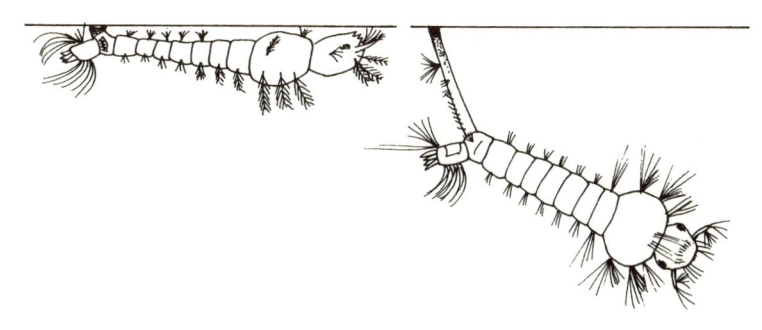

図3.2.19　カ科幼虫（左：ハマダラカ類、右：イエカ類）

3.2.19）。多くの蚊が水田から発生しており、沼地のような環境が本来の蚊の発生環境と思われる。従って、ため池では水深の浅い場所に生息しており、年に数回発生するが夏季は天敵などの影響で減少する傾向が見られる（真喜屋、1970）。ハマダラカ類はイエカ類に比べて水質汚濁に弱いことから里山のふもとの水が澄んだ池で見られる。これに対して、イエカ類は汚濁に強く汚水溜めや酸化池などでも見られる。成虫は吸血性で、病原体媒介昆虫として注目されているものも多い。

❺ フサカ科（Chaoboridae）

　幼虫は8mmほどの大きさで、無色透明である。眼および前後二対の気囊のみが黒色であり、無気門性で皮膚呼吸を行なう。水中で水平に位置し、昼間は水底近くに下降し、夜間は水面近くに上昇する（杉山、1985）。昼間の生息場所はほとんど無酸素であったり、有機物の堆積により硫化水素が検出される環境の場合もあるが、夜間の活動時に呼吸と摂食を行なうため、かなり汚れた池でも生息している。食餌はミジンコ類などを捕食する肉食性である（図3.2.20）。

図3.2.20　フサカ科幼虫

3章 ため池の生き物

❻ ヌカカ科 (Ceratopogonidae)

幼虫は5mmほどの細長く擬脚のない体形である。体毛は貧弱で、体を振動させるという特徴のある方法でて水中を遊泳する(図3.2.21)。成虫の多くは吸血性である。

❼ ア ブ 科 (Tabanidae)

幼虫は円筒形で両端が尖っている。頭部は小さく体内に引き込まれ、大顎は鎌形でよく発達している(図3.2.22)。尾端には一対の気門が接近してある。昆虫類、特にガガンボの幼虫やミミズなどを捕食している。

図3.2.21 ヌカカ科幼虫

❽ ミズアブ科 (Stratiomyidae)

幼虫は、革質の固い皮膚で覆われ、背腹両面に剛毛がある。多くのものが偏平で、頭部は比較的小さく、眼は大きく、触角は微小である。後方の腹部環節の後縁には鉤爪が列生し運動に役立つ。尾端の気門は特に発達し呼吸盤を形成する。その周囲には放射状に長毛がある。この長毛は、呼吸時に水面に広げて水をはじき、、水中に潜るときは気

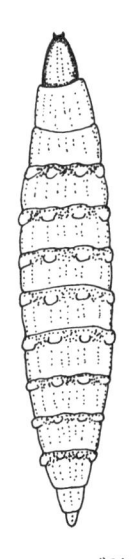

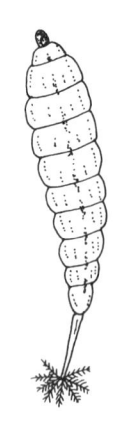

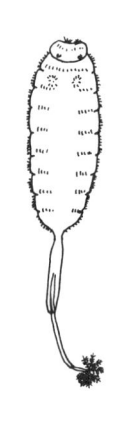

図3.2.22 アブ科幼虫　　図3.2.23 ミズアブ科幼虫　　図3.2.24 ショクガクバエ科幼虫

泡を抱き込み呼吸の助けになる(図3.2.23)。もっとも普通に見られるものはコウカアブ(*Ptecticus tenebrifer*)で、かなり有機物が堆積した汚水溜めのような環境に生息している。

❾ ショクガクバエ科(**Syrphidae**)

幼虫は尾端が長く伸びたネズミの尾のような呼吸管を持つ(図3.2.24)。液体性の汚物中に生息する。オオハナアブ(*Megaspis zonata*)は汚水性の代表種で、汚水溜めなどに生息している。体表に微棘が密生し、呼吸管は体長の2分の1以上である。

引用・参考文献

橋本　碩(1985):双翅目、日本産水生昆虫検索図説、川合禎次編、pp.263-367、東海大学出版会
真喜屋清(1970):名古屋地方の水田および溜池における蚊族個体群の発生動体Ⅰ；1967年名古屋市内の水田および溜池における幼虫個体群、衛生動物、**21**(1), 60-70
杉山章(1985):フサカの生活、ため池の自然、**3**, 6-7

(杉山　章)

2.9　ユスリカ類

　名古屋市東部丘陵地帯のため池風景は、多くの場合、谷あいの一番高いところに上池、その下に下池そして水田へとつらなっている場合が多い。池と池ならびに池と水田は小川や水路によってつながっている。ユスリカという小さな昆虫は、このどこにでも生息している。そして、この風景の中で、最も繁栄している昆虫のグループの一つである。池や水田を訪れて、ユスリカを探すとき、まず潅木や稲穂に造られたクモの巣を見つければ、そこに捕らえられている小虫の大部分がユスリカの成虫であることがわかる。さらに、朝方や夕暮れなど、ヨシ帯の上や水面近くで群飛している小虫の群れを見かけることがあるが、それらは多くの場合ユスリカ科の昆虫であることが多い(図3.2.25)。

図3.2.25　ユスリカの群飛
(Aquatic Entomology より)

ユスリカは、双翅目(ハエ目)ユスリカ科の昆虫で、成虫の全形はカやヌカカに似ているが、刺咬や吸血はしない。成虫の寿命は、多くの場合数日から10日くらいと短く、その間水分を摂取するだけでほとんど餌をとらない。体長はおよそ2 mmくらいから1 cmくらいまで。春から秋にかけて発生する種の体色は、淡緑色から淡褐色が多く、晩秋から冬にかけて発生する種は、黒色が多い。ユスリカ成虫は、湖や都市河川などでしばしば大発生して、社会問題となるが、池や水田からも例外ではない。夏期など、池や水田から大量発生した成虫が街路灯や近くのガソリンスタンドの明かりに誘引され大挙して押し寄せるのはめずらしくない。

幼虫は、一般に水生の種が多いが、中には陸生の種もある。また、多くの種は自由生活者だが、中には他の水生昆虫の幼虫に寄生して生活する種も知られている。幼虫の発育は、孵化後4つの齢期を経て蛹になる。卵から孵化したばかりの1齢幼虫は、体長1 mm未満で無色透明であり、しばらくは、ゼラチン質で覆われた卵塊の中にとどまり、その内卵塊の外へ泳ぎ出し、好適な生息場所が見つかるまで、プランクトン生活を営む。多くの場合、好適な生息場所に到達した幼虫は、そこで巣を造り定着するが、中には巣を造らず自由に動き回る種もいる。幼虫の食性は、植食者から肉食者まで様々であり、摂食様式もろ過摂食者から剥ぎ取り摂食者、沈積物摂食者まで様々であり、時にいくつかの方法を併用する。幼虫の形は、頭部と胴部12節からなり、円筒形を呈するものが多いが、中には扁平な種もいる。これらの形は、生活様式に適応して変化したものと考えられる。幼虫の体色は、呼吸色素ヘモグロビンを有する種は、その濃度によって鮮紅色から薄いピンク色を呈する。ヘモグロビンを持たない種は、黄色から緑色まで様々であり、中には白色から透明に近い体色のものまである。終齢幼虫の体長は、種によって異なるが、数mmから最大20 mm以上の種まで存在する。

❶ ユスリカの分類形態

ユスリカ科昆虫は、双翅目(ハエ目)長角亜目に属し、成虫は近縁のカ科、ヌカカ科、ホソカ科、ガガンボ科などとは、翅の翅脈や口器の形態から区別できる。また、一般に前脚は長く、静止の際に上方に高められかつ振動させるなどの習性を有する(素木、1964)(図3.2.26)。ため池や水田のユスリカは、およそモンユスリカ亜科Tanypodinae、エリユスリカ亜科Orthocladiinae、ユスリカ亜科Chironominaeの3亜科からなる。3亜科の特徴は、モンユスリカ亜科は、他の2亜科と翅脈で区別できること、また複眼に美麗な虹光を有する例が多く、翅膜に斑紋を生じる種が多い。雄の交尾器は単純型で、底

2 ため池の動物

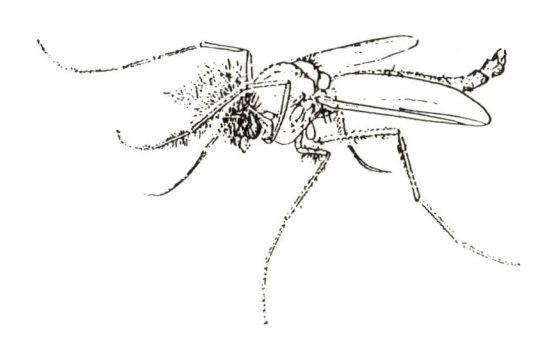

図3.2.26　ユスリカ亜科成虫
（Mannual of Nearctic Dipteraより）

節内側に構造物をみるものは稀で、把握器は小さく変化に乏しい（図3.2.27(A)）。雌の貯精嚢は3個。エリユスリカ亜科は翅膜に斑紋のあるものは少なく、脚比*は1以下。雄の交尾器は、底節の内側に突起や瘤を発達させる例が多い（図3.2.27(B)）。雌の貯精嚢は2〜3個。ユスリカ亜科は、脚比が1以上で、ユスリカ族Chironominiでは翅に斑紋をもつ例があり、ヒゲユスリカ族Tanytarsiniでは翅膜に長毛を有する例が多い。雄の交尾器は、把握器が底節と融合し、一部の例外を除き内側へ折れ曲がることなく後方へ伸びる（図3.2.27(C)）。雌の貯精嚢は2個（橋本、1980）。

ユスリカ科の幼虫は、他の水生昆虫類の中で、容易に区別することができる。ユスリカの幼虫は、水中の溶存酸素を体表より取り込むため、カ科、チョウバエ科の幼虫のように呼吸管を持たない。また、胸部、尾部に一対の擬脚を有するため、ヌカカ科、ホソカ科、ガガンボ科などの幼虫と区別できる。3亜科の幼虫の特徴は、モンユスリカ亜科は、多くの種が肉食であるため、口器の形態が他の2亜科と随分と異なる。すなわち、一般にユスリカ幼虫の口は、常に頭殻の下面に開口するが、このグループの幼虫の口は前方に開口する。咽頭内には歯のある独

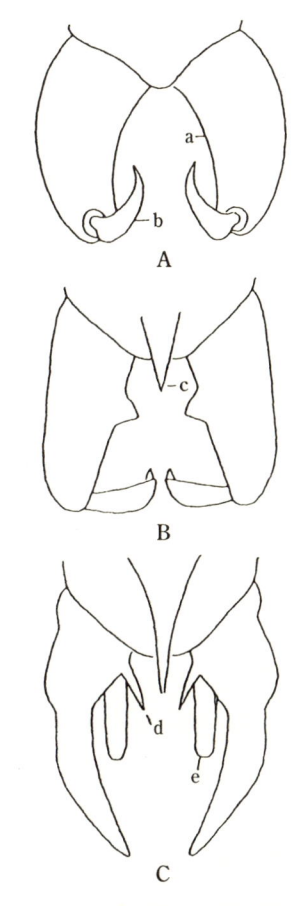

図3.2.27　亜科雄交尾器の模式図（橋本、1980を改変）

A：モンユスリカ亜科、B：エリユスリカ亜科、C：ユスリカ亜科、a：底節、b：把握器、c：尾針、d：上底節突起、e：下底節突起

---

*脚比：前肢のふ節第1節に対する脛節の長さの比。

3章　ため池の生き物

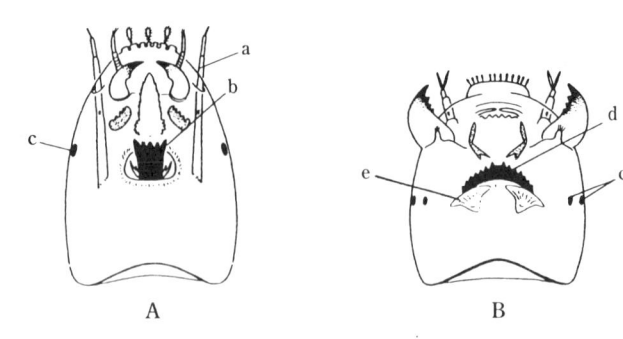

図3.2.27　幼虫頭部腹面の形態的特徴（McCafferty, 1981を改変）
A：モンユスリカ亜科、B：ユスリカ亜科
a：触角、b：舌板、c：眼点、d：下唇板、e：腹下唇板

特な舌板を有する。また、触角は比較的長く、頭殻内に引き込み格納することができる。前擬脚、後擬脚ともよく発達して長く伸びる。エリユスリカ亜科とユスリカ亜科は、頭部の構造がよく似ている。両亜科の違いは、腹下唇板の形状が板状あるいは扇状かによって区別できる（図3.2.27）。また、ユスリカ亜科の幼虫の体色は、赤色系の種が多いことも分類の目安となる。国内の3亜科は、モンユスリカ亜科がおよそ20属、エリユスリカ亜科がおよそ60属、ユスリカ亜科が40属を有するが、これらの分類については、小林（2001）と山本（2001）を参照されたい。

❷ ユスリカの採集と飼育

ユスリカの成虫、幼虫も、通年採集することができる。成虫の採集は、捕虫網で水辺の草むらをスィーピングすれば、多くの休息個体を捕らえることができる。池などでは、一周スィーピングすれば採集時、池に生息している多くの種を採集することができる。また、群飛している集団を一網打尽に捕獲すれば、同一種の雄個体を一度に沢山得ることができる。他の採集法としては、夕方水辺近くにライトトラップを設置して、翌朝回収すれば、一度に多くの種を集めることができる。電池式の小さなトラップがあれば便利である。また、池の岸辺の底質（泥、砂礫）や落ち葉、水草などを採集し、それぞれを分けてビニール袋に入れて持ちかえり、室温で水道水を入れたバットに移し、エアレーションをし、上にネットをかぶせておけば、毎日羽化してくる成虫を得ることができる。この場合は、きれいな標本が得られるばかりか、羽化種の微生息場所について記録できる。成虫は通常、70％アルコールに保存するが、長期間保存する場合は、体色、翅や

172

腹部背面の斑紋などが薄くなってしまうため、保存前に記録しておくと良い。個々の種の形態や生活史を調べるためには、野外から、捕虫網などで得られた成虫から、雌のみを1匹づつ、小さな管ビンに入れ、後で中に水をいれて産卵させる。産卵した雌は70％アルコールで保存し、得られた卵塊を水道水をいれた腰高シャーレに移し、室温で飼育する。1齢幼虫が孵化したら、デトリタスと市販テトラミンか養魚用の餌などを粉末にしたものを少しづつ与え飼育する。1齢から4齢、蛹と標本にし、羽化した雄成虫で同定する。この方法は、大変だが確実にその種の生活史と形態的特徴を把握できる。ただし、深い場所に生活している大型種などは、飼育が困難な場合が多い。

幼虫の採集は、沿岸帯では、羽化成虫を得る時と同様に、底質(泥、砂礫)や落ち葉、水草などを採集し、それぞれを分けてビニール袋に入れて持ち帰り、白いバットの中にあけて、這い出してくる幼虫を集める。砂泥の場合は、30メッシュなどの金属製の篩にかけ、流水中で洗って篩の上に残った幼虫を集める。定量採集する場合は、コードラート法やエクマンバージ採泥器などを用い、採集した底質の面積や、重量あるいは容量ごとに得られた幼虫の数を記録する。得られた幼虫は、サイズ、体色、全形などで分け、70％アルコールに保存する。

未同定の成虫や幼虫は、プレパラート標本にして、検索表を用いて調べる。標本作製は、封入液にガムクロラールを用いる簡便な方法と、バルサムやユーパラールなどを用いる永久標本作成法があるが詳しくは、小林(2001)を参照されたい。

❸ ため池のユスリカ

ため池のユスリカは、天然の湖沼とほとんど同じであり、おおよそモンユスリカ亜科、エリユスリカ亜科、ユスリカ亜科の3亜科からなる。愛知県内のため池からは、およそ80種が報告されている(近藤、1990)。ユスリカ類のため池における生息場所は、生活する基盤(巣をつくる場所)によって、池の底質(泥や砂)と水草におおきく分かれる。1981年夏の名古屋市内および近郊の20の池の沿岸帯の底質調査からは、およそ40種の羽化成虫が確認されている(kondo and Suzuki, 1982)。また、同地域の8つの池から採集した10種の浮葉植物、沈水植物からおよそ30種の羽化成虫が得られている(kondo and Hamashima, 1985)。さらに、50の池のヨシの茎からおよそ20種の幼虫が得られた(Kondo, 1988)。これらの中で、ヒゲユスリカ族は、ヒゲユスリカ属*Tanytarsus*とエダゲヒゲユスリカ属*Cladotanytarsus*に大きく分類してあるので、これらを種レベルで分類すれば、さらに多くの種になるものと思われる。底質と水生植物から得られた種の中

表3.2.8 ため池の主なユスリカ類と生息場所 (◎印は優占種)

種　　　　　名	底質(泥、砂)	浮葉・沈水	抽　水
モンユスリカ亜科			
ダンダラヒメユスリカ *Ablabesmyia monilis*	○	○	○
ウスイロカユスリカ *Procladius choreus*	○		
ヤハズカユスリカ *Procladius sagittalis*	○		
カスリモンユスリカ *Tanypus punctipennis*	○		
エリユスリカ亜科			
クロイロコナユスリカ *Corynoneura cuspis*		◎	
ミツオビツヤユスリカ *Cricotopus trifasciatus*		○	◎
アカムシユスリカ *Propsilocerus akamusi*	◎		
ユスリカ亜科			
フチグロユスリカ *Chironomus circumdatus*	◎		
ウスイロユスリカ *Chironomus kiiensis*	◎	○	
ヒシモンユスリカ *Chironomus flaviplumus*	◎		
ヤマトユスリカ *Chironomus nipponennsis*	◎		
オオユスリカ *Chironomus plumosus*	◎		
シオユスリカ *Chironomus salinarius*	◎		
セスジユスリカ *Chironomus yoshimatsui*	◎		
コミドリナガコブナシユスリカ *Cladopelma viridula*	◎		
イノウエユスリカ *Dicrotendipes inouei*	○		
ユミナリホソミユスリカ *Dicrotendipes nervosus*			○
メスグロユスリカ *Dicrotendipes pelochloris*	○	○	◎
ホソミユスリカ属の1種 *Dicrotendipes sp.(tritomus?)*		◎	
クロユスリカ *Einfeldia dissdens*	◎		
ミズクサユスリカ *Endochironomus tendens*		○	
ハイイロユスリカ *Glyptotendipes tokunagai*	○		◎
セボリユスリカ属の1種 *Glyptotendipes sp.(fujisecundus?)*		○	
ヒカゲユスリカ *Kiefferulus umbraticola*	○	○	
コガタユスリカ属の1種 *Microchironomus tener*	◎		
ミナミユスリカ *Nilodorum tainanus*	◎		
ユミガタニセコブナシユスリカ *Parachironomus arcuatus*		○	
ヒメニセコブナシユスリカ *Para. monochromus*		◎	
ニセコブナシユスリカ属の1種 *Parachironomus sp.(parilis?)*		○	
ウスイロハモンユスリカ *Polypedilum cultellatum*		◎	○
ミヤコムモンユスリカ *Polypedilum kyotoense*		○	
ヤモンユスリカ *Polypedilum nubifer*	◎		
ハモンユスリカ属の1種 *Polypedilum sp.(prolixitarsum?)*	○		
オオケバネユスリカ *Polypedilum sordens*		○	◎
トラフユスリカ *Polypedilum tigrinum*		◎	
ホソオケバネユスリカ *Polypedilum tritum*		◎	
アキヅキユスリカ *Stictochironomus akizukii*	◎		
スカシモンユスリカ *Stictochironomus multannulatus*	◎		
エダゲヒゲユスリカ属 *Cladotanytarsus* spp.	◎	◎	
ヒゲユスリカ属 *Tanytarsus* spp.	◎	◎	

注) 和名は「ユスリカの世界」培風館 (2001) の和名一覧に準じた。

には、重複して出現している種も見られるが、羽化した個体数や出現頻度からみると、どこにでも生息できる種は少なく、多くの種は、それぞれの種固有の生活様式に合わせて、生息場所を選んでいる(表3.2.8)。

　水底の泥や砂の上に生活する種は、泥の粒子や砂粒を唾液腺の分泌物を使い、いろいろな形の巣を造り、天敵から身を隠すだけでなく、巣穴(巣管)を利用して餌のプランクトンやデトリタスなどをろ過して食べている(ろ過摂食)。これらの仲間は、水深によって深遠帯に生息するものと沿岸帯に生息するものに分れる。前者には、オオユスリカ、アカムシユスリカ、ヤマトユスリカ、ウスモンユスリカ、クロユスリカなどの中～大型種が、また後者にはセスジユスリカ、ウスイロユスリカ、フチグロユスリカ、ミナミユスリカ、ハイイロユスリカ、ヤモンユスリカなどの中型のユスリカ族と小型のヒゲユスリカ族の多くの種が含まれる(表3.2.8)。さらに、これらの種は底質の粒度を選択するものが多く、砂質型と泥質型に大きく分かれる(Maitland, 1979；近藤・橋本、1982)。

　他方、水草帯に生息する仲間は、浮葉・沈水植物型と抽水植物型に分れ、さらに水草の表面に生活するものから、水草に寄生し、植物組織を食べるものまで、植物との関連の強さによって、いくつかのグループに分れる。浮葉・沈水植物型の種には、トラフユスリカ(写真3.2.49)、ウスイロハモンユスリカ、ヒメニセコブナシユスリカ、オオケバネユスリカ、ホソオケバネユスリカ、ミツオビツヤユスリカ、クロイロコナユスリカなどの中～小型種やホソミユスリカ属*Dicrotendipes*やセボリユスリカ属*Glyptotendipes*に含まれる中～大型種がみられる(表3.2.8)。中～小型種は主に浮葉や沈水葉に、中～大型種は葉柄や茎にみられる。葉で生活する種の中で、トラフユスリカは浮葉の海綿状組織の中に巣を造って生活する(写真3.2.50)。ハムグリユスリカ属*Stenochironomus*のハスムグリユスリカ*Stenochironomus nelunbus*になると、葉の柵状組織を潜孔する(図3.2.29)(Tokunaga and Kuroda, 1935)。ハムグリユスリカ属の幼虫は、全形を扁平にし、葉の組織に潜孔しやすくなっている。また、セボリユスリカ属の1種は、茎の表面に穴をあけて中に潜入し、空所に巣を造って生活する(写真3.2.51)。

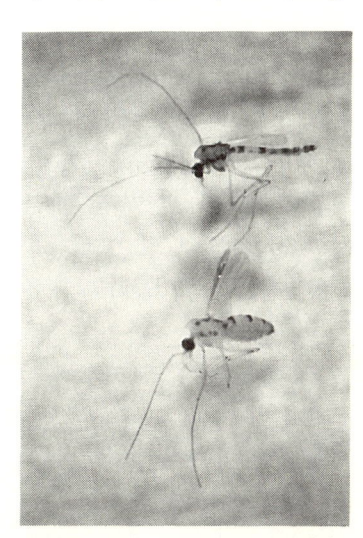

写真3.2.49　トラフユスリカ成虫
(上：雄、下：雌)

3章　ため池の生き物

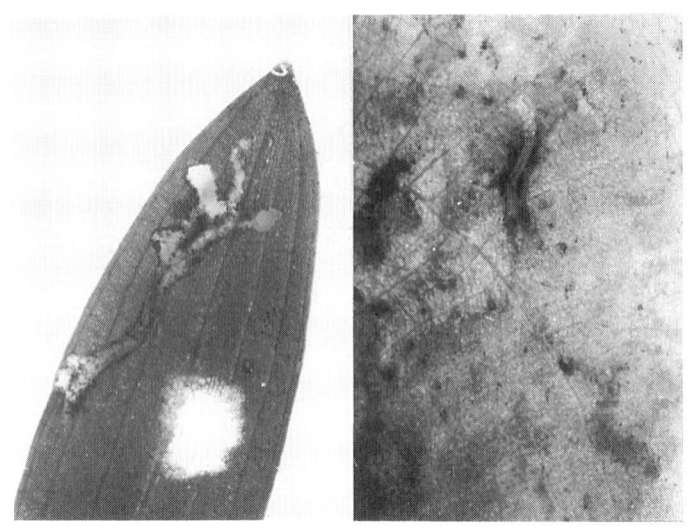

写真3.2.50　浮葉に巣を造るトラフユスリカ幼虫
（左：ホソバミズヒキモ、右：ガガブタ）

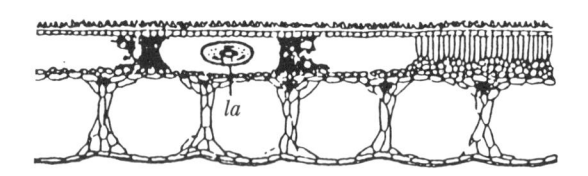

図3.2.29　ハスの葉に潜孔するハスムグリユスリカ幼虫
（Tokunaga and Kuroda, 1935を改変）*la*：幼虫

　その他、汽水性のため池には、淡水のため池とは違った種が優占する。代表的な汽水性の種は、シオユスリカとイノウエユスリカだが、ウスイロユスリカ、フチグロユスリカ、ミナミユスリカなど淡水性のユスリカ族の生息も記録されている（Kondo, 1998）。

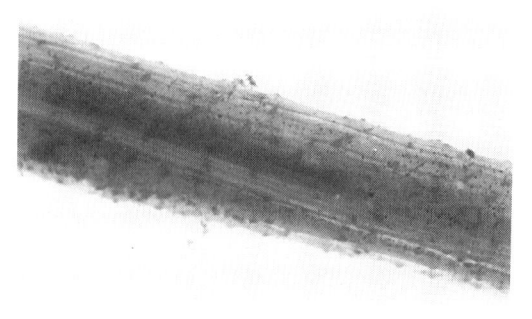

写真3.2.51　ガガブタの茎の中に巣を造っているセボリユスリカ属の幼虫

❹ 水田のユスリカ

　西日本の水田から30〜40種が報告されている（Kikuchi et al., 1985；Surakarn et al., 1996）。徳島市郊外の水田では、優占種はウスイロユスリカ、フチグロユスリカ、ミヤコムモンユスリカ、オオヤマヒゲユスリカ、ミツオビツヤユスリカであった（Kikuchi et al., 1985）、また、山口市の山口大学農学部の付属農場内の水田では、上記5種のほか、ヤハズカユスリカやダンダラヒメユスリカなどのモンユスリカ亜科に属する種も多く得られている（Surakarn et al., 1996）。これらの内、ウスイロユスリカの夏期における羽化個体数は、1シーズン1m^{2}あたり、1,400個体にも及ぶ（Ikeshouji, 1980）。また、前述の山口大学の調査では、水田と水路、さらに隣接する小川と池からのユスリカ群集を比較している。その結果、優占種はそれぞれ異なり、水路や小川では水田とは異なるハモンユスリカ属 *Polypedilum* 3種（スルガハモンユスリカ *P. surugense*、ヤマトムモンユスリカ *P. japonicum*、ウスイロハモンユスリカ）、ヒゲユスリカ属1種、池では、オオケバネユスリカとメスグロユスリカであった。これらの内、水田と水路・小川での違いは、止水と流水の違いによるものと思われたが、水田と池との違いは、同じ止水でも水田は夏期の一時期にしか水を蓄えないという、特殊な水環境であるものと考えられた。

引用・参考文献

橋本　碩（1980）：ユスリカ科概説、動物分類学会会報、53号、pp.1-7

Ikeshouji, T., Iseki, A., Kadosawa, T. and Matsumoto, Y. (1980)：Emergence of chironomid midges in four differently fertilized rice paddies, Jpn. J. Sanit. Zool., **31**(3), 201-208

Kikuchi, M., Kikuchi, T., Okubo, S. and Sasa, M. (1985)：Observations on the seasonal prevalence of chironomid midges and mosquitoes by light traps set in a rice paddy area in Tokushima, Jpn. J. Sanit. Zool., **36**(4), 333-342

小林　貞（2001）：採集・保存・顕微鏡標本の作製法、ユスリカの世界（近藤・平林・岩熊・上野 編）、pp.129-134、培風館

小林　貞（2001）：モンユスリカ亜科、ユスリカの世界（近藤・平林・岩熊・上野 編）、pp.149-164、培風館

Kondo, S. (1988)：Chironomids (Diptera) associated with reed, *Phragmites communis* Trin. in Nagoya City and its suburbs, Appl. Ent. Zool., **23**(3), 353-354

近藤繁生（1990）：ユスリカ科、愛知県の昆虫（上）、pp.172-184、愛知県

Kondo, S. (1998)：Seasonal abundances of two halophilous chironomids (Diptera: Chironomidae) in a brackish pond of Nagoya City, Japan, Journal of Kansas Entomoligical Society, **71**(4), 469-473

近藤繁生・橋本　碩（1982）：農業用溜池におけるユスリカ幼虫の分布について、特にユスリカ亜科について、陸水誌、**43**(1), 1-4

Kondo, S. and Suzuki, T. (1982)：Littoral survey of the Chironomidae in reservoirs of Nagoya City and

suburbs, Jpn. J. Limnol., **43**(4), 275-279
Kondo, S. and Hamashima, S. (1985)：Chironomid midges emerged from aquatic macrophytes in reservoirs, Jpn. J. Limnol., **46**(1), 50-55
Maitland, P. S. (1979)：The distribution of zoobenthos and sediments in Loch Leven, Kinross, Scotland, Arch. Hydrobiol., **85**, 98-125
Surakarn, R., Yano, K. and Yamamoto, M. (1996)：Species composition and seasonal abundance of the Chironomidae (Diptera) in a paddy field and surrounding waters, MAKUNAGI/Acta Diptelogica, (19), 26-39
Tokunaga, M. and Kuroda, M. (1935)：Unrecorded chironomid flies from Japan (Diptera), with a description of a new species, Trans. Kansai Ent. Soc., No.6, 1-8
山本　優 (2001)：エリユスリカ亜科、ユスリカの世界(近藤・平林・岩熊・上野 編)、pp.171-204、培風館
山本　優 (2001)：ユスリカ亜科、ユスリカの世界(近藤・平林・岩熊・上野 編)、pp.204-227、培風館

（近藤　繁生）

2.10　淡水苔虫類

❶ 苔虫とは

　苔虫とは、その群体の外見が植物の苔に類似しているからで、古くは植物と考えられていた時代もあった。しかし、苔虫は、れっきとした動物の仲間で、触手動物門の一綱とされたり、独立した門としてとり扱われている。

　苔虫類は、個々の虫体は極めて小さく顕微鏡的存在であるが、個虫は単独で生活せず出芽によって群体を形成する。世界中のあらゆる水域に分布しており、ほとんどが海産で、少数のものが汽水から淡水域に棲んでいる。

　通常淡水域に棲む苔虫を淡水苔虫と呼んでいるが、一部汽水域に棲むものも含まれる。淡水苔虫類の生息する淡水域は、湖沼やため池、ダム湖などある程度の広がりを持った水域から、小川や濠、水槽、手水鉢など小規模な止水域まで様々である。

　淡水苔虫類は、受精後に幼生を経て、杭や水草、岩石、貝殻等に着生した新虫体が出芽して、種々の形をした群体を形成する。淡水苔虫類は、ほとんどが止水中に生息しており、流水中に見られるのは稀である。群体は、樹枝状、海綿状、被覆状、塊状、紐状等となり、ほとんどのものは永久的に固着するが、稀に可動性のものがある。樹枝状や海綿状に大きく発達した群体は、一見淡水海綿に類似しているが、淡水海綿は骨格を形成するのに対し、淡水苔虫は骨格が無くキチン質である。

個虫は、触手冠や内臓を含む虫体と、虫体を入れる包体に区分され、包体は、細胞性の内包と、内包を覆う非細胞性の外包に分けられる。外包は、キチン質のものや寒天質のものなど、種類によって異なっている。触手冠は個虫の最上部にあり、触手が口を円形または馬蹄形に取り囲んでいる。触手の数は変異があるが、種類によってほぼ決まっている。淡水苔虫類は、被喉類と裸喉類に分けられ、被喉類の全てと、裸喉類の少数のものが淡水産である。日本には、被喉類14種、裸喉類2種が知られている（表3.2.9）。

　裸喉類は、口上突起が無く口が裸出している。胃緒が2本あるが、休芽を造らない。休芽の代わりに裸喉類の一部のものでは、冬芽が造られる。冬芽は、胃緒とは無関係に、虫室の側面に造られることが多く、虫室の変形したものという（鳥海、1973）。

　被喉類では、口の背側に舌状の口上突起を持ち、食堂、胃、腸に区別される消化管がある。胃底の先端部は1本の胃緒で体壁につながっており、ここで休芽が無性的に造られる。被喉類の群体には、樹枝状で虫体の小さな分岐型と、団塊状で虫体も相対的に大きな寒天塊型がある。分岐型はハネコケムシ型ともいわれ下等なもので、寒天塊型はカンテンコケムシ型とともいわれ、大きな群体塊を造ることがあり、高等なものとされている。

表3.2.9　日本産淡水苔虫一覧表

被　喉　類	
Fredericella sultana（Blumenbach, 1779）	
Plumatella repens（Linne, 1758）	ハネコケムシ
Plumatella fruticosa Allman, 1844	ナガハネコケムシ
Plumatella emarginata Allman, 1844	ヤハズハネコケムシ
Plumatella casmiana Oka, 1907	カスミハネコケムシ
Plumatella vorstomani Toriumi, 1952	スカシハネコケムシ
Stephanella hina Oka, 1908	ヒナコケムシ
Hyalinella minuta（Toriumi, 1941）	
Hyalinella punctata（Hancock, 1850）	
Gelatinella toanensis（Hozawa et Toriumi, 1940）	
Lophopodella carteri（Hyatt, 1865）	ヒメテンコケムシ
Asajirella gelatinosa（Oka, 1891）	カンテンコケムシ
Pectinatella magnifica（Leidy, 1851）	オオマリコケムシ
Cristatella mucedo Cuvier, 1798	アユミコケムシ
裸　喉　類	
Victorella pavia Kent, 1870	チャミドロモドキ
Paludicella articulata（Ehrenberg, 1831）	チャミドロコケムシ

（織田、1990による）

被嚢類だけに見られる休芽は、種類によって形態や構造が違っており、分類の重要な決め手となる。休芽には、胃緒の中部で造られる浮遊性のものと、胃緒が体壁に付着する部分で造られる付着性のものがある。休芽はキチン質の殻で、浮遊性休芽は殻の周囲に多数の空気室のある浮環を持つことにより浮くことができる。多くの種類の浮遊性休芽は、水中に放出されて浮上するが、少数のものでは水中に沈む。この沈んだ休芽も、一度乾燥させると浮揚するようになる。付着性休芽は、浮環を持たず、これが変形した縁膜を持ち、休芽の底面で倒木や岩石等に付着している。付着性休芽の形成は、比較的下等なものに限られ、高等なものでは見られない。また少数の種類では、浮環も付着装置もなく、体腔中に遊離する休芽を造るものがあり、遊在性休芽という。

　休芽や冬芽は、乾燥や低温に耐えるための器官で、淡水海綿の芽球同様、越冬や分布拡大の手段となっている。休芽の分布拡大の方法は、主として水の移動による分散で、特に浮遊性休芽は水面に浮くことから分散し易くなっている。また、蛙や魚、水鳥などに食われた休芽は動物の移動先で排泄されたり、水鳥などの脚に付着して世界的に移動しているのではないかともいわれている(馬渡、1965)。

　淡水苔虫類は、私たちの日常生活とはあまり接点がなく、人目を引くことは少ない。しかし時として、大型の群体塊を形成するカンテンコケムシ型のものがマスコミに取り上げられ、話題になることがある。ヒメテンコケムシとカンテンコケムシでは、体腔液に毒成分があり、漁業への影響が報告されている(鳥海、1973)。また、この両種やオオマリコケムシが、導水管や排水管を閉塞させる被害や死滅後の悪臭問題等も報告されている(織田、1997)。

❷ 調査方法

　淡水苔虫類の群体は、水面下の有形のあらゆる物に付着しており、水生植物の茎や浮葉植物の葉面下にも見られる。

　種の判別は浮遊性休芽に基づくのが容易であり、浮遊性休芽の形成後が採集適期である。生きた群体を採集しようとすれば、一部の種を除いて、夏期に行なうのが良い。冬期には、カンテンコケムシ型の群体塊は崩壊しているが、ハネコケムシ型のものでは海綿状の群体や諸物の壁面にシノブゴケ状に付着した群体が残っている。

　定性的な調査を目的とする場合は、冬期に水辺に打ち寄せられた浮遊性休芽を採集する方法が便利であり、その水域の種構成をほぼつかむことができる。ただし、当然のことながら浮遊性休芽を形成しない種については、この方法は採用できない。

❸ 色々な淡水苔虫

　筆者がこれまで調査してきた香川県には、天然の湖沼は無く、全国第3位の個数を誇るため池が主要な淡水域として展開している。調査の結果、これらのため池には、色々な淡水苔虫類が広く生息していることが明らかになってきた。ここでは、主としてため池に生息する苔虫類に湖沼や汽水域に棲む苔虫類を加えて検討する。

① *Fredericella sultana*

　被喉類の中では原始的な部類に属し、浮遊性休芽を形成しない。休芽は網目紋があり、2層からなり、浮環がなく、付着装置の発達も見られず、体腔中に遊離する遊在性休芽を形成する。群体は潅木状に分岐し、外皮はキチン質である。

　香川県ではため池で極稀に見られるが、浮遊性休芽による調査では生息を確認できないことから、発見の機会が少ないものと思われる。

② ハネコケムシ

　以下の4種を含むハネコケムシ類の群体は、外包がキチン質で、樹枝状や潅木状、海綿状に分枝して変異が多く、外部形態による区別は難しい。その点、浮遊性休芽による区別は、形態変異があるが、変異の範囲をつかめば比較的容易である。

　ハネコケムシは、浮遊性休芽と付着性休芽を形成する。浮遊性休芽は、楕円形で両凸形となる。ハネコケムシ類の中では浮環が発達しており、朔部（さくぶ）と呼ばれる中心部は丸味を持った卵形で、背腹に差があり、背側が小さく腹側が大きい。

　香川県ではため池に最も普通に産するが、砂防堰堤や公園の池等からも採集されており、小規模な止水域にも広く生息している。

③ ナガハネコケムシ

　群体は潅木状に起立する。浮遊性休芽と付着性休芽を形成する。浮遊性休芽は、細長い楕円形で、次のヤハズハネコケムシに似ているが、より細長く角ばって見える。朔部の大きさで背腹に差があり、背側は浮環が発達して朔部が小さく平らで、腹側は浮環が狭くて朔部が広くなり凸形である。

　香川県では、山地部にある比較的水質の良いため池で極稀に見られる。筆者は、北海道の釧路湿原の沼で本種を多数採集したことがあり、鳥海（1973）は仙台市の丘陵地帯で、向井（1984）は群馬県の大峰古沼で本種の生息を報告している。本種は本来北方種であるのか、あるいは生息環境の水質に関係するものか、詳細な全国調査の結果が待たれる。

④ ヤハズハネコケムシ

　群体は、樹枝状から海綿状と変異が大きい。浮遊性休芽と付着性休芽を形成する。浮

遊性休芽は、長楕円形で、背腹の形態差が大きい。特に朔部の大きさが背腹で大きく違っており、背側は浮環が発達して朔部が小さく平らで、腹側は浮環が狭くて朔部が広くなり凸形である。

世界的に広く分布しており、生息水域も広く、手洗鉢のような小型容器にも棲んでいた例がある（鳥海、1973）。香川県ではため池に普通に産するが、ハネコケムシ同様に砂防堰堤や公園の池等からも採集されており、広範囲の止水域に生息している。

⑤　カスミハネコケムシ

群体は、分枝状で、密集するとマット状から海綿状となる。浮遊性休芽と付着性休芽を形成する。浮遊性休芽は、細長い楕円形で浮環の幅が狭く、両凸形で背腹の形態差がほとんどない。また浮遊性休芽には、殻の厚い厚型と、殻の薄い薄型の2型があり、薄型の浮遊性休芽は、盛夏につくられるという（鳥海、1973）。香川県産のものでもこの2型が観察されている。

香川県では、山地部から平野部のため池に比較的多く見られるが、主として平野部に分布している。

⑥　スカシハネコケムシ

群体は、匍匐性で、粗く分岐するが小塊状となる場合もある。包体壁を通して消化管が透けて見えることから、向井（1984）がスカシハネコケムシと称した。浮遊性休芽と付着性休芽を形成する。浮遊性休芽は、楕円形で、ヤハズハネコケムシより細くて小さい。浮遊性休芽は、両凸形となり、浮環が他のハネコケムシ類より発達し、背腹の形態差があまりない。付着性休芽の長径が浮遊性休芽より短いことは、本種の特徴であるという（向井、1984）。

香川県における産地数は少なく、丘陵部から平野部のため池に見られるが、平野部を中心に分布している。

⑦　ヒナコケムシ

群体は、匍匐性で、数cmの塊状となることも多い。外包はやわらかい寒天質で、無色透明。本種の生育時期は、他の多くの種と異なり、冬期である。秋〜春期にかけて、水中の倒木や浮遊物の裏面、陽の当らない場所に大きく発達した塊状の群体を見ることができる。浮遊性休芽と付着性休芽を形成する。浮遊性休芽は、ほぼ円盤状で浮環が発達しており、朔部はほぼ円形で、背腹の形態差は少ないが、腹側の朔部が背側に比べ相対的にやや小さい。多種との区別は容易である。

香川県の産地数は比較的多く、山地部から平野部のため池に見られるが、主として山

沿いの水域に分布している。また、山中に造られた砂防堰堤からも採集されている。

⑧ *Hyalinella minuta*

群体は、樹枝状から塊状と変異が大きい。外包は硬い寒天質で厚い。浮遊性休芽と稀に付着性休芽を形成する(鳥海、1973)。浮遊性休芽は、カスミハネコケムシに類似しているがより小型で、楕円形をしており、浮環の幅が狭く、両凸形で背腹の形態差がほとんどない。浮遊性休芽の周縁には、高倍率で見える鋸歯状突起がある(鳥海、1973)。

香川県では、山地部から平野部のため池に分布しているが、産地数は少ない。

⑨ *Hyalinella punctata*

群体は塊状で、外包は硬い寒天質で厚い。日本では浮遊性休芽のみを造るという(鳥海、1973)。浮遊性休芽は、ハネコケムシのものより大型で、楕円形をしている。浮環は全縁に発達しており、両凸形で背腹の形態差がほとんどなく、多種との区別はし易い。浮遊性休芽は、非浮揚型で、水中にある限り浮上せず、浮揚性となるためには一度乾燥する必要がある(向井、1982)。

香川県では、山沿いから平野部のため池で稀に見られる。

⑩　トウアンコケムシ

群体は塊状で、外包は硬い寒天質で厚い。浮遊性休芽と付着性休芽を形成する。浮遊性休芽は、楕円形で、外形的にはヤハズハネコケムシに相似しているが、より大型で腹面中央に特有の付属突起物を持っている。この付属物は付着性休芽にもあり、他種とのよい区別点である。

香川県では、丘陵部のため池で稀に見られる。

⑪　ヒメテンコケムシ

群体は小塊状で、外包は軟らかい寒天質である。群体は多少の移動性を持ち、鳥海(1973)は1日に2～3cm移動するとしている。浮遊性休芽のみが形成され、非浮揚型で、未乾燥な状態では浮揚しない(向井、1982)。浮遊性休芽は、楕円形で、浮環がよく発達しており、大きさはカンテンコケムシの半分程度と中型である。両端に小さな鉤のある細長い棘を数本持ち、有棘性休芽ともいわれ、他種との区別は容易である。浮遊性休芽の棘の数や休芽の形は季節によって変化し、水温の変化と密接に関係しているという(織田、1990)。香川県のものにも、長楕円形のものから棘のほとんど無い円形に近いものまで、色々な変異が観察されている。

香川県では産地数が少なく、丘陵部から平野部のため池に見られるが、庭園の池からも採集されている。

3章　ため池の生き物

⑫　カンテンコケムシ

　群体は塊状で、外包は軟らかい寒天質が多量に分泌され、多数の群体が癒着して群体塊となる。群体塊は、水中の杭や倒木等に付着し、サッカーボール大になるものもある。若い群体は移動性があり、関東以西に分布する南方系の種といわれている（鳥海、1973）。浮遊性休芽のみが形成され、非浮揚型で、水中にある限り浮揚しない（向井、1982）。浮遊性休芽は、浮環がよく発達して幅広く、角のとれた四方形で、淡水苔虫類の休芽では最大であり、他種との区別は容易である。

　香川県では産地数が少なく、山地部から平野部のため池に見られるが、河川河口部の溜りからも採集されている。

⑬　オオマリコケムシ

　北アメリカ原産の帰化動物で、1972年山梨県河口湖に出現して以来、現在では九州から北海道まで広がっている（織田、1997）。

　群体は塊状で、外包は軟らかい寒天質が多量に分泌され、水中の水草や岩等に付着し、群体塊を形成する。発達した群体塊は、直径数十cmのボール状になったり、直径1mほどの円盤状になったり、長さ1～3mに及ぶ腸形になることがある。付着物から離れた群体塊は、最初は沈むが、寒天質中にガスが溜まって浮上する様になる。

　浮遊性休芽のみが形成される。浮遊性休芽は、丸みを帯びた方形で、浮環がよく発達し、周縁から先に鉤を持った太い棘が十数本放射状に出ている。大きさはカンテンコケムシよりやや小さい。他種との区別は容易である。

　香川県ではまだ稀な状態であるが、1992年に初見（金子ら、1994）されて以来現在まで25箇所のため池で確認されており、急速に分布を拡大している。分布拡大の原因は、釣りブームによる釣り具や放魚による休芽の持ち運びによるものと思われる。

⑭　アユミコケムシ

　外包は薄い寒天状で、群体は数cm～十数cmの紐状となり、日当りのよい水草や石等に付着する。移動能力を持ち、鳥海（1973）は1日に5cm移動するとしている。浮遊性休芽のみが形成され、円盤状で、浮環がよく発達する。背殻および腹殻には、先に鉤を持った太い棘が数十本放射状に配列している。大きさはカンテンコケムシよりやや小さい。他種との区別は容易である。

　日本では、山梨県精進湖以北の本州、北海道に分布している北方種といわれ（鳥海、1973）、筆者は、栃木県日光市や北海道の釧路湿原の沼で本種を多数採集したことがある。

⑮ チャミドロコケムシとチャミドロモドキ

この2種を筆者はまだ確認できていない。

鳥海(1973)によれば、チャミドロコケムシは、細い樹枝状の群体で、触手は円形に並び15～18本で、虫室口に襟はない。チャミドロモドキは、汽水性のもので、海岸近くの淡水域にも棲み、虫室口に襟を持ち、触手は8本であるという。

引用・参考文献

金子之史・岩月謙司・納田美也（1994）：オオマリコケムシ(触手動物門)が香川県の男井間池と女井間池に出現、香川生物、**21**, 63-66

馬渡静夫（1965）：苔虫類、動物系統分類学 8（上）、pp.35-229、中山書店

向井秀夫（1982）：群馬県産淡水苔虫についての覚え書、群馬大学教育学部紀要自然科学編、**31**, 17-32

向井秀夫（1984）：群馬県産淡水苔虫補遺、群馬大学 教育学部紀要自然科学編、**33**, 49-60

織田秀実（1990）：日本の淡水コケムシ、日本の生物、**4**(8), 50-57

織田秀実（1997）：日本におけるオオマリコケムシの分布、坂上澄夫教授退官記念論文集、pp.31-45

鳥海　衷（1973）：触手動物　苔虫類、川村日本淡水　生物学、pp.277-288、北隆館

（久米　修）

2.11　淡水魚類

ため池に生息する淡水魚類は各種開発、農業経営の近代化、生活排水による水質汚濁等により減少傾向にある。

里山に近い農地の転作や耕作放棄等が増え、荒れたため池も各地に見られる。ガマやヨシが繁茂し、追い出されたり、絶滅したりした淡水魚類も多い。安定した水量確保のために用水からの導水が各地で行なわれ、魚類相の共通化も進んでいる。また、外来の肉食魚類が放流され、人為的な理由による魚類相の変化も見られる。

これらの理由によりイタセンパラ、ウシモツゴ、カワバタモロコ、ニッポンバラタナゴ、ホトケドジョウ、スジシマドジョウ、メダカ等の貴重種の生息範囲が限られたり、個体数が減少したりしている。中には絶滅寸前の魚種もあるので、早急に保護策の具体化を図らなければならない。

3章　ため池の生き物

❶ ため池の淡水魚類の調査方法

ため池は河川と違って一般的に止水で、深さもあり、池床の堆積物も多いので、魚類の調査法にも特徴がある。

① 地引き網による方法

魚種と個体数を正確に調査するには、地引き網による方法が適している。比較的規模の小さいため池で、貴重種が生息し、魚種と個体数を確実に把握する場合に用いる。排水ポンプを利用し7～8割の水を出し、地引き網で全個体を一部に集め、魚種と個体数を調べる(写真3.2.52)。この方法は降雨直前に行なうか、調査後他の池から給水をしなければならない。これをしないとサギ類等に貴重種が捕食される心配がある。

② プラスティック製の捕獲瓶による方法

比較的大規模のため池調査に適している。カイコの蛹粉等を入れて池床に沈め、30～60分後に引き上げる方法である。カワムツ、オイカワ、モツゴ、カワバタモロコ等は入るが、魚種が限られてしまう欠点もある。広いため池の場合は捕獲瓶の個数を増やし、岸辺近い位置に設置すれば捕獲は容易である(写真3.2.53)。

③ 各種の網類による方法

ため池の形状や水深、岸辺の植物、池床の堆積物、生息する魚種等から判断してたも網、投網、四手網、刺し網等を使い分けて捕獲する(写真3.2.54)。中でも岸辺をたも網

写真3.2.52　地引き網による魚類相調査

❷ ため池の動物

写真3.2.53　準備している捕獲瓶

写真3.2.54　投網による調査

写真3.2.55　大規模なため池の「池もみ」

写真3.2.56　「池もみ」で捕獲されたフナ類

で丁寧に捕獲する方法が、魚種を調べるには効果が大きい。コイ、カムルチー、オオクチバス、ヘラブナ等は大型の網類が適している。

④　「池もみ」によるため池の調査

池もみ(ため池の水を8～9割落とし、網や筌等で競い合って大型魚類を捕獲する漁獲法)の機会を待って、生息魚種や個体数を調査する方法である(写真3.2.55、写真3.2.56)。かつての食料事情の悪い時代は各地で実施されたが、最近はあまり行なわれなくなった。

⑤　その他の調査法

休日等の遊漁者の獲物の観察、ため池の管理者の魚種や個体数の放流記録、目視による魚種調査、カイコの蛹粉をため池の表面にまき、浮き上がって集まる魚種の確認、餌を変えて釣り上げた魚種の調査等の方法がある。

❷ ため池の淡水魚類

大きく分けてため池の淡水魚類は、三つのグループがある。一つはモツゴ、カワバタモロコのようにかつてからため池に生息していたグループ、二つはニゴイ、オイカワのように農業用水を伝わって生息するようになったグループ、他の一つはコイ、ヘラブナのように人為的に移植したグループである。

現在では同じカワムツ、ギンブナ、メダカでもかつてから生息していた個体、用水を伝わって入った個体、そして、移植した個体が混生しているのが実情である。また、各地のため池が二つの用水とつながっていることもあって、両水系の魚類が入り混じっていることも稀ではない。ため池の魚類相は、かなりの範囲で共通化が進んでいる。今後もこの傾向は一層進み、在来の固有種が分からなくなる恐れがある。

① タモロコ　*Gnathopogon elongatus elongatus*（Temminck et Schlegel）

タモロコは平野部の流れの緩やかな小川や池などに生息し、尾びれのつけ根に黒斑があるので、他のモロコと容易に区別できる（写真3.2.57）。岸辺の水草の中などに生息し、あまり広範囲には移動しない。水質汚濁には弱く、個体数は減少している。

生殖時期は4～7月で、このころになると雌雄ともに吻端、目の周囲、鼻などに小粒の追星が現れる。婚姻色は雌雄ともに明瞭ではない。雌の1尾を雄数尾が追いかけて産卵させる。水草の根や砂底に付着卵を産む。食性は雑食性で、プランクトンや底生の藻類などを食べる。

② モツゴ　*Pseudorasbora parva*（Temminck et Schlegel）

モツゴは、流れの緩やかな小川や池などに多い。体は小さく、遊泳力も弱いが、水質汚濁には比較的強く、汚れた水でも繁殖する。食欲は旺盛で成長も早い。年によって大量に捕獲できることがあり、年ごとに繁殖の変化の大きい種類といえる。口が受け口になっているので他種との区別は容易である。

生殖時期は4～6月で、雄には追星、婚姻色ともにはっきり現れる（写真3.2.58）。全

写真3.2.57　減少しているタモロコ　　写真3.2.58　追星の現れたモツゴの雄

体に黒色を帯び、吻、下あご、目の周囲に細かい追星ができる。産卵は雄が水辺につくった産卵床で行なわれる。産卵床に近づく雌に対して雄は産卵動作を繰り返し産卵させる。この受精卵が孵化するまで雄が保護する。食性は雑食性で、藻類や水生の小動物を食べる。

③　ウシモツゴ　*Pseudorasbora pumila* subsp.

ウシモツゴは、関東・東北地方に自然分布しているシナイモツゴの亜種で、濃尾平野を中心としてわずかに生息する貴重種である。環境庁も1991年に絶滅危惧種に指定し、1999年のレッドリストでは絶滅危惧IA類に指定している(写真3.2.59)。愛知県豊田市・西尾市では天然記念物に指定して、積極的に保護活動を進めている。

ウシモツゴはモツゴに類似するが、モツゴの側線が完全であるのに対して、ウシモツゴは不完全であるので区別できる。生殖時期は4〜6月で、雄には追星、婚姻色ともに現れる。追星は頭部と背面に多く現れ、婚姻色は紫色を帯びた黒色である。食性は雑食性で藻類や水生の小動物を食べる。簡単に餌付けもできるので観賞魚としても飼育できる。

④　カワバタモロコ　*Aphyocypris rasborella* Fowler

かつては各地の小川や池などに多産していたが、各種の工事、農薬散布、外来肉食魚の繁殖などにより激減している。環境庁は1999年のレッドリストでは絶滅危惧IB類に指定している(写真3.2.60)。愛知県豊田市では1992年に、同県西尾市では1990年にそれぞれ天然記念物に指定して計画的な保護活動を展開している。

カワバタモロコは全長10cm以下の小魚で、口ひげはなく、側線も不完全である。しりびれの直前の隆起縁が鋭いので、他種との区別は容易である。生殖時期の6〜7月になると、雄は美しい金色の婚姻色を示す。これが地方名のキンモロコになっている。雌には婚姻色は現れない。追星は雄の胸びれにわずかに出るが、雌にはない。食性は雑食

写真3.2.59　絶滅危惧IA類のウシモツゴ

写真3.2.60　絶滅危惧IB類のカワバタモロコ

性で、藻類や水生の小動物を食べる。

⑤ **カワムツ** *Zacco temminckii* (Temminck et Schlegel)

カワムツは川岸のヤナギやヨシの下の淵やため池に生息し、個体数も比較的多いので、一般にもよく知られている。しかし、最近の河川工事や池の改修工事によりコンクリートブロックなどで川岸や堤防が固められたので、個体数は減少している。

カワムツはオイカワと類似するが、体側に太い鮮明な黒い縦帯ができるので、区別できる。口ひげはなく、側線がはっきりし、大きく下方に湾曲する。生殖時期の5～8月に達すると、雄には著しい婚姻色と追星が現れる（写真3.2.61）。雄の頭部の下面、目の上半分、胸部、腹面、胸びれ・背びれの前半分などは鮮やかな朱色になる。また、目の下部、下あご、鰓蓋、しりびれ、尾柄部の上下、尾部の鱗上などには白い大きなこぶ状から小さな突起状までの追星が多数現れる。雌にも婚姻色、追星ともに現れるが、雄とは比較できないほど弱いものである。産卵は流れの緩やかな砂れき底や池の浅いところで行なわれる。

食性は雑食性で、流下・落下してくる昆虫を活発に食べるが、昆虫が少なければ藻類も盛んに食べる。

写真3.2.61　婚姻色の現れたカワムツの雄

⑥ **カワチブナ**（ヘラブナ）

カワチブナは、琵琶湖の固有種のゲンゴロウブナの養殖型である。現在では全国各地の池などに移植され、定着している。遠くは中国大陸の南部、韓国、台湾まで移植され増えている。各地の釣堀にも放流され、キャッチ＆リリースの対象魚になっている。成長が早く、肉付きも良いので養殖魚に適している。一般に食用にされるのもカワチブナが多い。体幅は薄く、背びれから後半が比較的長いので区別しやすい。

生殖時期は3～7月であるが、この時期を迎えても雌雄ともに婚姻色・追星は発現しない。産卵は淵などの水草の周囲などで行なわれる。

食性は雑食性で、藻類や水生の動物を活発に食べ、成長も早い。コイとともに釣堀の対象魚になっている。

⑦ **コ　イ** *Cyprinus carpio* (Linnaeus)

コイは古くから人々に親しまれ、最も古くから飼育された魚類で、5月節句の鯉のぼり、鯉の滝登りの掛け軸など縁起のよい魚になっている。原産地は中央アジアで、日本

には約2千年以上前から中国から移植されている。最初は野生種であったが、フナと同じように品種改良がしやすく、今では観賞魚としても日本の代表種になっている。淡水魚類の王者であり、体型、大きさ、動き等に風格がある(写真3.2.62)。

写真3.2.62　ため池に放流されるコイ

コイのあごには長短2対のひげがあり、ひげのないフナとは区別できる。体色には個体変異があり、淡緑色を帯びた黄色のものから黒味を帯びたものまである。

生殖時期は5～7月で、雌雄ともに体全部に小さな追星ができるが、婚姻色は現れない。水温が18～22℃になると、岸辺のヤナギやヨシの根などに産卵する。孵化した仔魚は浮遊動物や付着植物などを食べて成長する。仔魚は主に水草の多い止水に生息する。成魚は淵に移り、底生動物などを活発に食べ、成長も早い。雄は2年、雌は3年で成熟する。

⑧　タイリクバラタナゴ　*Rhodeus ocellatus ocellatus*（Kner）

かつては、日本産のニッポンバラタナゴが各地に多数生息していたが、環境変化に弱く、現在では絶滅寸前の状態にある。一方、タイリクバラタナゴは水質汚濁にも比較的強く、1942年ごろ揚子江からソウギョ、ハクレンを輸入した時に混入し、それ以後各地に広がり、現在では広範囲に定着している。

タイリクバラタナゴは産卵期間が他のタナゴ類よりも長いこと、産卵する二枚貝も種類が多いこと、他のタナゴ類が清澄な水を好むのに対して少し汚れている方が適していること、春先に孵化した個体は、秋には成熟して産卵すること、婚姻色が美しいので家庭でも観賞魚として飼育していることなどにより、短期間の間に全国的に広がっている。本種はニッポンバラタナゴと類似するが、タイリクバラタナゴの方は腹びれの前縁にやや青味がかった光沢のある白い帯がはっきりしているので区別できる(写真3.2.63)。

生殖時期は3～10月でコイ科魚類の中では長い方である。この時期になると、雌雄ともに婚姻色・追星を発現す

写真3.2.63　繁殖力の強いタイリクバラタナゴ

るが、雌は雄と比較してはるかに弱い。雄では顕著な婚姻色が現れ、腹びれからしりびれの間、背びれ、しりびれ、尾びれの中央部、体側などがバラ色になる。腹びれの前縁の白色不透明帯は一層顕著になる。追星は吻端部と目の周囲に現れる。雌は総排出孔から産卵管を出すが、先端部が黒っぽく、基部は橙色である。この産卵管を二枚貝の鰓の内側に挿入し産卵する。孵化後40～50日は二枚貝の中で生活し、その後貝から出て自由生活に入る。

食性は雑食性で半底生の動植物、浮遊植物などを食べる。美しく飼育し易いので観賞魚としても市販されている。

⑨ イタセンパラ *Acheilognathus longipinnis*（Regan）

かつては愛知県尾張地方を東限として岐阜・大阪などに生息していたが、環境変化に弱く、個体数は激減している。現在では極めて貴重な種類になっている。1974年6月25日、地域を定めない種指定の国の天然記念物になった。ミヤコタナゴとともに淡水魚類の最初の指定である。1999年には環境庁もレッドリストで絶滅危惧IA類に指定し、保護活動に乗り出している（写真3.2.64）。

イタセンパラは、ひげはないが側線が完全である。しりびれの縁が黒くなる。生殖時期は他のタナゴと比べて遅く9～11月である。この時期になると雄の吻と鼻の間の左右の連なる部分と、目の前部に追星が現れる。また、淡灰色の婚姻色も現れるが、タナゴ類の中では薄い方である。産卵行動は他のタ

写真3.2.64 国の天然記念物のイタセンパラ

ナゴと類似し、雌雄で二枚貝に近づき、雌は産卵管を二枚貝に挿入し、鰓中に産卵し、雄は貝の近くに放精する。二枚貝はタガイやイシガイの場合が多い。

⑩ マドジョウ *Misgurnus anguillicaudatus*（Cantor）

マドジョウは河川にはいないが、水田、溝、池などの泥底にいる。かつては各地の一般的な魚類で、どこの水田などにも多産していたが、農薬を散布したり、用水路をコンクリート化したりしてからは個体数が減少している（写真3.2.65）。

体型は円筒でウナギ型であるが、ひれはウナギのように接続していない。鱗は一見無さそうに見えるが、皮膚に埋もれている。鱗を検鏡すれば細かい溝条と隆起線が観察できる。側線は完全で上唇に3対、下唇に2対、計5対（10本）のひげがある。

生殖時期は4～7月で、水田、池などで産卵する。雄の婚姻色は、顕著には現れない。体全体が暗橙色で、ひれはやや赤っぽくなる。追星は胸びれにわずかに現れる。雌はやや緑色を帯びる。雄は胸びれにある骨質盤と背びれの前後にある筋肉隆起を使って雌の腹部を巻いて締め付け産卵させる。雨上がりの早朝に2、3回続けて行なわれる。

写真3.2.65　減少してしまったドジョウ

⑪　ホトケドジョウ　*Lefua echigonia*（Jordan et Richardson）

体長数センチの小ドジョウで、細流の上流部や湧き水の池などに生息するが、一般にはあまり知られていない。地方名も多くないが、シミズドジョウなどは生息場所をうまく表現している。

体は筒状であるが、頭部は扁平し上からみると円形に近い。全体に褐色の斑紋が無数に散在する。鱗は薄く皮膚に埋もれている。ひげは上唇に3対、鼻孔付近に1対の計4対(8本)ある。側線はない。ホトケドジョウは冷水域を好む魚類であるので、生息場所が点在し、しかも比較的狭い範囲であるので、個体数は少ない。特にホトケドジョウが生息する場所の開発が進んでいるので、環境庁も1999年絶滅危惧IB類に指定して保護に乗り出している(写真3.2.66)。

写真3.2.66　絶滅危惧IB類のホトケドジョウ

生殖時期は3～6月で、雌が浅い所に来た時に雄が近づき、産卵・放精が行なわれる。受精卵は水草や切り株などに付着して孵化する。産卵は早朝に行なわれることが多い。

⑫　メダカ　*Oryzias latipes*（Temminck et Schlegel）

体長3cm足らずの日本産淡水魚類中の最小の魚類である。かつては各地の水田、用水、池などいたるところにいたが、水質汚濁、開発、カダヤシの繁殖などにより、メダカの生息範囲が大きく狭められ、全国的に個体数が著しく減少している。1999年環境庁もレッドリストで絶滅危惧II類に指定し、保護を呼びかけている(写真3.2.67)。また、民間でも日本メダカトラスト協会を設立し、全国的な保護・増殖活動を進めている。各地でメダカフォーラムなども開催されている。

3章　ため池の生き物

メダカは丈夫で飼育し易く、一定の水温を保持して餌を与えれば、成長・成熟も早く随時産卵もする。雌は雄よりも若干大きくなる。また、雌は背びれの切れ込みがなく、雄は切れ込みがあり、しりびれの高さが雌よりも高いので区別できる。雌雄各3～5尾ずつ水槽で飼育し、水温18～30℃にしておけば休みなく産卵する。直径1.0～

写真3.2.67　絶滅危惧II類のメダカ

1.3mmの透明な卵を2～5個を産む。受精後10～15日で孵化する。約3カ月で成魚になる。なお、飼育は野生のクロメダカよりも改良されたヒメダカの方が容易である。

⑬　カムルチー　*Canna argus*（Cantor）

平野部の池沼や汚れた河川などに多く、大型の個体が捕獲され、時々話題になる。原産地は中国大陸と朝鮮半島であるが、日本に入ったのは割りと早く、1920年ごろである。最初は魚の愛好家が珍魚として持ち込んだものであるが、管理が十分でなかったために逃げ出して、今では完全に野生化している（写真3.2.68）。

通称「ライギョ（雷魚）」と呼ばれているが、雷とは関係がない。この由来は、雷雨の後この魚が路上を右往左往していたところを見た人が「雷の落とし子」と思って名づけたといわれる。和名のカムルチーは朝鮮半島の現地名である。

水深1mほどの水生植物（ヨシ、ガマなど）の繁茂した濁った止水に多い。水底にジッとしている底魚であるが、時々水面に頭を出して空気呼吸もする。空気呼吸は、鰓杷の後方の上鰓器官で行なわれる。カムルチーが生きるためには、鰓呼吸だけでは十分では

写真3.2.68　全長90cmにもなるカルムチー

写真3.2.69　カルムチーが多産するため池

なく、空気呼吸も必要である。ふつうの淡水魚類が生息できない汚れた環境や酸素不足の濁水でも平気で生きている。水温が40℃を超えても生きられるし、0℃以下になっても泥中に潜って冬眠をして冬越ができる。

生殖時期は5〜7月で、このころになると雌雄そろって水生植物の生えている水面に水草を集めて、直径1mぐらいのドーナツ型の巣をつくる（写真3.2.69）。巣の中央で仰向けになって産卵・放精をする。食性は動物食でカエル、ヘビ、小魚、イモリなどを大きな口でひと飲みにする。

⑭ オオクチバス　*Micropterus salmoides*（Lacepede）

オオクチバス（ブラックバス）は北アメリカ原産の移植魚で、現地名のlarge mouth bass（大きい口のバス）から直訳されて和名になった。和名の通り口が大きく、しかも上あごより下あごの方が前面に出る。

1925年箱根の実業家の赤星鉄馬氏が原産地から輸入して、自宅の池で飼ったのが最初である。この池から逃げ出したオオクチバスが芦ノ湖に住み着き、繁殖するようになった。戦後にも芦ノ湖に追加放流されている。その後各地に移植され、現在では日本全域に広がっている（写真3.2.70）。

写真3.2.70　どう猛なオオクチバス

オオクチバスはどう猛なところがあり、人影や物音などはそれほど感じない。好奇心旺盛なところがあり、この習性を利用したのがルアーフィッシングである。オオクチバスの分布範囲が広がるとともに、ルアー釣りが盛んになり、ブームになっている。なお、アメリカなどでは遊漁対象魚として知られている。

食性は肉食性で水生昆虫、甲殻類、小魚などを食べる。大きな口で小魚などを飽食するので、淡水のギャングともいわれる。特に魚種をかまわず片っ端から追っかけて食べるので、在来種が大きな打撃を受ける。オオクチバスが一旦増殖してしまうと、これだけを捕獲する方法がないだけに、特に放流は慎重でありたい。

生殖時期は5〜7月で、雄は水草などが生えている場所に直径50〜100cm、深さ10〜20cmのすり鉢状の穴を掘り、水草などの切れ端を敷き、雌を誘って夕方産卵させる。雄が卵や仔魚を保護する。最近、類似のコクチバスも各地で増え、話題になっている。

⑮　ブルーギル　*Lepomis macrochirus* Rafinesque

和名のblue gillは「青い鰓」で、鰓蓋の上部の後方が伸び、そこがブルーの斑紋になっているところからこの名称がつけられた。原産地は北アメリカのミシシッピー渓谷で、1960年10月に日本に持ち込まれ、その後全国的に広がっている。現在では平野部のいたるところで繁殖し、河川・池ともに個体数が増加している。日本だけではなく、アメリカ各地や遠くはヨーロッパまで移植され、広く釣り師に親しまれていると同時に人気も高まっている（写真3.2.71）。

写真3.2.71　肉食性のブルーギル

生殖時期は春から晩夏までと長く、淡水魚類の中でも長期にわたる方である。雄は婚姻色が現れ、腹部が黄色から赤っぽく変化する。雄は浅い砂底に直径40～50cmのすり鉢状の巣をつくる。成熟した雌をこの巣に誘って産卵させる。産卵が終われば雌は追い出されてしまう。雄は受精卵に近づき、胸びれを動かして酸素を送って卵を保護する。孵化した仔魚も暫く雄が保護するので父性愛の強い種類といえる。

食性は肉食性で、幼魚のころはエビ、カニ、水生昆虫などを食べるが、成長すると小魚を追って食べるので害魚扱いされる。放流や移植は慎重に行なわなければならない。

⑯　カワヨシノボリ　*Rhinogobius flumineus*（Mizuno）

河川・用水・池などに広く生息し、個体数も多いので、地方名も多く、一般にも広く知られている。動作が非常に鈍いので網などで容易に捕獲できる。腹びれは胸びれの直下にあり、しかも吸盤になっている。この吸盤を使ってかなり急流のれき底に出て上流から流れてくる餌を素早く食べる。体色は黄褐色から黒褐色まである。体側の不規則な黒い斑紋が7～10個あるが、時には不明瞭な個体もある（写真3.2.72）。個体変異の多い魚種といえる。

一般にヨシノボリと呼んでいる中にはカワヨシノボリとヨシノボリ類の2種類がある。カワヨシノボリは胸びれの鰭条数が15～17であるが、ヨシノボリ類はこの鰭条数が18～22と多いので区別できる。

写真3.2.72　雄が受精卵を保護するカワヨシノボリ

生殖時期は5〜8月で、雄はこの時期になると鮮やかな黒っぽい婚姻色が現れ、第1背びれの軟条が長く伸びる。雄が水深10〜50cmのれきの下を掘り、そこに雌を誘い込み、れきの下面に大型の付着卵を産ませる。雄が受精卵を保護する。食性は主に動物食でユスリカ、半底生浮遊動物などを食べる。なお、ヨシノボリ類は模様などにより数種以上の型に分けられている。

ため池にはこれまで記載した魚類のほかにもナマズ、ウナギ、ドンコ、タウナギ、カマツカ、ソウギョ、オイカワ、ギンブナ、シマドジョウなどが生息する。

❸ ため池の貴重種の保護策

1999年、環境庁は汽水・淡水魚類の絶滅危惧IA類(ごく近い将来における絶滅の危険性が極めて高い)として29種、同IB類(IA類ほどではないが、近い将来における絶滅の危険性が高い)として29種、そして絶滅危惧II類(絶滅の危険が増大している種)として18種をそれぞれ指定している。

これらの中で、特にため池に生息する魚類を保護するためには、どのため池に、何が、およそどれだけいるかを確認する作業が必要である。その地域一帯のため池を広く調査し、生息魚種と個体数が分かれば、具体的な保護策が明らかになる。

次に一般的な保護・増殖活動をまとめる。

① ため池のフェンス等の設置と巡視の強化

貴重種の生息が分かるとマニア等による密漁が心配される。多くの地域で動植物を問わず盗掘や密漁があとを絶たない。フェンスや施錠などを確実にすると同時に巡視活動も強化する必要がある(写真3.2.73)。住民にもその貴重種を知ってもらい、管理にも協力してもらうことが大切である。公共施設のロビーや窓口などの水槽展示や広報活動も必要とされる。貴重種の保護策は行政と住民が協力して進めるべき内容といえる。

② 定期的な魚相調査と貴重種の確認

貴重種は生息範囲が狭く、個体数が少ないだけに小さな環境変化でも絶滅してしまう可能性もある。大きなストレスを与えない範囲で、定期的に個体数を把握することが望まれる。フェンスがあっても上からオオクチバス、ブルーギル、ヘラブナ等が投げ込まれることもある。特に大型の肉食魚類が放流されると、短期間のうちに貴重種の個体数が激減することもある。

③ 行政と連携した最小限の開発

ため池を含めた周辺一帯が開発され、住宅・工場などが建ち並ぶ光景は各所で見られ

写真3.2.73　フェンスを張って保護をするため池

る。ため池の生き物を保護するためには、行政と連携して一帯の開発を最小限に留める必要がある。可能な限り早期の緑地指定や保護地域指定が望まれる。

④　自治体による天然記念物指定

地方自治体のレベルで、天然記念物指定をして条例により保護するのもよい。最近、環境問題に関心の高い自治体ではこの方法がとられている。愛知県豊田市のウシモツゴ・カワバタモロコの天然記念物指定はこの例といえる。天然記念物に指定されれば、安全なため池の新設、飼育池や観賞用水槽の設置、広報紙によるPR、巡視活動や保護活動の強化などが図られる。

⑤　生き物にやさしいため池の改修工事

一般的なため池工事では、一旦排水を完了してから各種の工事が行なわれることが多い。この方法では、在来の貴重種を含めて全てが下流に流されてしまうことになる。今後は、貴重種は当然であるが、一般魚類も含めて他の池などに移して管理をし、工事完了後に全てもとに戻すことが望まれる。

⑥　安全なため池での貴重種の管理

ため池を取り巻く環境はますます厳しくなっている。いつ環境悪化が進み、貴重種が絶滅してしまうか分からない。現在生息している貴重種が適応できそうなため池を探し、そこで増殖させておくことが必要である。貴重種にとって、そのため池が間違いなく適応できるかどうかは実施してみないと分からないことだけに十分事前調査が求められる

2 ため池の動物

写真3.2.74 渇水のため池に群がるサギ類

（写真3.2.74）。

　これらの保護策だけではため池の貴重な魚類は守れるかどうかは分からない。異常渇水の水不足による死滅、集中豪雨によるため池の決壊や排水口の破損、ため池の上流民家からの生活排水、養鶏・養豚場からの汚水、用水などからの大型肉食魚類の増加、農閑期のため池の完全

写真3.2.75 冬季排水で犠牲になったフナ

排水、野鳥による被害等人為的な原因だけではなく、広く気象条件とも深く関わり、ため池の魚類の減少の原因は複雑多岐にわたっている（写真3.2.75）。

　また、個人や民間団体だけでは解決できない問題も多いだけに行政、事業者などを含めて、お互いに前向きに協力していかないと、ため池の貴重種の保護活動は進展していかない。全国では早急に関係者が同じテーブルに着き、高度な話し合いが必要とされる地域も多い。

引用・参考文献

岐阜県博物館（1996）：岐阜の淡水魚、p.65
環境庁自然保護局（1993）：動植物分布調査報告書（淡水魚類）、p.408

宮地傳三郎・川那部浩哉・水野信彦（1982）：原色日本淡水魚、p.462、保育社
中坊徹次編（1995）：日本産魚類検索、p.1477、東海大学出版会
大平仁夫・永井貞（1979）：岡崎市の淡水魚類(池編)、p.32、岡崎教育委員会
梅村錞二（1993）：愛知の淡水魚類、p.167、ブラザー印刷
梅村錞二（1994）：天然記念物(ウシモツゴ・カワバタモロコ)の保護と育成、ため池の自然、**19**, 1-4
梅村錞二（1996）：豊田の魚Ⅱ　池沼編、p.74、豊田市
梅村錞二（1997）：豊田市の池沼の魚類、ため池の自然、**25**, 3-9
梅村錞二（2000）：池沼の淡水魚類の保護策、ため池の自然、**31**, 14-18

（梅村　錞二）

2.12　両 生 類

❶ 両生類の特徴

　両生類は、生物進化の筋道で脊椎動物の中で初めて陸上に上がった動物である。両生類の「両生」という語は、一生のうちに水中と陸上という二つの環境で生活することからきている。一般的には、産卵は水中で行われ、孵化した幼生も鰓呼吸をして生活する。変態して成体になると肺呼吸ができるようになり、陸上生活を始める。その皮膚は、粘液で覆われたものであり、その特性を生かして皮膚呼吸もしている。中には水分を吸収しているものもいる。しかしながら、これは、陸上生活によく適応した爬虫類(鱗)や鳥類(羽毛)、哺乳類(毛)などの水分の蒸発を防ぐ仕組みが発達していないため、水分が体表から失われやすいことを意味している。そのため、成体になってからも水から完全に離れた生活はできない。

❷ 両生類の分類

　日本に棲む両生類の分類は、成体のからだの特徴から、変態しても尾が有るサンショウウオ目(有尾目)と、変態すると尾が無くなるカエル目(無尾目)に分けられている。日本にはサンショウウオ目が3科22種、カエル目が5科42種が分布している。サンショウウオ目の3科は、カスミサンショウウオやトウキョウサンショウウオを含むサンショウウオ科(18種)、天然記念物のオオサンショウウオを含むオオサンショウウオ科(1種)、アカハライモリを含むイモリ科(3種)に分けられる。カエル目の5科は、ニホンヒキガエルを含むヒキガエル科(5種)、アマガエルを含むアマガエル科(2種)、ニホンアカガエルやトノサマガエルなど日本のカエルの半数以上を占めているアカガエル科(25種)、

モリアオガエルやカジカガエルなどを含むアオガエル科(9種)、それに日本産で最小の種であるヒメアマガエル(喜界島、奄美大島以南の南西諸島に分布)のみ含むヒメアマガエル科(ジムグリガエル科)(1種)がある。

❸ 両生類の生態

　両生類の生息には、産卵や孵化した幼生の成育のためだけでなく、成体として生活するためにも水が必要である。無尾目のカエルの仲間の多くは、ため池や水田、小川などに生活しているが、種によって違いが見られる。ここでは、ため池の利用方法で区分してみたい。例えば、多くの人に馴染み深いトノサマガエルは、水辺を歩いているときに、水に跳び込む姿が見かけられるが、それは水辺を離れず生活していることを意味する。産卵はもちろん、生活の場としても利用している。それに対して、ニホンヒキガエルは、産卵のためだけにため池を利用している。普段は水辺を離れて陸上で生活している。また、産卵環境を細かく見ると種によって異なる。ウシガエルやツチガエルはため池を主な産卵場所にしているが、ニホンアカガエルは、普段は水田側溝や湿地の水溜りなどの小さな溜まりを主に利用しており、ため池の浅瀬を使用することもあるという程度である。

　また、有尾目のサンショウウオの仲間でも、カスミサンショウオやオオイタサンショウオなどはため池を繁殖場所として利用することもあるが、アカガエルと同様に、利用することもある程度である。湧水が流れ込むため池や、湿地の水溜りや水田側溝のような流れのないあるいは流れのゆるい場所に産卵し、繁殖期以外は繁殖地付近の地中や石・朽木の下などで生活している。なお、サンショウウオ科については、産卵に利用する環境によって、流水性と止水性に分けられるが、ハコネサンショウウオやヒダサンショウウオのような流水性のものは、渓流の源泉や副流水の岩の下などに産卵し、その付近で生活するので、ため池を利用することはない。また、イモリ科では、繁殖期を含めて一年を通してため池や湿地の水溜り、水田側溝などで生活している。ここでは、繁殖を中心に、ため池を利用している本州を中心とした主な種について紹介したい。

ため池の利用の仕方による区分
1．カエル目（無尾目）
　1）繁殖場所、生活場所として利用する
　　　　ツチガエル、ウシガエル
　2）繁殖場所、生活場所として利用することもある

トノサマガエル、ダルマガエル、トウキョウダルマガエル、ヌマガエル
　3）繁殖場所としてのみ利用する
　　　モリアオガエル
　4）ため池や周辺の浅瀬を繁殖場所に利用する
　　　アズマヒキガエル、ニホンヒキガエル、ニホンアカガエル、ヤマアカガエル
2．サンショウウオ目（有尾目）
　1）繁殖場所、生活場所として利用する
　　　アカハライモリ
　2）繁殖場所として利用する
　　　クロサンショウウオ
　3）ため池や周辺の浅瀬を繁殖場所に利用することもある（谷川などがせきとめられた水溜りや湿原の水溜りが本来の産卵場所である）
　　　オオイタサンショウウオ、カスミサンショウウオ、トウキョウサンショウウオ、ホクリクサンショウウオ、ヤマサンショウウオ、トウホクサンショウウオ、エゾサンショウウオ

❹ ため池を利用する主な両生類

① アズマヒキガエル　*Bufo japonicus formosus*（ヒキガエル科）

ニホンヒキガエルの東北日本型亜種である。産卵は平地で2月から3月（山地で4月から7月）で、2,500～8,000個の卵を含む長いひも状の卵塊を産む。幼生は5月から6月にかけて変態する。森林周辺の草叢、竹薮などに生息し、繁殖期以外はほとんど水には入らない。本州（山陰地方、近畿地方以東）、北海道の函館付近に分布する。

② ニホンヒキガエル　*Bufo japonicus japonicus*（ヒキガエル科）

地方では「ガマガエル」と呼ばれることも多い。産卵は3月から4月で、8,000～20,000個の卵を含む長いひも状の卵嚢を産む。幼生は5月から6月にかけて変態する。本州（鈴鹿山脈以西）、四国、九州に分布する。

③ ニホンアカガエル　*Rana japonica japonica*（アカガエル科）

産卵は1月から3月で、500～3,000個の卵塊を産む。幼生は5月から6月に変態する。水田近くの草叢や林床で生活している。落ち葉の下や水中の泥の中で冬眠する。平地あるいは丘陵地に生息する種で、繁殖場所は、普通水田を利用するが、湿地の水溜りやた

写真3.2.76 アカガエルが産卵していた池（岡山市）　写真3.2.77 浅い水溜まりに産みつけられた卵塊

め池の浅い止水域を利用することもある。丘陵地にも分布するが、山地に多い(写真3.2.76、写真3.2.77)。本州、四国、九州に分布する。

④　ヤマアカガエル　*Rana orinativentris*（アカガエル科）

産卵は2月から4月で、1,000〜1,900個の卵を含む卵塊を産む。幼生は6月から7月に変態する。森林周辺で生活している。繁殖場所は、ニホンアカガエルと同じく、日当たりのよい、浅い止水域を利用するので、同所的に産卵することもあるが、ニホンアカガエルの方が早かったり、鳴き声も異なるので、生殖的な隔離はかなり完全だと考えられている。交雑が起きても雑種は不妊の雄になることが実験的に知られている。本州、四国、九州に分布する。

⑤　トノサマガエル　*Rana nigromaculata*（アカガエル科）

産卵は4月から5月で、1,800〜3,000個の卵を含む卵塊を産む。ゼリー層は粘性が乏しい。幼生は7月から8月に変態する。普通、繁殖場所は水田である。ダルマガエルとの間で自然交雑が起きている。本州(仙台平野、関東平野、新潟県の中部と南部を除く)、四国、九州に分布する。

⑥　ダルマガエル　*Rana porosa brevipoda*（アカガエル科）

トウキョウダルマガエルの亜種である。産卵は4月から7月で、1,300〜2,200個の卵を含む卵塊を産む。ゼリー層は粘性が高い。普通、繁殖場所は水田である。水田やため池なの低湿地に生息し、あまり水辺を離れない。近年、開発の影響を受け、激減している。本州の山陽地方、近畿地方の中部と南部・東海地方および香川県の瀬戸内海地方に分布する。

⑦　トウキョウダルマガエル　*Rana porosa porosa*（アカガエル科）

産卵は5月から7月で、約2,000個の卵を含む卵塊を産む。繁殖は、水田や浅い池などである。亜種ダルマガエルとトノサマガエルの中間的な形態をもつため、過去に自然交雑によって生じたものの子孫であるという、雑種起源説がある。関東地方、仙台平野、新潟県の中部と南部、長野県の北部と中部に分布する。

⑧　ツチガエル　*Rana rugosa*（アカガエル科）

「イボガエル」という名前で知られている。産卵は5月から8月で、10～60個の卵を含む不規則な形の小卵塊を何度かに分けて産みつける。普通、幼生は幼生越冬し、翌年の5月から8月に変態する。多くは生殖の翌年、性的に成熟する。繁殖場所としては、ため池や沼などの浅い止水を利用している。ため池の付近以外に小川や水田に生息している。本州、四国、九州に分布する。

⑨　ウシガエル　*Rana catesbeiana*（アカガエル科）

産卵は6月から7月で、6,000～40,000個の卵を含んだ一層の大きな卵塊を産む。幼生は年内に変態せず、翌年に変態するものが多い。主に土中で越冬するが、水中でも越冬する。平地の池や沼などに生息している（写真3.2.78）。

「食用ガエル」の名前で帰化動物としてよく知られているが、1918年（大正7年）に渡瀬庄三郎によって初めて輸入されたとされている。「食用

写真3.2.78　帰化動物のウシガエル

ガエル」と呼ばれるように、アメリカから食用に輸入された。アメリカザリガニはその餌として輸入された。各地で養殖されたがブームが去ると放置され野生化した。

⑩　ヌマガエル　*Rana limnocharis limnonharis*（アカガエル科）

産卵は5月から6月で、歩きながら小卵塊を何度も産卵する。卵塊は水草に付着したり、水面に浮く。幼生は7月から9月に変態する。雄の多くは年内に、雌は翌年6月頃に成熟し、繁殖に参加する。繁殖場所としては、水田などの浅い止水を利用している。ツチガエルとよく似ているが、本種は、のどの下が白いのが特徴である。本州（東海地方以西）、四国、九州に分布している。

⑪　モリアオガエル　*Rhacosphorus arboreus*（アオガエル科）

産卵は5月から6月で、300～800個の卵を含むクリーム色の泡状の卵塊を、卵は樹枝や水辺に垂れ下がった草などに産みつける。孵化した幼生は、下にあるため池に落下した

写真3.2.79　モリアオガエル ♂
（山口市、2000.6.1）

写真3.2.80　モリアオガエル卵塊
（山口市、2000.6.1）

り、止水中に流れ出て生活し、7月から8月にかけて変態する（写真3.2.79、写真3.2.80）。

⑫　アカハライモリ　*Cynopus pyrrhogaster*（イモリ科）

　産卵期は4月から6月である。卵は、水草などに1個ずつ巻きつけて産みつける。8月から9月にかけて変態し、上陸する。その時期には雄のイモリが雌の鼻先で盛んに尾を振る求愛行動がみられる。雄が雌を引き寄せるソデフリンと呼ばれる誘引物質（フェロモン）を出しており（菊山、2000）、それに反応した雌は雄を追尾し、精子の入った袋（精包）を受け取る。産卵のときは、貯精嚢にためておいた精子を使って体内で受精し、産卵する。日中も活動する。

　また、この種は、地域によって形態的な違いがあり、北へ行くほど大型化したり、近畿北部から中国地方東部にかけてのものは、腹部の模様が複雑であるなどの地理的変異がよく調べられている。また、最近では生化学的な物質の変異も調べられ、遺伝的に4つの集団に分けられることが明らかになっている（林、1993）。本州、四国、九州に分布し、北限は下北半島で、イモリ科の北限でもある。

⑬　カスミサンショウウオ　*Hynobius nebulosus*（サンショウウオ科）

　一般には、標高300m以下の低地に生息する地域差の多い種である（写真3.2.81）。標高600～1,100mにも生息するもの（高地型）では、産卵期などに違いがある。産卵は2月から4月であるが、高地型では4月から5月になる。バナナ状またはコイル

写真3.2.81　カスミサンショウウオ ♂
（岡山市、1993.3.10）

205

3章 ため池の生き物

写真3.2.82 カスミサンショウウオが産卵していた池(岡山市、1998.3.19)

写真3.2.83 変態が近いカスミサンショウウオの幼生 (1995.6.20)

状に巻いた形の卵嚢一対を草などに人目に触れないよう落ち葉や枯れ枝に産みつける(写真3.2.82)。片卵嚢に20～40個(高地型では、10～25個)の卵を含んでいるが、地域によれば100個以上の場合もある。幼生は6月に変態する(高地型では8月から9月)(写真3.2.83)。飼育下では、雌は2年で産卵できるようになる(秋山、1992)。繁殖場所は、普通は山沿いに上り詰めた水田や水田側溝、湧水が流れ込む湿地の溜まりであるが、ため池の浅い止水域を利用することもある。林床の落ち葉や石の下で生活している。鈴鹿山脈以西の本州、香川・徳島県の沿岸部、九州北西部に分布する。

⑭ トウキョウサンショウウオ *Hinobius tokyoensis* (サンショウウオ科)

産卵は1月から3月で、バナナ状またはコイル状に巻いた形の卵嚢一対を落ち葉や枯れ枝、草などにに産みつける。片卵嚢に20～80個の卵を含んでいる。カスミサンショウウオの亜種とされることもあるが、遺伝的にはカスミサンショウウオよりも、東日本産のトウホクサンショウウオに近い(松井、1993)。関東地方と福島県の丘陵部に分布する。

⑮ オオイタサンショウウオ *Hynobius dunni* (サンショウウオ科)

産卵は12月から1月で、コイル状に巻いた形の卵嚢一対を枯れ枝、草、石などに産み付ける。片卵嚢に40～70個の卵を含んでいる。幼生は9月までには変態する。繁殖場所は、山沿いに上り詰めたため池の浅い水域や流れのゆるい水田側溝、湿地の水溜りである。九州北東部と高知県(足摺岬付近)に分布する。

⑯ クロサンショウウオ *Hynobius nigrescens* (サンショウウオ科)

産卵は12月から7月で、アケビの実状の卵嚢一対を枯れ枝、草などに産り付ける。片卵嚢に14～85個の卵を含んでいる。卵嚢の色は、透明から乳白色まで様々だが、中部地方等の高山では、透明なものが多い。繁殖場所は、山地の池沼や水田等の止水である。

東北、北関東、中部地方北部、北陸、佐渡に分布している。

⑰ トウホクサンショウウオ　*Hinobius lichenatus*（サンショウウオ科）

産卵は12月から7月で、コイル状に巻いた形の卵嚢一対を枯れ枝、草などに産み付ける。片卵嚢に9～36個の卵を含んでいる。新潟・群馬・栃木県以北の本州に分布する。

⑱ エゾサンショウウオ　*hynobius retardatus*（サンショウウオ科）

産卵は12月から1月で、コイル状に巻いた形の卵嚢一対を枯れ枝、草などに産み付ける。片卵嚢に19～93個の卵を含んでいる。北海道に分布し、日本産のサンショウウオでは唯一、クッタラ湖でネオテニー（幼形成熟）集団が生息していたことが確認されている。北海道に分布する。

主な有尾目については、清心女子高等学校のホームページ（http://www.nd-seishin.ac.jp/）の「生物教室」に紹介しているので参考にしていただきたい。

まとめ

両生類は、水辺環境が全くない場所では生きることができない。カスミサンショウウオの飼育をしていて変態期に蓋をするのを忘れていて、容器の外に逃げ出した個体の多くを、水分欠如が原因で殺してしまったことがある。両生類は、水分をまったく補給できない環境では一晩で死んでしまうのである。このように水との関係が密接な両生類にとって、最近の水田の基盤整備や土地造成などの開発工事は、その生息に深刻な影響を与えている。水辺環境は生命線なのである。

水田地帯や宅地を流れる河川の多くは、三面コンクリートで固められ、ため池も出水口付近だけでなく、周囲をぐるりとコンクリートで固められた姿をよく見るようになった。人間にとっては、コンクリート化は、メンテナンスに費用がかからず、管理しやすくするための合理的な方法であるだろう。しかしながら、一方で植物は繁殖しにくく、水が浄化されにくくなり、水底に汚泥がたまって悪臭を放つようになっている。このことが両生類にどのような影響を与えるのだろうか。水は、卵が孵化し幼生が成長するのに欠かせない環境そのものであり、水質悪化は幼い時期の個体の生存に直接的な影響を与えるものである。また、コンクリートで平板に固められることは、成体の棲息場所である土や石の隙間という空間が失われてしまうことを意味している（写真3.2.84）。

湯川秀樹の「人間と自然」と題した作品の冒頭に「自然は曲線を創り、人間は直線を創る」という言葉がある。「遠近の丘陵の輪郭、草木の枝の一本一本、葉の一枚一枚の末にいたるまで、無数の線や面が錯綜しているが、その中に一つとして真直ぐな線や完

3章　ため池の生き物

写真3.2.84　カスミサンショウウオが生息していたカタクリ群生地の整備
（左：1995年4月、右：1996年4月）

全に平らな面はない。これに反して、田園は直線をもって区画され、その間に点綴されている人家の屋根、壁等のすべてが直線と平面とを基調とした図形である」。さらに話は「しかし、さらに奥深く進めば再び直線的でない自然の真髄に触れるのではなかろうか」と進んでいく。理論物理学の学者の話であるが、今後の自然に対する関わり方に示唆をあたえてくれるように感じられる。湯川の言う通り、人間が直線を好むのは、それが簡単な規則性に従うので扱いやすいからであろう。このように人間はこれまで合理性を求めて人間社会を発展させ、豊かにしていったのは確かである。かといって、今さら元の生活に戻すことは不可能である。では、どうしたらいいのだろうか。こういう時期だからこそ、知識を深め、人間の豊かさをあらためて問い直すことによって、人間の生活と生物の生きやすい環境のバランスを考えた新しい局面に遭遇できるのではないだろうか。

　両生類の保護では、繁殖地を保護するだけでなく、繁殖地に結びついた後背地の森林を含めた生態系全体の保護の必要を考えなければならない時代が到来している。

引用・参考文献

秋山繁治（1997）：有尾類の教材化について、岡山県高等学校教育研究会理科部会会誌、第47号、20-28
秋山繁治（1992）：孵化後実験室内で飼育し産卵したカスミサンショウウオ、両生爬虫類研究会誌、**41**, 1-5
林　光武（1993）：ダンスを踊って求愛アカハライモリ、週間朝日百科　動物たちの地球（97）、pp.20-22
比婆科学教育振興会編（1996）：広島の両生・爬虫類、pp.22-103、中国新聞社
岩澤久彰・倉本　満（1997）：動物系統分類学9－下(A1)・脊椎動物(Ⅱa1)・両生類Ⅰ、中山書店

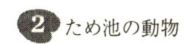

岩澤久彰（1999）：渡瀬庄三郎がウシガエルを輸入した年についての混乱とその原因、両生類誌、No.2, pp.43-47
益田芳樹（1993）：両生類、おかやまの自然　第2版、pp.188-195、岡山県環境保健部環境保護課
松井正文（1993）：小型サンショウウオ類の種分化、週間朝日百科　動物たちの地球（97）、pp.12-13
松井正文（1996）：日本の両生類相の成立、両生類の進化、pp.250-257、東京大学出版会
松井孝爾（1985）：日本の両生類、日本の両生類・爬虫類、pp.5-53、小学館
佐藤國康・秋山繁治（1995）：コンクリート水路の底にいたカスミサンショウウオ、LETTER FROM NATURE, 1(2)
前田憲男・松井正文（1999）：日本カエル図鑑(改訂版)、文一総合出版

（秋山　繁治）

2.13　カ　　メ

　愛すべき生き物―カメ―は、ため池の主役でもある。土手にあがったり岩や倒木に登って甲羅干しをしているが、人影を見ると一斉にドボンと水中に姿を消してしまう臆病な動物でもある。彼らは生活の場として陸上を産卵と甲羅干しに、水中を隠れ家と越冬のために必要とし、摂餌や体温調節は水陸双方で行なうというように、ため池という環境にうまく適応している。

　しかし、今その環境があちこちで破壊され生息の場を減少させている。河川や海岸だけでなく、ため池もまたコンクリートで固められ、水田が宅地化されて不要となった池は埋め立てられてしまう。彼らは助けを求めることもなく黙したまま姿を消していく。コンクリート護岸では上陸も困難になり、健康を維持するための甲羅干しができなくなり、産卵のための穴掘りも無論不可能になってしまう。埋め立て工事のために水を抜かれた池から、僅かな数のカメを保護救出することがあるが、それはほんの一部にしか過ぎない。

　陸に上がった彼らの行動は鈍い。産卵場所を探す途中で人に拾われ、水槽のなかに閉じ込められやむなくそこで卵を水中に産み落としてしまう。それらの卵は踏み破られたり窒息したりで、子孫を残すことにつながらない。もっと不運な個体は道を横切るあいだに車に潰されてしまう。山の中も水田の畦道も舗装され車が行き交う時代における悲劇である。

　生息環境の減少と悪化は目を覆わんばかりの惨状だが、さらに悪いことには彼らの強敵が出現してきたことだ。ペットブームにつれて外国産のカメ類が多数輸入されている。

中には、日本の気候に十分耐えることができる種も含まれていた。それらの中から飼い主が飽きて不法放流したり、不注意からの脱走によって野外に定住し繁殖も確認される種の存在も知られるに至っている。そして生活力の全ての点で勝っている外国種は、なんとかようやく生き延びている在来のカメ類をさらに絶滅に追いやっていくのではないかと心配されている。このように、カメの置かれている状況は決して将来的に明るいものではないが、飼育下で繁殖させることは容易であり、生息環境さえ維持してやれば絶滅する恐れは無いだろう。

❶ 種類について

水族館にはカメを買ってきたのだが、あるいは捕まえてきたが、どうやって飼育したら良いのかと言った質問が絶えない。種類を調べることもなく「ただのカメ」としての認識しかない人が多い。生き物の飼育の基本は、その種名を知り生態について分かる範囲の知識を備えてから自分が飼育できるのか、その一生を看取ることができるかどうかを考えねばならない。日本産カメ類は陸域には6種＋帰化2種が知られているに過ぎない。こられのうち主な種の特徴を以下に述べよう。

① イシガメ

分布：本種は日本特産で、本州・四国・九州に広く分布し、比較的水のきれいな山間部の池や河川に生息している(写真3.2.85)。ただし、昔は水がきれいだったものの、今では都市河川の排水路と化したドブ川などでも必死に生きている例や、上流域から流され堰などの障害物のため遡上できずに、やむなく水質の悪い河川下流域で生活しているものも見られる。

種の特徴：甲羅の色が茶褐色で、顔はほぼ黒色であるが、個体差もあり一様とは言えない。背甲の後縁の凸凹が明瞭なのも特徴の一つだが、年をとった個体では滑らかになってくる。これらの特徴を総合的に観察して判断するしかない。孵化したばかりの子亀は甲がほぼ円形で、その後縁のギザギザも明瞭である。これを昔は「銭ガメ」と呼び、縁日などで売られていたものである。

生態：冬眠中は川岸の水中にある横穴や水底に堆積したゴミの中などに集団となっ

写真3.2.85　日本特産のイシガメ

ている。半年程も水中にいては肺呼吸の本種は窒息してしまいそうだが、低温下では酸素の要求度も少なくて皮膚呼吸で十分なようだ。こどもの絵本などでは、森の木株の下の穴に積もった木の葉のなかにもぐり込んで冬眠している絵が書かれている。私も新米の飼育係時代にこの誤った先入観によって、藁を敷きつめて冬眠させようとして失敗したことがある。藁が発酵して熱を出し、カメは冬眠どころでは無くなってしまい、動き回り体力を消耗させて死なせてしまったのだ。

　昭和41年に開館した姫路市立水族館では、当初イシガメが手に入らず、偶然に知り合ったプロの漁師から教えられたのが、水中の集団越冬群の存在であった。さらに驚かされたのは、水温4～5℃という水中で交尾行動をしていることだった。集団越冬はオスとメスの出会いの効率を良くしていることも分かり、夏にメスのみで産卵しても発生が進むことにも納得がいったのである。そして、水族館の屋外のヌマガメ池で冬季に甲ら干しをしている姿を見て、山陰地方の博物館の学芸員が、どうしてかと質問してきた。山陰では完全な冬眠をするのに対して、瀬戸内海地方では冬も温かい日には陸上に出てきて甲羅干しをしているのだ。

　繁殖は、5～8月の早朝に上陸し、頭部で地面の固さを探りながら良い場所を見つけると尿を出して掘りやすくし、後肢を交互に使って爪先が届かなくなるまで土砂を掘りあげる。やがて穴掘り行動が止まると、首をすくめると同時に押し出されるように卵が産み落とされる。平均7～8粒で長径35mm、短径22mm、10gほどの細長い卵だ。親の健康状態にもよるが、2～3週間の間隔で数回の産卵が行なわれる。1回の産卵数は7～8(多くて15～20)卵で、孵化には2カ月平均かかるが、気温が低いと長びく。姫路周辺では、稚ガメは全て年内に地上へ這いだして来るものと思われる。這いだし直後は甲長4cm程だが、尾が同じくらいの長さを持っている。鼻先には卵の殻を破るのに使われる白い突起(卵歯)が付いているが、1週間くらいで脱落する。浮化はニワトリのように3週間たつと殻をパックリ割って出てくるものではなく、殻の中でもがき動き回るうちに卵歯が殻を破ることで出ることができるのであり、一腹の卵が全て一斉に孵化するものではない。早く出すぎると卵黄が吸収できていない伏態であったりするが、仲間を待つ間に吸収され一緒に地上に這いだしてくるのが普通であり、孵化と言わずに「這いだし」と表現されるゆえんである。特に、後述の人工孵化器を使った場合には土に埋まっているのではなく、周囲が明るいために動いてしまい卵黄嚢が破れて死んでしまうことがある。

成長：冬眠期間の長短や餌に遭遇できる割合で大きな差が出るので一概には言えない

が、満1年で甲長が5cmを越え、7～8年でオスとメスの差が明らかになり、第2次性徴が判明してくる。10年ほどで繁殖が可能になるものと考えられる。餌は、昆虫類からミミズ、水生の小動物、水草や陸草の新芽などなんでも食べる。水際に餌を置いて観察すると、クサガメは水中で食う傾向が強いが本種は陸上で食べるようだ。

オスで甲長15cm、メスは大きく20cm位になる。オスの尾は太く、総排出腔の開口部が背甲の後縁部より外に位置するが、メスの場合には甲の後縁部を出ない。年齢については、甲板と言われる鱗が成長につれて古いものは剥離してしまうので年輪が残らないと言われていたが、熟練すると読み取りが可能であるものの、年齢を重ねると不明になっていくそうである。

② クサガメ

臭い匂いを出すことで知られているが、飼育されているとあまり出さなくなる。人に慣れて警戒心が無くなった結果であろう。野生の個体を見つけて手掴みにすると、頭や手足を急激に引っ込めた反動でプスッという音を立てて悪臭が漂う。この臭さが名前の由来だ(写真3.2.86)。兵庫県は日本一のため池王国だそうであるが、それらの池はクサガメの天国でもあった。河川の中・下流域の流れの緩い場所も生活の場となっている。しかし、これらの水域はいずこもコンクリート化が進み上陸が困難となり、繁殖行動に支障を来す結果となった。その上に、致命的なのは冬眠中にため池の埋め立て工事が行なわれ、生き埋めにされてしまう例が多いことだろう。行動も鈍く、捕獲されペットとして飼育されることも多い。最近では休耕田で養殖が試みられており、子亀が「にせゼニガメ」として縁日で売られている。

写真3.2.86　クサガメ
(左から黒子のオス、普通のオス、メス)

分布：日本では北海道以外の各地に生息し、山口県の見島にある「片くの池」は、生息地がイシガメと共に国の天然記念物に指定されている。中国や朝鮮および台湾にも分布する。

種の特徴：甲羅の色が黒いことと顔の側面に黄緑色のすじ模様があるが、老成したオスは真っ黒になってしまう。甲板と甲板の間に黄色のすじが明瞭な個体もあり、「金線ガメ」などと呼ばれて売られている。悪臭を発するのが大きな特徴である。イシガメの野外調査の時に漁師が「ウンキュウ」と呼び、クサガメと中国スッポンの雑種であ

ると言っていた変わり者が見つかる(写真3.2.87)。甲の色も赤褐色で横顔に黄緑色のすじ模様の見られないクサガメ風のカメだが、水族館の飼育池ではイシガメとの交雑個体がウンキュウに近い感じがする。

生態：イシガメと特別に大きく異なることはないが、子ガメの這い出しが翌年の春になることが多い。地中で孵化してもそのまま越冬し、気候の温暖な春に地上に出現することは、生残に有利なのであろう(写真3.2.88)。餌の食い方は、水中にくわえて行く傾向が強い。養殖場では、食堂の残飯やコンビニの賞味期限切れのあらゆる人間の食い物を与えられている。冬にため池の底泥を長靴の足で探っているとコツンと当たるものがあり、引き上げるとクサガメであった。水深数m の底のさらに軟泥の中にもぐり込んで冬眠していたのである。

写真3.2.87 イシガメ(右)とクサガメの雑種？ウンキュウ(左)

写真3.2.88 孵化直後のクサガメの鼻先に白く見えるのが卵歯

　カメが溺れて死ぬのを知ったのは、測定をして個体識別を終えたクサガメを水族館の水深1mほどのプールに放り込んだ後だった。首や手足を縮めたままのカメは肺の空気が少ないまま、水面に泳ぎ上がれなかったのである。これも新米飼育係時代の大失敗の一つである。クサガメからはシナエラビルもプレゼントされた。姫路市内のため池から救出した数十頭のカメにびっしりと寄生していたのだ。毛だらけの虫？が、京大の入試に出された宮地伝三郎の話を読んでいたので感激であった。胴体の両側に11対の房状の鰓があるので、ヒルのつるりとした体からはかけ離れたスタイルである。

　水族館に持ち込まれた奇形としては、腹甲に余分な2本の後足があるものや、足指が6本、甲板の無い白い甲羅、円形の小さな容器で長年飼育されたために甲後縁が断崖絶壁のようになっているもの、針金で甲の真ん中を縛られて飼われたために変形したヒョウタンガメ(写真3.2.89)、付着藻類が繁殖した糞ガメなどいろいろある(写真

3章 ため池の生き物

写真3.2.89 甲良を針金で縛られて飼われたため、ヒョウタン型になってしまったイシガメ

写真3.2.90 付着藻類が繁茂して蓑亀になったクサガメ

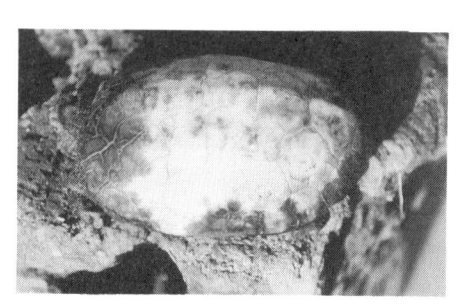

写真3.2.91 甲羅の鱗が無くなった白甲のクサガメ

3.2.90、写真3.2.91）。水族館の行事で「タートル・バンク」というものをここ十数年やっている。クサガメの卵を透明なプラスチック容器にミズゴケか赤玉土を湿らせて入れた簡易孵化器にセットして貸し出す亀卵銀行である。生命の誕生に出会い、正しいペットとの付き合い方を身につけてもらおうという趣旨でやっている。その結果、双生児が3例確認されたのである。一卵性双生児でかなり小さく育てることはできなかったが、地中に埋まった卵からは確認できなかった事実でもある。

成長：イシガメより一回り大きく、オスで甲長が20cm、メスが30cm位になる。

③ アカミミガメ（帰化種）

ミシシッピーアカミミガメと書かれることが多いが、帰化動物であり、他に紛れることもないので簡明にアカミミガメで良いと考えている。一般によく知られている商品名ミドリガメのことだ。一年中、大人の親指と人さし指で円をつくった位の大きさのものが売られているために、あれ以上大きくならないものと考えて飼育する人が多い。しかし、あれは孵化温度を調節して、いつでも孵化直後の子ガメを出荷できるシステムがあり、クサガメ以上のサイズにまで成長するのである。

分布：原産はミシシッピーと呼び名が付けられるとおり北米であり、日本の気候でも十分に生活できる。というよりも、日本のカメよりも低温に強く、姫路市立水族館の屋

外飼育池では凍結した池の水面下で活動しているし、積雪の上で甲羅干しをしている様子が観察できる(写真3.2.92)。姫路市周辺で野生化が確認されたのは1970年頃で、以後は急速にその数が増加している。年間百万匹もの輸入がなされているとのことで、早急な対策を立てる必要がある。

写真3.2.92 積雪の上で日光浴するアカミミガメ

④ その他の種

【スッポン】甲に鱗(甲板)や甲後縁に骨格が無く、柔らかな甲羅を形成している。長い首と突き出た鼻先が特徴的だが、基亜種のシナスッポンとの区別は困難である。儲かるからと、中国からシナスッポンの稚ガメが大量に輸入され、養殖やペットとして国内に広まっている。水底の砂泥にもぐり、時々長い首を延ばして水面から空気を吸っている臆病なカメである。卵はビー玉くらいの球形をしている。甲長50cmくらいになる。

【ミナミイシガメ】沖縄県の石垣島や西表島などに生息しているが沖縄本島では移植されたもので、何故か京都と東京にも古くから分布が知られている。

【セマルハコガメ】沖縄県の石垣島や西表島に生息する天然記念物のカメである。台湾産の個体がペット・ショップで売られており、国内での混乱が心配される。

【リュウキュウヤマガメ】沖縄県に生息する天然記念物のカメである。

【ワニガメとカミツキガメ】無論、日本のカメではないが、アカミミガメ同様に北米産のカメで、日本の気候も生存に問題がない。最近、子亀が子供たちの小遣いで容易に買える価格で流通しはじめている。すぐに大きくなり飼育に困難が生じ、水族館への収容依頼や野外からの捕獲収容が急増してきた。ある程度以上の数が野生化すれば繁殖も時間の問題であろう。

アカミミガメのみならず、多数の外国産の動物が無秩序に輸入できるということには、大きな問題がある。マングースやアライグマ、タイワンザルなどが日本で生態系の攪乱をきたして社会問題となり、多くの労力を要して駆除されることになっている。ブラックバスやブルーギル騒ぎを見ても分かるように、後手に回ってはいけないのだ。まずはストップしてから、十分な検討を加えて結論を出すべき問題である。

3章　ため池の生き物

❷ ペットとしてのカメ

カメは可愛い。文句も言わず泣き叫びもしないペットとして多くの人々に飼育されている。しかし、カメ類はここまでに述べてきたように、水陸両方の環境が必要であることや、冬の季節がある地域では冬眠をさせるかどうかという問題、さらには数十kgにもなるワニガメやカミツキガメなどの論外な種だけでなく、イシガメやクサガメ、アカミミガメなどでも大きくなれば家庭用の小さな水槽での飼育は不可能であることを考えた上で、可能ならば飼育に挑戦してみてほしい(写真3.2.93、写真3.2.94)。ペットの飼い主は、その一生に責任を持たねばならない。

写真3.2.93　子　亀
(左からクサガメ、アカミミガメ、イシガメ)

写真3.2.94　かわいいミドリガメもこんなに大きなアカミミガメになる

引用・参考文献

姫路市立水族館編（1986）：かめ、ひめじのさかなとまみずの生物、**I**, 21-22、姫路市立水族館
姫路市立水族館編（1988）：カメの飼い方Q＆A、p.48、姫路市立水族館
市川憲平（1994）：卵バンクの記録、山のうえの魚たち、**24**, 2-3
日本カメ自然誌研究会編（1999）：特集「日本に持ち込まれたカミツキガメとワニガメ」、かめだよりNo.2、p.31
柴田昌彦（1985）：日本産淡水性カメ類数種(ヌマガメ科Emydidae)の繁殖生態について、長崎大学水産学部漁業科学研究室卒業論文、p.71
栃本武良（1988）：タートルバンク(カメの銀行)、山のうえの魚たち、**19**, 5
栃本武良（1993）：ヌマガメ類の越冬生態、ため池の自然、**17**, 3-4
栃本武良（1993）：ヌマガメ類の繁殖生態(1)、ため池の自然、**18**, 1-4
栃本武良（1994）：ヌマガメ類の繁殖生態(2)、ため池の自然、**19**, 5-7
栃本武良（1994）：ヌマガメ類の繁殖生態(3)、ため池の自然、**20**, 1-3
栃本武良（1995）：ヌマガメ類の呼吸、ため池の自然、**21**, 1-2
栃本武良（1995）：ヌマガメ類の奇型(1)、ため池の自然、**22**, 1-3

栃本武良（1995）：カメ、初等理科教育、**29**(12), 158-160
栃本武良（1996）：ヌマガメ類の奇型(2)、ため池の自然、**23**, 10-12
栃本武良（2000）：爬虫類帰化の現状について、日本野生動物医学会誌第6回日本野生動物医学会大会講演要旨集、p.83
栃本武良（2000）：外国からの迷惑な客たち、山のうえの魚たち、**36**, 7
脇本久義（1999）：捨てられたペットたち、山のうえの魚たち、**35**, 2-4
矢部　隆（1989）：イシガメの一年、アニマ、**205**, 74-79、平凡社
矢部　隆（1989）：イシガメ *Mauremys japonica* の個体群構造および成長について、爬虫両棲類学雑誌、**13**(1), 7-9
矢部　隆（1993）：水田にすむカメの生活史、週間朝日百科、動物たちの地球、**100**, 114-117
湯浅義明（1987）：淡水カメ類の産卵を見る会、山のうえの魚たち、**17**, 7
湯浅義明（1991）：クサガメ、アカミミガメの繁殖生態、山のうえの魚たち、**21**, 2-4

（栃本　武良）

2.15　鳥　類

❶ 鳥類にとってのため池

環境要因としての水（または水のある場所）を鳥類の生活を中心に捉えると、

a．飲む
b．餌を採る
c．羽毛の手入れをする
d．外敵から身を守る
e．休息する
f．子育てをする

等の関わりが挙げられる（このうち、cは水浴びや羽づくろいの場になることを意味している。またd、eは水上がキツネ・ネコ・ヘビなど地上性天敵の襲撃を受けにくいことや、岸辺の草原が身をかくす場になることなどを意味し、fは水上や水辺が営巣・育雛場所に利用されることを意味している）。

　ため池は大きさ・形状・周囲の環境等様々であるが、主に大きさと岸辺の形態（浅瀬や湿地の有無、植生の状況等）によって鳥類による利用のされ方が異なり、一般に緩傾斜の岸をもち、多様な植生をもつ池が多種類の鳥を誘引する。水上に浮かぶことのできる種とできない種では池の利用のしかたに差があり、水面だけが広がるプール形の池では、当然利用する種類が限られる。

3章 ため池の生き物

❷ ため池に生息する鳥類

ため池とその岸辺を生活の場としている主要な鳥類をグループ別に概観してみよう。

① カイツブリ類

潜水を得意とする水鳥で、陸上を歩いたり高く飛んだりすることはほとんどなく、生活の大部分を水面・水中で行なっている。水上に水草を集めて作る巣は"にほの浮巣"と呼ばれる独特なもの。親鳥は時どきヒナを背に乗せて泳ぎ、そのまま水に潜ることもある。カイツブリは留鳥として多くのため池に生息し(写真3.2.95)、カンムリカイツブリやアカエリカイツブリも、主として冬期、比較的大きいため池に現れることがある。

② ウ　類

この仲間も潜水が得意で、20～30cm程度の魚を水中で捕らえ、水面で飲み込む。日本に生息する4種のウの中ではカワウだけがため池を訪れるが、求愛や子育ては樹上で行なうので、ため池の利用は採餌・水浴びが中心となる(安全な場所に棒杭があると、好んでその上で休息する(写真3.2.96))。

写真3.2.95　水上の巣で卵を抱くカイツブリ

③ サギ類

泳ぎには向かない体形をもち(稀には泳ぐこともある)、長い脚で水辺を歩いて、魚やカエル・ザリガニ等を捕食する。アオサギ、アマサギ、ダイサギ、チュウサギ、コサギ(写真3.2.97)、ゴイサギ、ササゴイ、ヨシゴイ等が代表種。岸辺のアシ原に巣を作るヨシゴイを除いて、他は樹上営巣種だが、コサギやゴイサギは稀に湿地の地上(水上)に営巣することもある。

④ コウノトリ・トキ・ヘラサギ類

2000年現在、日本産の野生のコウノトリ・トキはいないが、コウノトリは冬期稀に中国大陸から飛来するものがある。池の利用はサギ類

写真3.2.96　水際で休むカワウ

写真3.2.97 水際を歩くコサギ　　　写真3.2.98 泳ぐバンの親子

に似て、歩いて採餌できる岸と浅瀬に限られる。同じく冬、稀に大陸から渡来するクロトキ・ヘラサギ・クロツラヘラサギも、採餌環境はコウノトリに似ている。これら大型の鳥類は一般に警戒性が強いため、小さいため池に来ることは少ない。

⑤　ツル・クイナ類

ツルの集団生息地は北海道東部・山口県・鹿児島県などに限られていて、その他の地域へは稀に渡来するに過ぎず、しかも主な生息地は広い湿地や耕地・草原等で、ため池へは余程広く開けていないと現れない。

クイナ類は逆にため池や水田を主生息地とするグループで、岸辺にかくれ場となる草が生えていれば、かなり小規模な池にも生息する。クイナは大部分冬鳥だが、ヒクイナは夏鳥として日本全国に渡来し、水辺の草の茂みの中に営巣・産卵する。バン(**写真3.2.98**)・オオバンも水辺の草かげに営巣するが、バンが日本全国で繁殖するのに対し、オオバンの繁殖地はほぼ関東以北で(ほかには大分県・福岡県に少例がある)、しかも割合局地的である。バン・オオバンは水面に泳ぎ出ることが多く、特にオオバンは広い水面を泳ぐ姿がよく見られる。

⑥　カモ・ガン・ハクチョウ類

カモ類はカイツブリ・バン等とともに代表的なため池の訪問者で、冬期多くの池で優占種となる(カルガモ以外は、ほとんどが冬鳥)。カモ類のうちマガモ・カルガモ(**写真3.2.99**)・コガモ・ヒドリガモ・オナガガモ・ハシビロガモ(**写真3.2.100**)等に代表される淡水ガモ(または水面採餌ガモ)は主に植物食で、水面に浮かぶ植物のほか、水面で逆立ちしてくちばしが届く程度の浅い水底や水際から、草の葉・茎・根や種子を採って食

3章　ため池の生き物

写真3.2.99　泳ぐカルガモの親子　　写真3.2.100　水面で餌を採るハシビロガモ

べている。このグループにはトモエガモ、ヨシガモ、オカヨシガモ、アメリカヒドリ、シマアジ、オシドリなども含まれる(しかし近年、ハシビロガモやオシドリが水面下に潜って採餌する例が報告されるようになり、言葉通りの"水面採餌ガモ"ではない場合が生じている)。一方、海ガモとか潜水ガモと呼ばれるグループにも、ごくふつうに淡水域を訪れる種類がある。ホシハジロ(写真3.2.101)、キンクロハジロ、スズガモの3種で、彼らは昼間ため池などを休息場所として利用し、夜間、河口部や内湾などの餌場へ移動する*。餌は二枚貝、巻貝、甲殻類、水生昆虫などの動物質が多く、それらを深さ4～5mまでの水底に潜って採る習性がある。ほかにアイサ類と呼ばれる魚食性のグループがあり、このうちミコアイサとカワアイサは池沼や河川で観察される。

ガン・ハクチョウ類はすべて冬鳥だが、これら大型種が多数渡来する土地は全国でも数少ない(ラムサール条約登録湿地である宮城県伊豆沼はガンの総数が2万羽を越える日本一の渡来地で、伝染病の伝播など一点集中は保全上好ましくないため、近年他の土地への移住促進が検討されている)。しかし、ガン・ハクチョウ類が少数渡来するところは日本各

写真3.2.101　群れ泳ぐホシハジロ

---

*近年、各地の池でカモやカモメなどの水鳥にパンなどの餌を与える人が増えている。自然界に餌の不足しがちな冬期の給餌が、直接野生鳥獣の保護につながることもあり、釧路のタンチョウや出水のナベヅル・マナヅルなどはその好例だが、餌を与え過ぎると弊害も生じる。給餌される動物の"野生"の減少と、食べ残しによる池水の富栄養化である。給餌を禁止する掲示が出ているところもあるが、"与え過ぎはしない"配慮が望まれる。

220

写真3.2.102　泳ぐヒシクイ　　写真3.2.103　浅瀬で休むコハクチョウ

地にあり、河川とともに比較的広い池が彼らの主要な休息地となっている（マガン、ヒシクイ(写真3.2.102)、コハクチョウ(写真3.2.103)、オオハクチョウが代表種だが、集団越冬地でのマガン、ヒシクイは近隣の農地 ― イネの刈跡など ― へ採餌に行く場合が多い）。

⑦　シギ・チドリ類

　シギ・チドリ類には干潟を主生息地とするものが多いが、種によっては淡水域を好み、池の岸辺や水田に渡来する。ヒレアシシギ類を除き、泳ぎに適した体形はもっていないため、採餌にも休息にも湿地か浅い水たまりを利用する。種類は多いがほとんどが旅鳥で、シベリア・カムチャッカ・アラスカ等で繁殖し、東南アジア・インドネシア・オーストラリア等で越冬(現地では夏)するその渡りの途中で、日本に立ち寄る鳥が多い。

　これら旅鳥(一部冬鳥)のうち、池畔や水田など淡水域を好む種にはムナグロ、タゲリ(国内でも少数繁殖、写真3.2.104)、ヒバリシギ、オジロトウネン、ウズラシギ(写真3.2.105)、クサシギ、タカブシギ(写真3.2.106)、タシギ、セイタカシギ(国内でも少数繁殖)などがあり、淡水域をも海水域をも訪れる種にはトウネン、ハマシギ、オバシギ、ツルシギ、アオアシシギ、キアシシギ、オグロシギ、チュウシャクシギ、アカエリヒレアシシギなどが挙げられる。

　ほかに留鳥や夏鳥として国内で繁殖する種類もあり、タマシギ(写真3.2.107)、コチドリ、イカルチドリ、ケリ、イソシギ、オオジシギなどが該当する。いずれも採餌などに池畔へ飛来することはあるが、タマシギ、イソシギが池畔の草地に営巣するほかは、コチドリ・イカルチドリ ― 河原の砂礫地、ケリ ― 耕地、オオジシギ ― 山地草原等、繁殖地とため池とのつながりは必ずしも強くはない。

221

3章　ため池の生き物

写真3.2.104　岸辺を歩くタゲリ 　　　　写真3.2.105　岸辺を歩くウズラシギ

写真3.2.106　休息するタカブシギ 　　　写真3.2.107　求愛姿勢をとるタマシギ（雌）

⑧　カモメ・アジサシ類

　カモメ類の多くは沿海部に生息し、ユリカモメだけは内陸へ入り込んで、河川のほかため池へも採餌に来ることがあり、人による給餌に集うこともある（写真3.2.108）。アジサシ類では、夏鳥のコアジサシが渡来当初などに、小魚をねらってため池へ飛来することがあるが、近くに産卵に適した砂礫地がない限り、長期間居つくことはない。

⑨　ワシ・タカ・ハヤブサ類

　ワシ・タカ類の中では、空から大型の魚をねらうミサゴと、池畔の草原を主生息地とするチュウヒが注目される。しかしどちらも警戒性の強い鳥だけに、規模の小さいため池に来ることは少なく、特にチュウヒは岸辺に広い草原やアシ原が続いていること（繁殖地ではアシ原の地面に営巣する）が定住の条件となる。そのほか冬期には、水面に群れるカモ類を捕らえようと、オオタカやハヤブサが来ることもあり、チョウゲンボウやコチョウゲンボウが姿を現すこともあるが、後2種のねらいは池自体より、周辺の茂み

2 ため池の動物

写真3.2.108　内陸にも入りこむユリカモ（冬羽）

写真3.2.109　とまり場から魚をねらうカワセミ

や草原に生息する小鳥やネズミや昆虫が主対象になっている。

⑩　カワセミ類

　1960年代、山地へ後退したカワセミ前線は現在再び平地にまで戻っている。カワセミ（写真3.2.109）の主な餌は4～5cmの小魚で、その程度の小魚が群れるところなら、池にも川にも生息している。ただ営巣場所が土の崖であるため、都市化につれてそういう環境が無くなると、生息はその代限りになってしまう。1960年代のカワセミ前線の後退は、農薬や工場廃水による池沼・河川の汚染と、それに起因する小魚の減少が原因であったと推測され、その後のカワセミの復活は排水規制などによるそれらの改善の結果であろうと考えられているが、特に都市周辺で休むことなく進んでいる営巣環境の消滅は、今後、復活劇のない再度の後退をカワセミに強いると予想される。現在、建設省などにより、河川の護岸工事現場で、カワセミやヤマセミ用のコンクリート製人工巣穴が試行的に設置されているが、従来の自然の崖に代わって彼らの繁殖を助けることになれば、「開発と保全」という命題への一つの解答になるであろう。そのヤマセミも時には山裾のため池で観察されることがある。しかしヤマセミは本来渓流の鳥であるため、カワセミのようにため池に定住することはない。

⑪　小鳥類（スズメ目の鳥）

　スズメ目の鳥で水辺を生活の場とする種類はカワガラスとセキレイ類である。このうちカワガラスは渓流の鳥で、常に流れのあるところにしか生息しないため、ため池に来ることは稀である。セキレイ類は、日本で繁殖する5種中3種（キセキレイ、ハクセキレイ（写真3.2.110）、セグロセキレイ（写真3.2.111））が、ふつうに池畔で観察される（残る2種のうち、ツメナガセキレイは北海道北部で繁殖するほか、冬鳥としても少数が渡

223

3章　ため池の生き物

写真3.2.110　浅瀬で水を浴びるハクセキレイ（夏羽、雌）

写真3.2.111　餌をさがすセグロセキレイ

来するが、草原や川岸に住んで、ため池へはあまり来ない。西日本で少数が繁殖し、ほかに少数が旅鳥または冬鳥として渡来するイワミセキレイは森に住む鳥で、ため池へはまず出ない）。キセキレイには渓流や細い枝川のような環境をより好む傾向があるが、ハクセキレイやセグロセキレイとともに池の岸でも採餌する。彼ら3種の主食は水生昆虫なので、緩傾斜の岸をもつ池や川が生息地として選ばれる。ハクセキレイとセグロセキレイはきわめて近縁の種で、本州中部以西は従来セグロだけの繁殖域であったものが、1960年代以降少数ながらハクも繁殖するようになり、両種の種間関係が今後どのように推移するか、興味のもたれるところである。

　水辺のアシ原に住みつく小鳥に、オオヨシキリ（写真3.2.112）、ツリスガラ、オオジュリン、コジュリン等がある。夏鳥のオオヨシキリは従前から各地のアシ原で繁殖し、オオジュリンとコジュリンも昔からアシ原を越冬地として利用してきた。ただ、ツリスガラに関しては従来あまり観察記録がなかったため、近年、冬期の観察数が増加していることは恐らくこの鳥の分布域拡大によるものと推察される（ある時点で「生息していなかった」と断言することは難しいが、今後の種の消長を的確に把握するためには、「注意深く観察したが認められなかった」とか、「何羽観察した」という記録をきちんと

写真3.2.112　アシの茎で歌うオオヨシキリ

⑫　その他

　水辺に主生息地をもたない鳥にも、飲むため、浴びるために水辺を訪れる種類は多い。周囲の開けた(＝外敵から逃げやすい)湿地や浅い水たまりが岸辺にあれば、様々な種類の鳥が毎日、水を浴びに訪れる。羽毛の汚れを落とし、皮膚を刺激するため、ほとんどの鳥が水浴びを日課としている(キジやヒバリなど水浴びの代わりに砂浴びをする鳥もいるが、数は少ない)。ツバメやカワセミなど、空中から水面に舞い降りて水浴びをする一部の鳥にはプール形の池が有用だが、水中にしゃがみ込んで浴びる多くの鳥たちには、深さ1～3cmぐらいの浅い水たまりが役に立つ。岸辺の状況によってこのような利用のされ方があることに注意したい。

❸　ため池の保全

　時代の流れとともに、ため池の価値は変わりつつある。今後、ため池に雨水や下水の流量調節の役割は残っても、灌漑を中心とした成立当初の役割は復活すべくもない。今後、各地のため池が埋め立てられたり、治水機能だけを重視した最低面積の用水地にされていくことが懸念される。

　これまで述べてきたように、鳥類に関して言えば、開水面だけを利用する種類は限られ、それも面積が狭かったり、緩傾斜の水際が無かったりすれば、利用度は極端に下がってしまう。

　最近、里山など人の住む近くに自然に触れられる環境を残すことの必要性が叫ばれ、それが青少年の非行防止につながる効果も見直されているが、その意味でため池の果たす治水以外の役割に注目すべき時が到来している。

　池をとり囲む四方のうち、少なくとも上流側一方は自然に近い水際を残すことが望ましい。緩傾斜の湿地を作ることは、両生類、昆虫類、甲殻類や軟体動物にとっても好ましいことであるが、鳥類にとっても極めて大きな意義をもっている。上述のように水浴び・水飲みに訪れる鳥は水鳥に限らず、ほとんどあらゆる種類に及ぶからである。ただ自然界にそういう条件を満たす水場は意外と少ないので、ため池の岸にたとえ小規模でも湿地や浅瀬を残す(作る)ことが必要である。さらに岸に草が生えれば、一部の鳥たちはそこを営巣地や避難場所として利用し、主に開水面を利用する種類にとっても魅力は増大する。そしてその外側に遊歩道や並木を設ければ、人の心をうるおす空間が創出できることになる。単なる用水池ではないため池の効用は、地域の都市化が進めば進むほ

ど大きくなるものと思われる。

引用・参考文献

Campbell, B. and Lack, E.(1985): A Dictinary of Birds, Buteo Books
黒田長久(1982):鳥類生態学、出版科学総合研究所
日本鳥学会(2000):日本鳥類目録改訂第6版、日本鳥学会
(財)日本野鳥の会(1980):鳥類繁殖地図調査1978、(財)日本野鳥の会
(財)日本野鳥の会(1988):動植物分布調査報告書(鳥類)、(財)日本野鳥の会

(小笠原　昭夫)

索　引

4.8アルカリ度	57
D型ネット	136
pH	57
RpH	57
アオコ	30, 39, 61
イオン濃度	60
ウエステルマン肺吸虫	115
エクマンバージ採泥器	173
カモ住血吸虫	116
キチン質	178
グロキジュウム幼生	113
クロロフィルa(Chl.a)	63
コードラート法	173
シャジクモ科植物	84
シャジクモ属	84
スィーピング	172
スタトブラスト	108
ソデフリン	205
ネオテニー(幼形成熟)	207
ビオトープ	126
フェロモン	205
フラスコモ属	84
プラストロン呼吸	147
プランクトン生活	170
ヘモグロビン	170
ホバリング	131
ライトトラップ	172
リン	61
リン酸の溶出	38
リン酸態リン(PO_4-P)	62
リン濃度	40

【あ行】

愛知用水	15
亜種	125, 189, 202
雨乞い	20
育児嚢	111
育雛場所	217
池の底干し	47
池もみ	187
池淡え	20
異枝節	86
維持管理	26, 48
異節類	84
一次生産者	30
胃緒	179
稲作	3
羽化殻	137
海ガモ	220
営巣	217
営巣地	225
栄養塩	30, 38
液浸標本	91
越冬地	224
鰓呼吸	153, 194
尾張地方	5

【か行】

回帰	38
塊茎(いも)	79
塊茎状の殖芽	72
改修工事	25
開水面率	126
開閉運動	75
外雌器	123

227

索　引

外来魚	132
化学的酸素消費量(COD)	64
香川用水	14
芽球	103, 108
可携巣	154
仮根	82
仮種皮	78
夏眠	151
唐古池	3
灌漑農業	4
肝吸虫	115
環境基準	40
乾燥標本	91
緩速濾過池	133
寒天質	83
関東地方	6
基亜種	215
帰化種	110, 115, 214
帰化動物	184, 204
気管鰓	153
擬脚	168
樹上営巣種	218
鰭条数	196
樹上性	160
汽水	126
…域	178
…性	176, 185
寄生生活	113
季節変動	44
気門	165
求愛行動	205
休芽	179, 184
吸血性	167
棘口吸虫類	116
給餌	220
吸盤	196
休眠	105, 151
休眠性芽球	104
行基年譜	4
行基菩薩	4

魚食性	220
共生藻	103
強腐水性	111
近似種	134
空気呼吸	147, 194
偶産種	125
茎(主軸)	82, 183
群体	178
群飛	169, 172
景観	27
系統樹	141
懸濁物質(SS)	53
肛門鰓	165
護岸改修	26, 47
光合成	30, 56, 63
呼吸	37, 56
呼吸管	147, 165, 171
呼吸色素	170
呼吸盤	165
個体群動態	126
個体変異	196
個虫	178
骨片	102
古墳の構築技術	4
交尾行動	211
固有種	105, 188
婚姻色	188, 191, 196
根生葉	73

【さ行】

最終細胞	83
最終枝	83
採餌	218
採集方法	88
在来種	110, 195
朔部	181
砂質型	175
叉状分枝	85
雑食性	188
讃岐平野	4

索引

狭山池	4	水温成層	50
皿池	8	水散布種子	75
酸欠(酸素不足)	37	水質汚染	25
酸素	56	水質指標	49
産卵管	192	水質と周辺環境	47
産卵行動	133, 192	水質の変動	42
珠芽(むかご)	78	水生生物	39
雌器上位	85	垂直円網	120
刺細胞	82	水中媒	72
止水域	126	水平円網	120
止水性	125, 157, 201	水面生活者	144
雌ずい先熟花	76	水面媒	72
雌性先熟	75	水利慣行	20
自然環境	26	棲み分け	134
湿地性	133	生育形	69
地引き網	186	生活環	73
雌雄異株	78, 85	生活場所	201
集水域(流域)	47	生活様式	170
自由生活者	170	生産者	30
種間関係	224	生殖器	82
主射枝	85	生殖的な隔離	203
集団越冬	211	生息場所(ハビタット)	27
集団越冬地	221	生態系	25
出芽	103, 178	生態系ピラミッド	33
出現頻度	175	生物化学的酸素消費量(BOD)	64
小冠	82	生物学的水質階級	111
殖芽	71, 74	生物群集	26, 42
触肢	123	精包	205
触手	179	摂食様式	170
植食者	170	絶滅危惧	
食性	170	………種	150, 189
植被率	126	………I類	131
植物食	219	………IA類	189, 197
植物組織内産卵種	128	………IB類	189, 193
植物プランクトン	30, 40, 44	………II類	193, 197
食物網	35	潜水ガモ	220
食物連鎖	33, 161	全窒素(TN)	61
人工灌漑	4	全リン(TP)	62
人工巣穴	223	巣管	175
水位変動	9	造網性	121

229

索　引

底干し	29
遡上	210

【た行】

胎貝	111
耐性芽	103
台地ため池	12
多化性種	126
打空産卵	129
濁度	53
托葉冠	82
打水産卵	129,134
脱殻	132
旅鳥	224
ため池	
……依存度	13
……整備構想	21
……の数の減少	16
……の形態	7
……の水質	37
……の築造の記録	4
……の地形	26
……の分布	15
……の密集地域	13
……の呼び方	13
……の歴史	3
……保全	21
溜め池保全条例	21
短花柱花	74
炭酸物質	57
探雌行動	133
探雌飛翔	131
単軸分枝	85
単性花	71
単節類	84
単托節	84
窒素	61
窒素の循環	61
中間宿主	115
虫癭	179
抽水植物	27,69
沖積平野	12
虫媒花	75
中腐水性	111
長花柱花	74
貯精嚢	205
沈水植物	27,69
追星	188,192
沈積物摂食者	170
底魚	194
泥質型	175
天水田	3
天敵	141,217
天然記念物	192,200,215
電気伝導率（EC）	60
冬芽	179
等枝節	84
透視度	53
動物プランクトン	30
動物食	195
透明度	53
透明度の低下	37
土地	220

【な行】

夏鳥	219,224
奈良盆地	5
南方系	115
南方種	107
肉食者	170
肉食性	167,195
肉食性魚	132
野池	12

【は行】

徘徊種	118
徘徊性	121
肺呼吸	200,211
這いだし	211
剥ぎ取り摂食者	170

播磨平野	4
盤鰓(プラストロン)呼吸	146
繁殖行動	212
繁殖場所	201
非休眠性芽球	104
被嚢類	179
微生息場所	172
皮層	82
皮膚呼吸	167, 200, 211
日変動	42
病原体媒介昆虫	167
貧腐水性	111
富栄養化	37, 40
浮環	180
不完全変態	137
副枝	83
複節類	85
複托節	84
腐植物質	58
父性愛	196
付着性休芽	180
付着藻類	33
普通種	126, 150
物質循環	30
浮遊植物	69
浮遊性休芽	180
冬鳥	219, 224
浮葉植物	27, 69
変態	103, 202
苞	82
放精	193
北方種	107, 181

【ま行】

満濃池	4
水浴び	218
水草	28, 39, 69
水のサンプリング	50
水の華	37, 61
無性生殖	103
明治用水	15
名所図会	18

【や行】

谷津田	6
山池	12
誘引物質	205
雄器上位	85
有機物	64
遊在性休芽	180
有棘性休芽	183
有性生殖	103
優占種	164, 219
有肺類	112
葉状体	80
幼生越冬	204
溶存酸素(DO)	38, 56
横川吸虫	115

【ら行】

裸喉類	179
螺肋	115
卵塊	111, 202
卵胎生	111
卵囊	118, 202
卵胞子	82
卵胞子膜の模様	83
流域(集水域)	37
流水域	126
流水性	133, 201
留鳥	218
輪藻類	81
ろ過摂食者	170

231

ため池の自然 ― 生き物たちと風景

2001年(平成13年) 4月25日　　　　　　第1版第1刷発行

編者代表	浜島繁隆
発 行 者	今井　貴・四戸孝治
発 行 所	㈱信山社サイテック
	〒113-0033　東京都文京区本郷6－2－10
	TEL 03(3818)1084　FAX 03(3818)8530
発　　売	㈱大学図書
印刷／製本	松澤印刷㈱

©2001. 浜島繁隆　Printed in Japan　　　ISBN4-7972-2556-4 C3045